O ÚLTIMO TEOREMA de FERMAT

$x^n+y^n=z^n$

SIMON SINGH

O ÚLTIMO TEOREMA de FERMAT

$x^n+y^n=z^n$

Tradução
Jorge Luiz Calife

22ª edição

EDITORA RECORD
RIO DE JANEIRO • SÃO PAULO
2025

CIP-BRASIL. CATALOGAÇÃO NA PUBLICAÇÃO
SINDICATO NACIONAL DOS EDITORES DE LIVROS, RJ

S624u   Singh, Simon
22. ed.   O último teorema de Fermat : a história do enigma que confundiu as mais brilhantes mentes do mundo durante 358 anos / Simon Singh ; tradução Jorge Luiz Calife. - 22. ed. - Rio de Janeiro : Record, 2025.

Tradução de: Fermat's last theorem
ISBN 978-85-01-92379-0

1. Fermat, Último teorema de. I. Calife, Jorge Luiz, 1951-. II. Título.

25-96048   CDD: 512.74
                            CDU: 511.522

Gabriela Faray Ferreira Lopes - Bibliotecária - CRB-7/6643

Copyright © Simon Singh, 1997
Copyright do prefácio © John Lynch, 1997

Título original em inglês: Fermat's last theorem

Todos os direitos reservados. Proibida a reprodução, armazenamento ou transmissão de partes deste livro, através de quaisquer meios, sem prévia autorização por escrito.

Texto revisado segundo o Acordo Ortográfico da Língua Portuguesa de 1990.

Direitos exclusivos de publicação em língua portuguesa somente para o Brasil adquiridos pela
EDITORA RECORD LTDA.
Rua Argentina, 171 – Rio de Janeiro, RJ – 20921-380 – Tel.: (21) 2585-2000, que se reserva a propriedade literária desta tradução.

Impresso no Brasil

ISBN 978-85-01-92379-0

Seja um leitor preferencial Record.
Cadastre-se no site www.record.com.br
e receba informações sobre nossos
lançamentos e nossas promoções.

Atendimento e venda direta ao leitor:
sac@record.com.br

Em memória de Pakhar Singh

Sumário

Introdução de John Lynch — 9
Prefácio — 17

1. "Acho que vou parar por aqui" — 23
2. O criador de enigmas — 55
3. Uma desgraça matemática — 89
4. Mergulho na abstração — 133
5. Prova por contradição — 179
6. Os cálculos secretos — 209
7. Um pequeno problema — 255
Epílogo: A grande matemática unificada — 277

Apêndices — 285
Sugestões para leituras posteriores — 305
Créditos das ilustrações — 311
Índice — 313

Introdução

Finalmente me encontrei com Andrew Wiles do outro lado daquela sala. A sala não estava cheia, mas era suficientemente ampla para conter todo o pessoal do departamento de matemática de Princeton. Mas naquela tarde não havia tanta gente por lá, só o suficiente para me deixar em dúvida quanto a quem seria Wiles. Depois de um tempo, eu me apresentei para aquele homem de aparência tímida, que ouvia as conversas enquanto tomava chá.

Era o final de uma semana extraordinária, em que eu conhecera os melhores matemáticos de nossa época e começara a vislumbrar seu mundo. Mas apesar de todos os meus esforços para encontrar Andrew Wiles, falar com ele e convencê-lo a participar do documentário para o programa *Horizonte*, da BBC, narrando sua realização, aquele era nosso primeiro encontro. Ali estava o homem que recentemente anunciara ter encontrado o santo graal da matemática. O homem que anunciara ter achado a prova para o Último Teorema de Fermat. Enquanto conversávamos, Wiles mantinha uma aparência ausente e retraída. Embora fosse amável e educado, parecia claro que gostaria de estar tão longe de mim quanto possível. Ele explicou, de modo muito simples, que não poderia se concentrar em outra coisa além de seu trabalho, o qual se encontrava num estágio crítico. Talvez mais tarde, quando as pressões estivessem aliviadas, ele ficaria feliz em participar do programa. Eu sabia, e ele tinha conhecimento disso, que Wiles estava enfrentando o colapso da grande ambição de sua vida. O santo graal que ele encontrara estava se revelando não mais do que um belo copo. Wiles descobrira uma falha em sua anunciada demonstração.

A história do Último Teorema de Fermat é única. Na ocasião em que me encontrei com Andrew Wiles eu já percebera se tratar de uma das maiores histórias no campo da pesquisa científica e acadêmica. Tinha visto as manchetes no verão de 1993, quando sua demonstração colocara a matemática nas primeiras páginas dos jornais do mundo inteiro. Na ocasião eu tinha apenas uma vaga lembrança do que era o Último Teorema, mas percebia que se tratava de algo muito especial. Algo que cheirava a tema para um filme da série *Horizonte*. Passei as semanas seguintes falando com muitos matemáticos: desde aqueles envolvidos com a história, ou próximos de Andrew, quanto aqueles que simplesmente tinham compartilhado da emoção de testemunhar um grande momento em seu campo de pesquisa. Todos generosamente compartilharam suas concepções sobre a história da matemática e pacientemente me ensinaram o pouco que eu poderia compreender sobre os conceitos envolvidos. Rapidamente percebi que aquele era um assunto que talvez apenas meia dúzia de pessoas em todo o mundo poderia compreender completamente. Por um momento pensei se não seria loucura tentar fazer um filme sobre aquele tema. Mas, do meu contato com os matemáticos, aprendi também a interessante história e o profundo significado de Fermat para eles, e então compreendi que ali estava a parte mais importante.

Fiquei conhecendo as origens gregas do problema e como o Último Teorema de Fermat era o monte Everest da teoria dos números. Aprendi a beleza da matemática e comecei a perceber por que se diz que ela é a linguagem da natureza. Através dos colegas de Wiles eu percebi o trabalho de Hércules que ele realizara, apelando para todas as técnicas recentes da teoria dos números para usá-las em sua demonstração. Seus colegas em Princeton me contaram a história dos intrincados avanços de Andrew, durante anos de estudos solitários. Acabei montando uma imagem extraordinária de Andrew Wiles e do enigma que dominara sua vida.

Embora a matemática envolvida na demonstração de Wiles seja uma das mais difíceis do mundo, eu percebi que a beleza do Último Teorema de Fermat está no fato de que o problema em si é bem simples de entender.

Trata-se de um problema que pode ser enunciado em termos familiares a qualquer estudante de primário. Pierre de Fermat foi um homem de tradição renascentista, colocado no centro da redescoberta do antigo conhecimento dos gregos. Todavia, ele fez uma pergunta que os gregos não poderiam ter imaginado, e, ao fazê-la, produziu aquele que se tornou o problema mais difícil da Terra. Como se não bastasse, ele deixou uma nota dizendo que encontrara a resposta, mas sem revelar qual era. Era o começo de uma busca que levou três séculos.

Este período mostra muito bem a importância do enigma. É difícil imaginar um problema, em qualquer ramo da ciência, enunciado de forma tão simples e clara, que pudesse ter resistido tanto tempo aos avanços do conhecimento. Considere os saltos na compreensão da física, da química, da biologia, medicina e engenharia que ocorreram desde o século XVII. Avançamos dos "humores" da medicina para a divisão dos genes, identificamos as partículas atômicas fundamentais e colocamos homens na Lua. Mas na teoria dos números o Último Teorema de Fermat permaneceu inviolado.

Houve um momento, em minha pesquisa, em que busquei uma justificativa para que o Último Teorema interessasse a alguém que não fosse matemático e por que seria importante fazer um programa a seu respeito. A matemática tem uma infinidade de aplicações práticas, mas no caso da teoria dos números as aplicações mais importantes que encontrei foram na criptografia, no projeto de revestimento acústico e nas comunicações com espaçonaves distantes. Não era provável que isso despertasse uma grande audiência. E o que era mais interessante eram os próprios matemáticos e a paixão que demonstravam quando falavam de Fermat.

A matemática é uma das formas mais puras de pensamento, e para os que estão de fora os matemáticos parecem gente de outro mundo. Em todas as minhas conversas o que mais me impressionou foi o modo extraordinariamente preciso de suas respostas. Eles raramente respondiam a uma pergunta de imediato. Eu tinha que esperar alguns momentos enquanto a natureza precisa da resposta era montada em suas mentes. Mas, quando falavam, eu obtinha uma declaração tão cuidadosa e articulada quanto poderia desejar. Quando mencionei isso a Peter Sarnak, amigo de Andrew, ele me disse que os matemáticos odeiam fazer uma declaração falsa. É claro que eles empregam a intuição e a inspiração, mas declarações formais precisam ser absolutas. A demonstração está no coração da matemática, e isso é o que a distingue das outras ciências. Outras ciências possuem hipóteses que precisam ser testadas diante da evidência experimental, até falharem e serem substituídas por outras conjecturas. Na matemática a meta é a prova absoluta, e, uma vez que se tenha demonstrado alguma coisa, ela está provada para sempre, sem espaço para mudanças. No Último Teorema, os matemáticos encontraram seu grande desafio para obter uma demonstração, e a pessoa que encontrasse a resposta receberia as homenagens de todos.

Prêmios foram oferecidos e rivalidades despertadas. O Último Teorema tem uma história rica que fala de morte e fraudes e que impulsionou o desenvolvimento da própria matemática. Ou como afirmou o matemático Barry Mazur, de Harvard: Fermat acrescentou um certo estímulo às áreas da matemática ligadas às primeiras tentativas de se obter uma prova. E, ironicamente, foi uma dessas áreas que se revelou fundamental para a demonstração final de Wiles.

Enquanto começava a entender esse campo pouco familiar, percebi que o Último Teorema de Fermat fora vital para o desenvolvimento da própria matemática. Fermat é o pai da moderna teoria dos números e desde sua época a matemática progrediu e se diversificou em muitos campos complexos, onde novas técnicas produziram novos campos, com novos objetivos. À medida que os séculos se passavam, o Último Teorema pareceu ficar menos importante para as fronteiras da pesquisa matemática, tornando-se cada vez mais uma simples curiosidade. Mas agora está claro que sua importância nunca diminuiu.

Problemas com números, como o apresentado por Fermat, são como quebra-cabeças, e os matemáticos gostam de resolver quebra-cabeças. Para Andrew Wiles aquele era um problema muito especial, e nada menos do que o objetivo de sua vida. Quando apresentou sua solução, naquele verão de 1993, Wiles tinha passado sete anos trabalhando no problema com uma capacidade de atenção e determinação que é difícil imaginar. Muitas das técnicas que usou não existiam quando ele começou. Ele também se beneficiou das ideias de muitos matemáticos excelentes, unindo seus conceitos e criando concepções que outros não tinham ousado tentar. De certo modo, concluiu Barry Mazur, parece que todos estavam trabalhando em Fermat, mas de modo separado e sem objetivo, já que a solução exigiu todo o poder da matemática moderna. O que Andrew fez foi unificar campos da matemática que pareciam separados. Seu trabalho, portanto, parecia uma justificativa para toda a diversificação que a matemática sofrera desde que o problema fora apresentado.

No coração da prova de Fermat, Andrew encontrou a demonstração para uma ideia conhecida como conjectura de Taniyama-Shimura, criando uma ponte entre campos totalmente diferentes da matemática. Para muitos, esse objetivo de uma matemática unificada é supremo e este foi um vislumbre desse sonho. Assim, ao solucionar Fermat, Andrew Wiles estabeleceu a base sólida para alguns dos elementos mais importantes da teoria dos números do período pós-guerra, ancorando assim os alicerces de uma pirâmide de conjecturas erguida sobre eles. Não se tratava apenas de resolver o problema mais difícil da matemática, mas sim de ampliar os horizontes da própria matemática. Era como se o problema de Fermat, criado numa época em que a matemática passava por sua infância, estivesse esperando por esse momento.

Para os matemáticos, a emoção foi intensa. Tudo se revelava naquele momento glorioso.

E com tudo isso em jogo não é de admirar o peso da responsabilidade que Wiles sentiu quando uma falha em suas ideias foi detectada no outono de 1993. Com os olhos do mundo sobre ele, e seus colegas exigindo que a solução fosse revelada publicamente, é de admirar que Wiles não tenha sofrido um colapso nervoso. Ele começara a trabalhar na privacidade de seu gabinete, seguindo no seu próprio ritmo, e subitamente tudo se tornara público. Andrew era um homem tão reservado que lutou duramente para proteger sua família da tempestade que se abatia sobre ele. Durante toda a semana que passei em Princeton eu telefonei para ele, deixei recados em seu escritório, na porta de sua casa e com seus amigos. Até um presente, na forma de uma caixa de chá inglês, eu deixei. Mas ele resistiu aos meus gestos insistentes até encontro casual no dia de minha partida. Tivemos uma conversa que durou pouco mais do que quinze minutos.

Quando nos separamos, havíamos chegado a um acordo. Se ele conseguisse consertar a demonstração então conversaríamos sobre o filme. Eu estava pronto para esperar. Mas, quando voei para Londres naquela noite, a ideia do programa de televisão me parecia morta. Ninguém jamais conseguira reparar uma falha nas tentativas de solucionar Fermat durante três séculos. A história estava cheia de soluções frustradas, e por mais que eu desejasse que esta fosse uma exceção, era difícil imaginar que Wiles não se tornaria outra lápide naquele cemitério matemático.

Um ano depois recebi um telefonema. Depois de uma reviravolta extraordinária e uma grande inspiração, Wiles finalmente acabara com a saga do Teorema de Fermat. E no ano seguinte conseguimos o tempo para que ele se dedicasse às filmagens. Na ocasião eu já tinha convidado Simon Singh a participar da produção, e passamos algum tempo com Andrew ouvindo, de suas próprias palavras, a história completa daqueles sete anos de estudo e do ano infernal que se seguiu. Enquanto filmávamos, Andrew nos contou o que nunca revelara antes: seus sentimentos pessoais sobre o que realizara, como se agarrara durante trinta anos a este sonho de infância, e como a maior parte da matemática que estudara, sem perceber, resultara nas ferramentas de que precisaria para enfrentar o desafio que dominou sua carreira. Andrew achava que tudo tinha mudado e nos falou do sentimento de perda pelo problema que agora não seria mais seu companheiro constante. E nos falou também da sensação de liberdade que agora sentia. E para um assunto tão difícil de ser compreendido pelo homem comum, o nível emocional de nossas conversas foi o maior que já experimentei em toda a minha carreira como cineasta de filmes científicos. Para Andrew Wiles era o fim de um capítulo de sua vida. E para mim foi um privilégio ter estado tão próximo.

INTRODUÇÃO

O filme *O último teorema de Fermat* foi transmitido na Inglaterra pela BBC Television como parte da série *Horizonte*. Depois foi exibido nos Estados Unidos, dentro da série *Nova* da PBS. Agora Simon Singh reuniu aquelas conversas, ideias e toda a interessante história de Fermat, junto com a história da matemática, neste livro. Um registro esclarecedor de uma das maiores aventuras do pensamento humano.

John Lynch
Editor da série *Horizonte*, BBC
Março de 1997

Prefácio

A história do Último Teorema de Fermat está ligada profundamente à história da matemática, tocando em todos os temas da teoria dos números. Ela proporciona uma visão única do que impulsiona a matemática e, talvez ainda mais importante, o que inspira os matemáticos. O Último Teorema é o coração de uma saga de coragem, fraudes, astúcia e tragédia, envolvendo todos os grandes heróis da matemática.

As origens do Último Teorema de Fermat encontram-se na Grécia antiga, dois mil anos antes de Pierre de Fermat criar o problema na forma como o conhecemos hoje. Portanto, ele liga os fundamentos da matemática criada por Pitágoras às ideias mais sofisticadas da matemática moderna. Ao escrever este livro, escolhi uma estrutura com base cronológica que começa descrevendo a natureza revolucionária da Irmandade Pitagórica e termina com a história pessoal de Andrew Wiles e sua luta para resolver o enigma de Fermat.

O capítulo 1 conta a história de Pitágoras e descreve como o teorema de Pitágoras é o ancestral direto do Último Teorema. Esse capítulo também discute alguns dos conceitos matemáticos fundamentais que reaparecerão ao longo do livro. O capítulo 2 narra a história que vai da Grécia antiga até a França do século XVII, quando Pierre de Fermat criou o enigma mais profundo da história da matemática. Fermat foi um personagem extraordinário cuja contribuição para a matemática vai muito além do Último Teorema. Eu gastei várias páginas descrevendo sua vida e algumas de suas brilhantes descobertas.

Os capítulos 3 e 4 descrevem algumas das tentativas para solucionar o Último Teorema de Fermat durante os séculos XVIII, XIX e início do século XX. Embora esses esforços tenham terminado em fracasso, eles levaram à criação do maravilhoso arsenal de ferramentas e técnicas matemáticas que foram vitais para as últimas tentativas de se conseguir uma demonstração para o Último Teorema. Além de descrever a matemática, eu dediquei uma boa parte desses capítulos aos matemáticos que se tornaram obcecados pelo legado de Fermat. Suas histórias mostram como os matemáticos estavam preparados para sacrificar tudo na busca pela verdade, e como a matemática evoluiu ao longo dos séculos.

Os capítulos restantes do livro narram os acontecimentos extraordinários dos últimos quarenta anos que revolucionaram o estudo do Último Teorema de Fermat. Os capítulos 6 e 7 abordam o trabalho de Andrew Wiles, cujas realizações, na última década, assombraram a comunidade matemática. Esses capítulos finais foram baseados em longas entrevistas com Wiles. Foi para mim uma oportunidade única ouvir, em primeira mão, o relato pessoal de uma das mais extraordinárias jornadas intelectuais do século XX. E espero ter sido capaz de transmitir a criatividade e o heroísmo necessários durante os dez anos de dificuldades enfrentados por Wiles.

Ao contar a história de Pierre de Fermat e seu enigma, eu tentei descrever os conceitos matemáticos sem recorrer a equações, mas inevitavelmente, aqui e ali, x, y e z dão as caras. Quando aparecem equações no texto, tentei dar uma explicação suficiente de modo que os leitores, que não possuem nenhum conhecimento de matemática, possam entender seu significado. Os leitores com um conhecimento mais profundo do assunto contam com uma série de apêndices onde expandi as ideias matemáticas contidas no texto principal. Além disso, incluí uma bibliografia de livros que poderão ser consultados e que se destinam a fornecer ao leigo os detalhes mais específicos sobre determinadas áreas da matemática.

Este livro não teria sido possível sem a ajuda de muitas pessoas. Em especial eu gostaria de agradecer a Andrew Wiles, que se esforçou me concedendo entrevistas longas e detalhadas numa época de intensa pressão. Durante meus sete anos de carreira como jornalista científico, nunca encontrei outra pessoa mais dedicada e apaixonada pelo seu trabalho e fico eternamente grato que o professor Wiles estivesse preparado a compartilhar comigo a sua história.

Eu gostaria também de agradecer aos outros matemáticos que me ajudaram a escrever este livro e que concordaram em me conceder longas entrevistas. Alguns deles estiveram muito envolvidos com a solução do Último Teorema de Fermat, enquanto outros foram testemunhas dos acontecimentos históricos dos últimos quarenta anos. As horas que passei conversando com eles e fazendo perguntas foram especialmente agradáveis e eu agradeço a paciência e o entusiasmo com que me explicaram tantos belos conceitos matemáticos. Em especial gostaria de agradecer a John Coates, John Conway, Nick Katz, Barry Mazur, Ken Ribet, Peter Sarnak, Goro Shimura e Richard Taylor.

Eu tentei ilustrar este livro com o maior número possível de fotos para dar ao leitor uma ideia dos personagens envolvidos na história do Último Teorema. Várias bibliotecas e arquivos me ajudaram muito. Eu gostaria de agradecer especialmente a Susan Oakes, da Sociedade Matemática de Londres; Sandra Cumming, da Sociedade Real; e Ian Stewart, da Universidade Warwick. Também sou grato a Jacquelyn Savani, da Universidade de Princeton, Duncan McAngus, Jeremy Gray, Paul Balister e ao Instituto Isaac Newton por sua ajuda na busca de material de pesquisa. Agradeço também a Dawn Dzedzy, Patrick Walsh, Christopher Potter, Bernadette Alves, Sanjida O'Connell e a meus pais pelos comentários e apoio durante o ano passado.

Finalmente, muitas das entrevistas citadas neste livro foram feitas enquanto eu trabalhava em um documentário para a televisão sobre o Último Teorema de Fermat. Eu gostaria de agradecer à BBC por permitir que eu usasse esse material. Em especial, tenho uma dívida de gratidão para com John Lynch, que trabalhou comigo no documentário e que ajudou a despertar meu interesse pelo assunto.

Embora o Último Teorema de Fermat tenha sido o problema de matemática mais difícil do mundo, eu espero ter conseguido transmitir um entendimento da matemática usada para resolvê-lo e uma percepção do motivo que levou os matemáticos a ficarem obcecados por ele durante mais de três séculos. A matemática é uma das disciplinas mais puras e profundas, e minha intenção foi dar aos leitores um vislumbre deste mundo fascinante.

Andrew Wiles, com dez anos, quando encontrou pela primeira vez o Último Teorema de Fermat.

1. "Acho que vou parar por aqui"

Arquimedes será lembrado enquanto Ésquilo foi esquecido, porque os idiomas morrem mas as ideias matemáticas permanecem. "Imortalidade" pode ser uma ideia tola, mas provavelmente um matemático tem a melhor chance que pode existir de obtê-la.

G. H. Hardy

23 DE JUNHO DE 1993, CAMBRIDGE

Era a mais importante conferência sobre matemática do nosso século. Duzentos matemáticos estavam extasiados. Somente um quarto daquela plateia compreendia totalmente a densa mistura de símbolos gregos e álgebra que cobria o quadro-negro. O resto estava lá meramente para testemunhar o que esperavam ser uma ocasião histórica.

Os boatos tinham começado no dia anterior. Mensagens pela internet diziam que a palestra terminaria com a demonstração do Último Teorema de Fermat, o mais famoso problema matemático do mundo. Rumores desse tipo não eram incomuns. Conversas sobre o Último Teorema surgiam com frequência na hora do chá. Às vezes, comentários na sala dos professores transformavam as especulações em boatos de uma descoberta, mas nada se materializava.

Dessa vez era diferente. Quando os três quadros-negros ficaram cheios de símbolos, o conferencista fez uma pausa. O primeiro quadro foi apagado e a álgebra continuou. Cada linha parecia avançar um pequeno passo na direção da solução, mas depois de trinta minutos o palestrante ainda não anunciara a comprovação. Os professores reunidos nas fileiras da frente aguardavam avidamente pela conclusão. Os estudantes nas fileiras de trás olhavam para seus mestres em busca de um indício quanto à natureza da solução. Estariam observando uma demonstração completa do Último Teorema de Fermat ou estaria o conferencista meramente delineando um argumento incompleto e anticlimático?

O conferencista era Andrew Wiles, um inglês de poucas palavras que emigrara para os Estados Unidos na década de 1980. Ele assumira uma cadeira na Universidade de Princeton onde conquistara a reputação de ser um dos matemáticos mais talentosos de sua geração. Contudo, nos últimos anos, ele quase desaparecera da programação anual de seminários e conferências. Seus colegas começaram a pensar se Wiles não estaria acabado. Não era incomum mentes jovens e brilhantes entrarem em decadência ainda muito cedo, como comentou certa vez o matemático Alfred Adler: "A vida de um matemático é muito curta. Seu trabalho raramente melhora depois dos vinte ou trinta anos. Se ele não conseguiu muita coisa até essa idade, não vai conseguir mais nada."

"Os jovens devem provar os teoremas, os velhos devem escrever livros", observou G. H. Hardy em seu livro *Apologia de um matemático*. "Nenhum matemático jamais deve se esquecer de que a matemática, mais do que qualquer outra ciência ou arte, é um jogo para jovens. Para citar um exemplo simples, a idade média de eleição para a Sociedade Real é mais baixa na matemática." Seu aluno mais brilhante, Srinivasa Ramanujan, foi eleito Membro da Sociedade Real com trinta e um anos, tendo feito uma série de espantosas descobertas durante sua juventude. Apesar de não ter recebido quase nenhuma educação formal em seu vilarejo de Kumbakonam, no Sul da Índia, Ramanujan foi capaz de criar teoremas e soluções que tinham escapado à percepção dos matemáticos ocidentais. Na matemática a experiência que vem com a idade parece menos importante do que a intuição e o arrojo da juventude.

Muitos matemáticos tiveram carreiras brilhantes e curtas. No século XIX, o norueguês Niels Henrik Abel deu suas maiores contribuições à matemática com dezenove anos e morreu na pobreza, oito anos depois, vítima de tuberculose. A seu respeito, Charles Hermite comentou: "Ele deixou o suficiente para manter os matemáticos ocupados durante quinhentos anos." E é verdade que as descobertas de Abel ainda exercem uma profunda influência sobre os teóricos dos números nos dias de hoje. Um contemporâneo de Abel, o igualmente talentoso Évariste Galois, também realizou suas descobertas quando era adolescente.

Hardy comentou certa vez: "Eu não conheço nenhum avanço importante da matemática que tenha sido realizado por um homem de mais de cinquenta anos." Os matemáticos de meia-idade mergulham na obscuridade e ocupam os anos que lhes restam ensinando ou administrando e não fazendo pesquisas. Mas no caso de Andrew Wiles nada podia ser mais distante da verdade. Embora tivesse alcançado a idade avançada dos quarenta anos, ele passara os últimos sete anos trabalhando em total segredo tentando resolver o maior problema da matemática. Enquanto outros achavam que ele estava acabado, Wiles fazia progressos fantásticos, inventando novas técnicas e ferramentas, tudo que agora estava pronto a revelar. Sua decisão de trabalhar em isolamento total fora uma estratégia de alto risco, desconhecida no mundo da matemática.

Sem ter invenções para patentear, o departamento da matemática de uma universidade é o menos sigiloso de todos. A comunidade se orgulha da livre troca de ideias, e a hora do chá, à tarde, se transforma num ritual diário onde as ideias são compartilhadas e exploradas sob o estímulo das xícaras de café ou chá. É cada vez mais comum a publicação de trabalhos por coautores ou mesmo equipes de matemáticos e, consequentemente, a glória é partilhada por todos. Entretanto, se o professor Wiles tinha conseguido realmente uma solução completa e precisa do Último Teorema de Fermat, então o prêmio mais cobiçado da matemática era seu e somente seu. Mas ele devia pagar um preço por tal segredo: como não tinha debatido ou testado suas ideias com a comunidade matemática, havia uma boa chance de que tivesse cometido algum erro fundamental.

Wiles queria passar mais tempo revendo seu trabalho e verificando o manuscrito final. Mas então surgira uma oportunidade única de anunciar sua descoberta no Instituto Isaac Newton, em Cambridge, e ele abandonou toda a cautela. A razão da existência do instituto é reunir os maiores intelectos do mundo, durante algumas semanas, de modo a realizarem seminários sobre pesquisas de ponta, de sua escolha. Situado nos limites do campus, bem longe dos estudantes e de outras distrações, o prédio foi projetado especialmente para encorajar os acadêmicos a se concentrarem nas discussões e colaborações. Não há corredores sem saída onde alguém possa se esconder. Todos os escritórios se voltam para o fórum central. Os matemáticos devem passar seu tempo nesta área aberta e são desencorajados quanto a fecharem as portas dos seus gabinetes. A colaboração também é encorajada entre aqueles que estão andando pelo prédio. Até no elevador, que sobe apenas três andares, existe um quadro-negro. Na verdade, cada sala do prédio tem pelo menos um, incluindo os banheiros. Naquela ocasião, os seminários do Instituto Newton tinham como tema "Aritmética e funções-L". Os maiores especialistas do mundo na teoria dos números tinham se reunido para debater problemas relacionados com este campo altamente especializado da matemática pura, mas somente Wiles percebia que as funções-L podiam ser a chave para a solução do Último Teorema de Fermat.

Embora fosse atraído pela oportunidade de revelar seu trabalho ante uma audiência tão eminente, a razão principal de fazer sua exposição no Instituto Newton era que ele ficava em sua cidade natal, Cambridge. Fora em Cambridge que Wiles nascera e crescera, desenvolvendo sua paixão pelos números. E fora lá que ele conhecera o problema que dominaria o resto de sua vida.

O ÚLTIMO PROBLEMA

Em 1963, quando tinha dez anos, Andrew Wiles já era fascinado pela matemática. "Eu adorava resolver problemas na escola. Eu os levava para casa e criava novos. Mas os melhores problemas eu encontrava na biblioteca local."

Um dia, quando voltava para casa da escola, o jovem Wiles decidiu passar na biblioteca, na rua Milton. Era uma biblioteca pequena, mas tinha uma boa coleção de livros sobre enigmas, e isso era o que atraía a atenção de Andrew. Eram livros recheados com todo o tipo de charadas científicas e problemas de matemática, e para cada problema haveria uma solução convenientemente colocada nas últimas páginas. Mas naquele dia Andrew foi atraído por um livro que tinha apenas um problema e nenhuma solução.

O livro era *O último problema*, de Eric Temple Bell. Ele apresentava a história de um problema matemático que tinha suas origens na Grécia antiga, mas só atingira sua maturidade no século XVII, quando o matemático francês Pierre de Fermat o colocara como um desafio para o resto do mundo. Uma sucessão de grandes matemáticos fora humilhada pelo legado de Fermat e durante trezentos anos ninguém conseguira uma solução.

Trinta anos depois de ler o relato de Bell, Wiles ainda se lembrava do que sentira ao ser apresentado ao Último Teorema de Fermat: "Parecia tão simples, e no entanto nenhum dos grandes matemáticos da história conseguira resolvê-lo. Ali estava um problema que eu, um menino de dez anos, podia entender e sabia que a partir daquele momento nunca o deixaria escapar. Tinha de solucioná-lo."

Geralmente, metade da dificuldade de um problema de matemática consiste em entender a questão, mas nesse caso ela era direta — provar que não existe solução em números inteiros para a seguinte equação:

$$x^n + y^n = z^n \text{ para } n \text{ maior do que } 2.$$

O problema tem uma aparência simples e familiar porque é baseado num elemento da matemática que todos conhecem — o teorema de Pitágoras:

Num triângulo retângulo o quadrado da hipotenusa
é igual à soma dos quadrados dos catetos.

$$\text{Ou: } x^2 + y^2 = z^2.$$

O teorema de Pitágoras fora impresso em milhões, se não bilhões, de mentes humanas. É o teorema fundamental que toda criança inocente é forçada a aprender. Mas, apesar de poder ser compreendido por uma criança de dez anos, a criação de Pitágoras serviu de inspiração para um problema que desafiou as maiores mentes matemáticas da história.

No século VI a.C., Pitágoras de Samos foi uma das figuras mais influentes e, no entanto, misteriosas da matemática. Como não existem relatos originais de sua vida e de seus trabalhos, Pitágoras está envolto no mito e na lenda, tornando difícil para os historiadores separar o fato da ficção. O que parece certo é que Pitágoras desenvolveu a ideia da lógica numérica e foi responsável pela primeira idade de ouro da matemática. Graças ao seu gênio, os números deixaram de ser apenas coisas usadas meramente para contar e calcular e passaram a ser apreciados por suas próprias características. Ele estudou as propriedades de certos números, o relacionamento entre eles e os padrões que formavam. Ele percebeu que os números existem independentemente do mundo palpável e, portanto, seu estudo não é prejudicado pelas incertezas da percepção. Isso significava que ele poderia descobrir verdades que eram independentes de preconceitos ou de opiniões, sendo mais absolutas do que qualquer conhecimento prévio.

Pitágoras adquiriu suas habilidades matemáticas em suas viagens pelo mundo antigo. Algumas histórias tentam nos fazer crer que Pitágoras teria ido até a Índia e a Inglaterra, mas o mais certo é que ele aprendeu muitas técnicas matemáticas com os egípcios e os babilônios. Esses povos antigos tinham ido além da simples contagem e eram capazes de cálculos complexos que lhes permitiam criar sistemas de contabilidade sofisticados e construir prédios elaborados. De fato, os dois povos viam a matemática como uma ferramenta para resolver problemas práticos. A motivação que conduziu à descoberta de algumas das leis básicas da geometria era a necessidade de refazer a demarcação dos campos, perdida durante as enchentes anuais do Nilo. A palavra geometria significa "a medida da terra".

Observou que os egípcios e os babilônios faziam seus cálculos na forma de uma receita que podia ser seguida cegamente. As receitas, que tinham sido passadas através de gerações, sempre produziam a resposta correta, e assim ninguém se preocupava em examinar, ou questionar, a lógica subjacente daquelas equações. O importante para essas civilizações era que os cálculos davam certo, e por que davam certo era irrelevante.

Depois de vinte anos de viagens, Pitágoras tinha assimilado todo o conhecimento matemático do mundo conhecido. Então ele velejou para seu lar, a ilha de Samos, no mar Egeu, com o propósito de fundar uma escola devotada ao estudo da filosofia e, em parte, voltada para a pesquisa da matemática que acabara de conhecer. Queria entender os números e não meramente utilizá-los. Pitágoras esperava encontrar uma grande quantidade de estudantes de mente aberta que pudessem ajudá-lo a desenvolver filosofias novas e radicais. Mas, durante sua ausência, o tirano Polícrates tinha transformado a outrora liberal Samos em uma sociedade intolerante e conservadora. Polícrates convidou Pitágoras a fazer parte de sua corte, mas o filósofo percebeu que o objetivo da oferta era meramente silenciá-lo e recusou a honra. Depois deixou a cidade e foi morar em uma caverna, numa parte remota da ilha, onde podia continuar seus estudos sem medo de ser perseguido.

Pitágoras não apreciava o isolamento e acabou subornando um menino para ser seu primeiro aluno. A identidade do garoto é incerta, mas alguns historiadores sugerem que ele também se chamaria Pitágoras e que o estudante mais tarde ficaria famoso ao sugerir que os atletas deveriam comer carne para melhoria da condição física. Pitágoras, o mestre, pagava ao seu aluno três óbolos para cada aula a que ele comparecia. Logo percebeu que, à medida que as semanas se passavam, a relutância inicial do menino em aprender se transformava em entusiasmo pelo conhecimento. Para testar seu pupilo, Pitágoras fingiu que não podia mais pagar o estudante e que teria de interromper as aulas. Então o menino se ofereceu para pagar por sua educação. O pupilo tornara-se discípulo. Infelizmente esse foi o único adepto que Pitágoras conquistou em Samos. Ele chegou a estabelecer temporariamente uma escola conhecida como o Semicírculo de Pitágoras, mas suas ideias de reforma social eram inaceitáveis e o filósofo foi obrigado a fugir com sua mãe e seu único discípulo.

Pitágoras partiu para o Sul da Itália, que era então parte da Magna Grécia. Ele se estabeleceu em Crotona, onde teve a sorte de encontrar o patrono ideal em Milo. Milo era o homem mais rico de Crotona e um dos homens mais fortes de toda a história. Embora a reputação de Pitágoras como o sábio de Samos já estivesse se espalhando pela Grécia, a fama de Milo era ainda maior. Tratava-se de um homem de proporções hercúleas, que fora doze vezes campeão nos jogos olímpicos e de Pítias. Um recorde. Além de sua capacidade como atleta, Milo também apreciava e estudava a filosofia e a matemática. Ele cedeu uma parte de sua casa para que Pitágoras estabelecesse sua escola. E, assim, a mente mais criativa e o corpo mais poderoso formaram uma aliança.

Seguro em seu novo lar, Pitágoras fundou a Irmandade Pitagórica — um grupo de seiscentos seguidores, capazes não apenas de entender seus ensinamentos, mas também de contribuir criando ideias novas e demonstrações. Ao entrar para a Irmandade cada adepto devia doar tudo o que tinha para um fundo comum. E se alguém quisesse partir receberia o dobro do que tinha doado e uma lápide seria erguida em sua memória. A Irmandade era uma escola igualitária e incluía várias irmãs. A estudante favorita de Pitágoras era a filha de Milo, a bela Teano, e, apesar da diferença de idade, os dois acabaram se casando.

Logo depois de fundar a Irmandade, Pitágoras criou a palavra *filósofo*, e, ao fazê-lo, definiu os objetivos de sua escola. Quando assistia aos jogos olímpicos, Leon, príncipe de Pilos, perguntou a Pitágoras como ele descreveria a si mesmo. Pitágoras respondeu: "Eu sou um filósofo", mas Leon nunca tinha ouvido a palavra antes e pediu que explicasse.

A vida, príncipe Leon, pode muito bem ser comparada a estes jogos. Na imensa multidão aqui reunida alguns vieram à procura de lucros, outros foram trazidos pelas esperanças e ambições da fama e da glória. Mas entre eles existem uns poucos que vieram para observar e entender tudo o que se passa aqui.

Com a vida acontece a mesma coisa. Alguns são influenciados pela busca de riqueza, enquanto outros são dominados pela febre do poder e da dominação. Mas os melhores entre os homens se dedicam à descoberta do significado e do propósito da vida. Eles tentam descobrir os segredos da natureza. Este tipo de homem eu chamo de filósofo, pois embora nenhum homem seja completamente sábio, em todos os assuntos, ele pode amar a sabedoria como a chave para os segredos da natureza.

Embora muitos conhecessem as aspirações de Pitágoras, ninguém fora da Irmandade conhecia os detalhes ou a extensão de seu sucesso. Cada membro da escola era forçado a jurar que nunca revelaria ao mundo exterior qualquer uma de suas descobertas matemáticas. Mesmo depois da morte de Pitágoras, um membro da Irmandade, que quebrou o juramento, foi afogado. Ele revelou publicamente a descoberta de um novo sólido regular, o dodecaedro, construído a partir de doze pentágonos regulares. Esta natureza altamente secreta da Irmandade Pitagórica contribuiu para os mitos que se criaram em torno de estranhos rituais que seriam praticados. E também explica por que existem tão poucos relatos confiáveis de suas conquistas matemáticas.

O que se sabe com certeza é que Pitágoras estabeleceu um sistema que mudou o rumo da matemática. A Irmandade era realmente uma comunidade religiosa e um de seus ídolos era o Número. Eles acreditavam que se entendessem as relações entre os números poderiam descobrir os segredos espirituais do universo, tornando-se, assim, próximos dos deuses. Em especial, a Irmandade voltou sua atenção para os números inteiros (1, 2, 3, ...) e as frações. Os números inteiros e as frações (proporções entre números inteiros) são conhecidos, tecnicamente, como *números racionais*. E entre a infinidade de números, a Irmandade buscava alguns com significado especial, e entre os mais importantes estavam os chamados números "perfeitos".

De acordo com Pitágoras a perfeição numérica depende do número de divisores (números que irão dividi-lo perfeitamente, sem deixar resto). Por exemplo, os divisores de 12 são 1, 2, 3, 4 e 6. Quando a soma dos divisores de um número é maior do que ele, o número é chamado de "excessivo". Portanto, 12 é um número excessivo porque a soma dos seus divisores é 16.

Por outro lado, quando a soma dos divisores é menor do que o número, ele é chamado "deficiente". É o caso de 10, porque seus divisores (1, 2 e 5) somam 8.

Os números mais importantes e raros eram aqueles cujos divisores somados produziam eles mesmos, e estes eram chamados de *números perfeitos*. O número 6 tem como divisores os números 1, 2 e 3 e portanto é um número perfeito porque 1 + 2 + 3 = 6. O número perfeito seguinte é 28, porque 1 + 2 + 4 + 7 + 14 = 28.

Além de ter um significado matemático para a Irmandade, a perfeição de 6 e 28 era reconhecida por outras culturas que observaram que a Lua orbita a Terra a cada 28 dias e acreditavam que Deus tinha criado o mundo em 6 dias. Em *A cidade de Deus,* Santo Agostinho afirma que, embora Deus pudesse ter criado o mundo em um instante, ele decidiu levar seis dias de modo a refletir a perfeição do universo. E acrescentava que 6 não era perfeito porque Deus assim o quisera, e sim que a perfeição era inerente à natureza do número. "O número é perfeito em si mesmo e não porque Deus criou todas as coisas em seis dias. O inverso é mais verdadeiro, Deus criou todas as coisas em seis dias porque esse número é perfeito. E continuaria perfeito mesmo que o trabalho de seis dias não existisse."

À medida que os números inteiros se tornam maiores, a tarefa de encontrar números perfeitos se torna mais difícil. O terceiro número perfeito é 496, o quarto é 8.128, o quinto é 33.550.336 e o sexto é 8.589.869.056. Além de ser a soma de seus divisores, Pitágoras percebeu que os números perfeitos possuem várias propriedades elegantes. Por exemplo, números perfeitos são sempre a soma de uma série de números inteiros. Assim temos:

$$6 = 1 + 2 + 3$$
$$28 = 1 + 2 + 3 + 4 + 5 + 6 + 7$$
$$496 = 1 + 2 + 3 + 4 + 5 + 6 + 7 + 8 + 9 + \ldots + 30 + 31$$
$$8.128 = 1 + 2 + 3 + 4 + 5 + 6 + 7 + 8 + 9 + \ldots + 126 + 127$$

Pitágoras era fascinado pelos números perfeitos, mas ele não se contentava em meramente colecionar esses números especiais, ele queria descobrir seu significado mais profundo. Uma de suas descobertas foi que a perfeição estava ligada a 2. Os números 4 (2 × 2), 8 (2 × 2 × 2), 16 (2 × 2 × 2 × 2) etc. são conhecidos como potências de 2 e podem ser escritos como 2^n, onde o n representa o número de vezes que o 2 é multiplicado por ele mesmo. Todas estas potências de 2 chegam perto, mas falham em ser números perfeitos, porque a soma de seus divisores é sempre uma unidade menor do que o próprio número. Isso os torna apenas levemente imperfeitos:

$$2^2 = 2 \times 2 \qquad = 4 \qquad \text{Divisores } 1, 2 \qquad \text{Soma} = 3$$
$$2^3 = 2 \times 2 \times 2 \qquad = 8 \qquad \text{Divisores } 1, 2, 4 \qquad \text{Soma} = 7$$
$$2^4 = 2 \times 2 \times 2 \times 2 \qquad = 16 \qquad \text{Divisores } 1, 2, 4, 8 \qquad \text{Soma} = 15$$
$$2^5 = 2 \times 2 \times 2 \times 2 \times 2 \qquad = 32 \qquad \text{Divisores } 1, 2, 4, 8, 16 \qquad \text{Soma} = 31$$

Dois séculos depois, Euclides aperfeiçoaria a ligação encontrada por Pitágoras entre o 2 e a perfeição. Euclides descobriu que os números perfeitos são sempre múltiplos de dois números, um dos quais é uma potência de 2 e o outro é a potência seguinte de dois menos 1.

Ou seja,

$$6 = 2^1 \times (2^2 - 1)$$
$$28 = 2^2 \times (2^3 - 1)$$
$$496 = 2^4 \times (2^5 - 1)$$
$$8.128 = 2^6 \times (2^7 - 1)$$

Hoje em dia os computadores permitiram continuar a busca pelos números perfeitos e encontraram exemplos gigantescos como $2^{216.090} \times (2^{216.091} - 1)$, um número de mais de 130.000 algarismos que obedece à regra de Euclides.

Pitágoras era fascinado pelos ricos padrões e as propriedades dos números perfeitos e respeitava sua sutileza. À primeira vista, o conceito de perfeição é relativamente simples de entender, no entanto os antigos gregos foram incapazes de sondar alguns dos aspectos fundamentais deste assunto. Por exemplo, embora exista uma grande quantidade de números cujos divisores somados são uma unidade a menos do que o próprio número, ou seja, são ligeiramente deficientes, parecem não existir números ligeiramente excessivos. Os gregos foram incapazes de descobrir quaisquer números cujos divisores somados excedem em uma unidade o número original e não conseguiam entender por que isso acontece. E para aumentar sua frustração também não conseguiram provar que tais números não existiam. É compreensível que a aparente falta de números levemente excessivos não tivesse nenhuma utilidade prática, entretanto, era um problema que poderia revelar a natureza dos números e, portanto, valeria a pena estudar. Tais enigmas intrigaram a Irmandade Pitagórica, e dois mil e quinhentos anos depois os matemáticos ainda são incapazes de provar que não existem números ligeiramente excessivos.

TUDO É NÚMERO

Além de estudar as relações entre os números, Pitágoras também era fascinado pela ligação dos números com a natureza. Ele percebeu que os fenômenos naturais são governados por leis, e que essas leis podem ser descritas por equações matemáticas. Uma das primeiras ligações que ele percebeu foi a relação fundamental entre a harmonia da música e a harmonia dos números.

O instrumento mais importante da antiga música helênica era o tetracórdio, ou lira de quatro cordas. Antes de Pitágoras, os músicos tinham percebido que certas notas, quando soavam juntas, criavam um efeito agradável e afinavam suas liras de modo que ao tocarem duas cordas pudessem produzir tal harmonia. Contudo, os antigos músicos não compreendiam por que certas notas, em especial, eram harmônicas e não tinham nenhum meio preciso de afinar seus instrumentos. Eles afinavam suas liras pelo ouvido, até conseguirem um estado de harmonia — um processo que Platão chamava de torturar as cravelhas.

Iamblicus, um estudioso do século IV, descreve como Pitágoras descobriu os princípios básicos da harmonia musical.

Certa vez ele estava dominado pela ideia de descobrir se poderia criar um instrumento mecânico para ampliar o sentido da audição, que fosse preciso e engenhoso. O aparelho seria semelhante aos compassos, réguas e instrumentos óticos projetados para o sentido da visão. Do mesmo modo o sentido do tato tinha escalas e os conceitos de pesos e medidas. Por algum ato divino de sorte, aconteceu de Pitágoras passar por uma oficina de um ferreiro e ouviu os martelos golpeando o ferro e produzindo uma harmonia variada, cheia de reverberações, exceto por uma combinação de sons.

De acordo com Iamblicus, Pitágoras correu imediatamente para dentro da forja a fim de investigar a harmonia dos martelos. Ele percebeu que a maioria dos martelos podia ser usada simultaneamente para gerar sons harmoniosos, enquanto qualquer combinação contendo um martelo em particular produzia um ruído desagradável. Ele analisou os martelos e descobriu que aqueles que eram harmoniosos entre si tinham uma relação matemática simples — suas massas eram proporções simples, ou frações, umas das outras. Ou seja, martelos que possuíssem a metade, dois terços ou três quartos do peso de um determinado martelo produziriam sons harmoniosos. Por outro lado, o martelo que gerava desarmonia quando golpeado junto com os outros tinha um peso que não apresentava qualquer relação simples com o peso dos outros.

Pitágoras descobrira que as relações numéricas simples são as responsáveis pela harmonia na música. Os cientistas lançaram algumas dúvidas quanto ao relato de Iamblicus, mas é certo que Pitágoras aplicou sua nova teoria de proporções musicais à lira, examinando as propriedades de uma única corda. Tocando simplesmente uma corda temos uma nota padrão, que é produzida pela vibração da corda inteira. Prendendo a corda em determinados pontos de seu comprimento é possível produzir outras vibrações ou notas, como ilustrado na Figura 1. As notas harmônicas ocorrem somente em pontos muito específicos. Por exemplo, fixando a corda num ponto correspondente à metade do seu comprimento, ela produz, ao ser tocada, uma nota que é uma oitava mais alta e em harmonia com a nota original. De modo semelhante, se prendermos a corda em pontos correspondentes a um terço, um quarto e um quinto do seu comprimento, produziremos

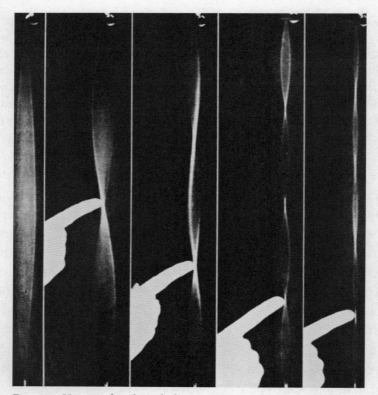

Figura 1. Uma corda vibrando livremente gera uma nota básica. Ao criar um nódulo, exatamente no meio da corda, a nota produzida é uma oitava mais alta e em harmonia com a nota original. Outras notas harmônicas podem ser produzidas movendo-se o nódulo para outras posições que sejam frações simples (por exemplo, um terço, um quarto, um quinto) da distância ao longo da corda.

outras notas harmônicas. Já se prendermos a corda em outros pontos que não formam uma fração simples do seu comprimento, a nota produzida não se harmoniza com as outras.

Pitágoras tinha descoberto pela primeira vez as leis matemáticas que governam um fenômeno físico e demonstrara a existência de uma relação fundamental entre a matemática e a ciência. Desde esta descoberta, os cientistas têm buscado as regras matemáticas que parecem governar cada processo físico e descobriram que os números aparecem em todo o tipo de fenômenos naturais. Por exemplo, um número em especial parece governar o comprimento dos rios tortuosos. O professor Hans-Henrik Stolum, geólogo da Universidade de Cambridge, calculou a relação entre o comprimento verdadeiro de um rio, da nascente até a foz, e seu comprimento em linha reta. Embora a taxa varie de rio para rio, o valor médio é ligeiramente maior do que 3. Ou seja, o comprimento real é aproximadamente o triplo da distância em linha reta. De fato, a proporção é aproximadamente 3,14, que é próximo do valor do número π, a proporção entre a circunferência de um círculo e seu diâmetro.

O número π foi derivado, originalmente, da geometria dos círculos, e no entanto ele vive reaparecendo em uma grande variedade de acontecimentos científicos. No caso da proporção entre os rios, a aparição de π é o resultado de uma batalha entre a ordem e o caos. Einstein foi o primeiro a sugerir que os rios possuem uma tendência a um caminho mais serpenteante porque uma curva menor vai produzir correntes mais rápidas na margem oposta, que por sua vez produzirão uma erosão maior e uma curva mais pronunciada. Quanto mais fechada a curva, mais rápidas serão as correntezas na margem oposta, maior a erosão e mais o rio irá serpentear. Contudo, existe um processo que irá se opor ao caos. Os meandros farão o rio se voltar sobre si mesmo, se anulando. O rio vai se tornar mais reto, e o meandro será deixado para o lado, formando um lago. O equilíbrio entre esses fatores opostos leva a uma relação média de π entre o comprimento real e a distância em linha reta da nascente até a foz. A proporção de π é mais comumente encontrada entre rios que fluem sobre planícies como as que existem no Brasil e na tundra siberiana.

Pitágoras percebeu que os números estavam ocultos em tudo, das harmonias da música até as órbitas dos planetas, o que o levou a proclamar que "tudo é número". Ao explorar o significado da matemática, Pitágoras estava desenvolvendo uma linguagem que permitiria que ele e outros depois dele descrevessem a natureza do universo. Daí em diante cada avanço da matemática daria aos cientistas o vocabulário de que necessitavam para explicar melhor os fenômenos que nos cercam. De fato, o desenvolvimento da matemática iria inspirar revoluções na ciência.

De todas as ligações entre os números e a natureza estudadas pela Irmandade, a mais importante é a relação que leva o nome de seu fundador. O teorema de Pitágoras nos fornece uma equação que é verdadeira para todos os triângulos retângulos e que, portanto, também define o ângulo reto. Por sua vez, o ângulo reto define a perpendicular e a perpendicular define as dimensões — comprimento, largura e altura — do espaço onde vivemos. Em última análise, a matemática, através do triângulo retângulo, define a própria estrutura do nosso mundo tridimensional.

É uma realização profunda e, no entanto, a matemática usada para compreender o teorema de Pitágoras é relativamente simples. Para entendê-la, comece simplesmente medindo o comprimento dos dois catetos (lados menores) do triângulo retângulo (x e y), e então calcule o quadrado de cada um deles (x^2, y^2). Depois some os quadrados dos dois números ($x^2 + y^2$), o que lhe dará o número final. Se calcular esse número para o triângulo mostrado na Figura 2, o resultado será 25.

Agora você pode medir o lado mais comprido, z, a assim chamada hipotenusa, e calcular o quadrado do seu comprimento. O resultado extraordinário é que este número, z^2, é idêntico àquele que você calculou, ou seja, $5^2 = 25$.

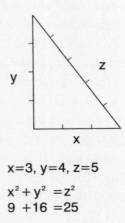

$x=3, y=4, z=5$
$x^2 + y^2 = z^2$
$9 + 16 = 25$

Figura 2. Todo triângulo retângulo obedece ao teorema de Pitágoras.

Resumindo:

Num triângulo retângulo o quadrado da hipotenusa é igual à soma dos quadrados dos catetos.

Ou em outras palavras (ou melhor, símbolos):

$$x^2 + y^2 = z^2.$$

Isso é claramente verdadeiro para o triângulo da Figura 2, mas o que é notável é que o teorema de Pitágoras é verdadeiro para todos os triângulos retângulos que puder imaginar. Trata-se de uma lei universal da matemática, e você pode contar com ela sempre que encontrar um ângulo reto. Inversamente, se tiver um triângulo que obedece ao teorema de Pitágoras, então pode ter confiança absoluta de que é um triângulo retângulo.

Neste ponto é importante mencionar que, embora este teorema esteja eternamente associado a Pitágoras, ele já era usado pelos chineses e babilônios mil anos antes. Contudo, estas culturas não sabiam que o teorema era verdadeiro para todos os triângulos retângulos. Era verdadeiro para os triângulos que tinham testado, mas eles não tinham meios de demonstrar que era verdadeiro para todos os triângulos que ainda não tinham testado. O motivo pelo qual o teorema leva o nome de Pitágoras é que foi ele o primeiro a demonstrar esta verdade universal.

Mas como Pitágoras sabia que o teorema é verdadeiro para todos os triângulos retângulos? Não poderia esperar testar a infinita variedade de triângulos retângulos, e no entanto estava cem por cento certo de que o teorema era verdadeiro. A razão para sua confiança está no conceito de prova, ou demonstração matemática. A busca pela prova matemática é a busca pelo conhecimento mais absoluto do que o conhecimento acumulado por qualquer outra disciplina. Este desejo pela verdade final através do método da prova, ou demonstração, é o que tem impulsionado os matemáticos nos últimos dois mil e quinhentos anos.

PROVA ABSOLUTA

A história do Último Teorema de Fermat gira em torno da busca por uma prova, ou demonstração perdida. Em matemática o conceito de prova é muito mais rigoroso e poderoso do que o que usamos em nosso dia a dia e até mesmo mais preciso do que o conceito de prova como entendido pelos físicos e químicos. A diferença entre prova científica e prova matemática é ao mesmo tempo sutil e profunda. Ela é crucial para que possamos entender o trabalho de cada matemático, desde Pitágoras.

A ideia da demonstração matemática clássica começa com uma série de axiomas, declarações que julgamos serem verdadeiras ou que são verdades evidentes. Então, através da argumentação lógica, passo a passo, é possível chegar a uma conclusão. Se os axiomas estiverem corretos e a lógica for impecável, então a conclusão será inegável. Esta conclusão é o teorema.

Os teoremas matemáticos dependem deste processo lógico, e uma vez demonstrados eles serão considerados verdade até o final dos tempos. A prova matemática é absoluta. Para apreciar o valor de tais provas, devemos compará-las com sua prima pobre, a prova científica. Na ciência apresenta-se uma hipótese para explicar um fenômeno físico. Se as observações do fenômeno são favoráveis à hipótese, então elas se tornam evidências a favor dela. Além disso, a hipótese não deve meramente descrever um fenômeno conhecido, mas também prever os resultados de outros fenômenos. Experiências podem ser feitas para testar a capacidade da hipótese em prever os resultados, e se o resultado for bem-sucedido teremos mais evidências para apoiar a hipótese. Por fim, a soma das evidências pode ser tão grande que a hipótese passará a ser aceita como teoria científica.

Contudo, uma teoria científica nunca pode ser provada do mesmo modo absoluto quanto um teorema matemático. Ela é meramente considerada altamente provável, com base nas evidências disponíveis. A assim chamada prova científica depende da observação e da percepção, e ambas são falíveis, fornecendo somente aproximações em relação à verdade. Como disse certa vez Bertrand Russell: "Embora isto possa parecer um paradoxo, toda a ciência exata é dominada pela ideia da aproximação." Até mesmo as "provas" científicas mais aceitas contêm um pequeno elemento de dúvida dentro delas. Às vezes esta dúvida diminui, mas nunca desaparece completamente. E em outras ocasiões descobre-se que a prova estava errada. Esta fraqueza das provas científicas leva às revoluções na ciência, quando uma teoria que se considerava correta é substituída por outra, a qual pode ser meramente um aperfeiçoamento da teoria original, ou pode ser sua completa contradição.

Por exemplo, a busca pela partícula fundamental da matéria envolveu gerações de físicos derrubando, ou no mínimo aperfeiçoando, as teorias de seus antecessores. A busca moderna pelos tijolos da construção do universo começou no início do século XIX, quando uma série de experiências iniciadas por John Dalton sugeriu que tudo era composto de pequenos átomos e que os átomos eram fundamentais. No final do século, J. J. Thomson descobriu o elétron, a primeira partícula subatômica conhecida, e daí para a frente o átomo não foi mais fundamental ou indivisível.

Durante as primeiras décadas do século XX, os físicos criaram uma imagem "completa" do átomo — um núcleo formado por prótons e nêutrons, orbitado por elétrons. Prótons, nêutrons e elétrons foram então orgulhosamente apresentados como os ingredientes fundamentais do universo. Então, experiências com os raios cósmicos revelaram a existência de outras partículas fundamentais — os píons e múons. Uma revolução ainda maior aconteceu em 1932 com a descoberta da antimatéria — a existência de antiprótons, antielétrons, antinêutrons etc. A essa altura os físicos de partículas não tinham mais certeza de quantas partículas diferentes existiam, mas pelo menos tinham certeza de que tais entidades eram fundamentais. Isso durou até a década de 1960, quando surgiu a ideia do quark. O próton era aparentemente formado por quarks com cargas fracionárias, e o mesmo acontecia com o nêutron e o píon. Na próxima década até mesmo a ideia das partículas como objetos puntiformes pode ser substituída pela ideia de partículas como cordas. A teoria é de que cordas com bilionésimo de bilionésimo de bilionésimo de um bilionésimo do comprimento do metro (tão pequenas que parecem pontos) podem vibrar de modos diferentes, e cada vibração dá origem a uma partícula diferente. Isso é análogo à descoberta de Pitágoras de que a corda de uma lira pode dar origem a notas diferentes, dependendo de como ela vibra. A moral da história é que os físicos estão continuamente alterando sua imagem do universo, quando não apagando-a, e começando tudo de novo.

O futurólogo e escritor de ficção científica Arthur C. Clarke escreveu que, se um eminente professor declara que alguma coisa é uma verdade indubitável, então é provável que no dia seguinte se descubra que ele estava errado. A prova científica é inevitavelmente mutável e inferior. Por outro lado, a prova matemática é absoluta e destituída de dúvida. Pitágoras morreu confiante de que o conhecimento de seu teorema, que era verdade em 500 a.C., permaneceria verdade pelo resto da eternidade.

A ciência funciona por um sistema semelhante ao da justiça. Uma teoria é considerada verdadeira se existem evidências suficientes para apoiá-la "além de toda dúvida razoável". Por outro lado, a matemática não depende de evidências tiradas de experiências sujeitas a falhas e sim construídas sobre lógica infalível. Isso é demonstrado pelo problema do "tabuleiro de xadrez mutilado", ilustrado na Figura 3.

Temos um tabuleiro de xadrez em que os lados opostos foram retirados de modo que restam apenas 62 quadrados. Agora pegamos 31 dominós feitos de modo que cada dominó cobre exatamente dois quadrados. A pergunta é: Será possível dispor os 31 dominós de modo que eles cubram todos os 62 quadrados do tabuleiro?

Existem duas abordagens para este problema:

Figura 3. O problema do tabuleiro de xadrez mutilado.

(1) A abordagem científica

O cientista tentará resolver o problema através da experimentação e depois de tentar algumas dúzias de arranjos vai descobrir que todos eles fracassam. Por fim, o cientista chegará à conclusão de que existem evidências suficientes de que o tabuleiro não pode ser coberto. Contudo, o cientista jamais terá certeza de que isso é verdade, porque pode existir algum arranjo ainda não testado que resolverá o problema. Existem milhões de arranjos diferentes e só é possível explorar uma pequena fração deles. A conclusão de que a tarefa é impossível é uma teoria baseada na experimentação, mas o cientista terá que viver com a hipótese de que um dia sua teoria poderá ser derrubada.

(2) A abordagem matemática

O matemático tenta resolver o problema desenvolvendo um argumento lógico, o qual produzirá uma conclusão que será ao mesmo tempo indubitavelmente correta e permanecerá assim para sempre. Um argumento desse tipo é o seguinte:

- Os cantos extremos, retirados do tabuleiro de xadrez, eram quadrados brancos. Portanto agora existem 32 quadrados pretos e somente 30 quadrados brancos.
- Cada dominó cobre dois quadrados vizinhos, e os quadrados vizinhos são sempre de cores diferentes, ou seja, um branco e um preto.
- Portanto, não importa como coloquemos os dominós sobre o tabuleiro, os primeiros 30 dominós deverão cobrir 30 quadrados pretos e 30 quadrados brancos.
- Em consequência disso, ficaremos sempre com um dominó e dois quadrados pretos restantes.
- Mas lembrem-se, todos os dominós cobrem dois quadrados vizinhos, e quadrados vizinhos são de cores opostas. Se os quadrados remanescentes são da mesma cor, eles não podem ser cobertos pelo dominó que restou. Portanto, é impossível cobrir todo o tabuleiro com os dominós!

Esta demonstração prova que todos os arranjos possíveis de dominós não conseguirão cobrir o tabuleiro mutilado. Do mesmo modo, Pitágoras construiu uma demonstração que mostra que todos os triângulos retângulos possíveis irão obedecer ao seu teorema. Para Pitágoras a ideia da prova matemática era sagrada, e foi esse tipo de demonstração que permitiu que a Irmandade descobrisse tanta coisa. A maioria das provas modernas é incrivelmente complexa e segue uma lógica inatingível para o homem comum. Felizmente, no caso do teorema de Pitágoras, o argumento é relativamente direto e depende apenas de matemática de nível ginasial. Sua demonstração está delineada no Apêndice 1.

A prova, ou demonstração, de Pitágoras é irrefutável. Ela mostra que seu teorema é verdadeiro para cada triângulo retângulo do universo. A descoberta foi considerada tão fabulosa que cem bois foram sacrificados num ato de gratidão para com os deuses. A descoberta foi um marco na história da matemática e um dos saltos mais importantes da história da civilização. Sua importância foi dupla. Primeiro, desenvolveu a ideia da prova. Uma solução matemática demonstrada era uma verdade mais profunda do que qualquer outra por ser o resultado de uma lógica encadeada, passo a passo. Embora o filósofo Tales já tivesse inventado algumas demonstrações geométricas primitivas, Pitágoras levou a ideia muito mais adiante e foi capaz de provar ideias matemáticas muito mais engenhosas. A segunda consequência do teorema de Pitágoras é que ele liga o método matemático abstrato a alguma coisa tangível. Pitágoras demonstrou que as verdades da matemática podem ser aplicadas ao mundo científico, dando-lhe um fundamento lógico. A matemática dá à ciência um princípio rigoroso, e sobre seus fundamentos infalíveis os cientistas acrescentam suas medições imprecisas e suas observações imperfeitas.

UMA INFINIDADE DE TRIOS

A Irmandade Pitagórica revigorou a matemática com sua busca zelosa pela verdade através da demonstração. As notícias de seu sucesso se espalharam, e no entanto os detalhes de suas descobertas continuaram um segredo guardado a sete chaves. Muitos pediram para ser admitidos neste círculo interno do conhecimento, mas somente as mentes mais brilhantes eram aceitas. Um dos rejeitados foi um candidato chamado Cilon. Cilon ficou furioso com sua humilhante rejeição, e vinte anos depois ele se vingou.

Durante a sexagésima sétima Olimpíada (510 a.C.) houve uma revolta na cidade vizinha de Síbaris. Telis, o líder vitorioso na revolta, começou uma bárbara campanha de perseguição contra os partidários do governo anterior, o que levou muitos deles a buscarem santuário em Crotona. Telis exigiu que os traidores fossem mandados de volta para receberem sua punição em Síbaris. Mas Milo e Pitágoras convenceram os cidadãos de Crotona a enfrentarem o tirano e protegerem os refugiados. Telis ficou furioso e imediatamente reuniu um exército de 300 mil homens e marchou sobre Crotona. Milo defendeu a cidade com 100 mil cidadãos armados. Depois de setenta dias de guerra, a liderança superior de Milo levou-o à vitória, e, num ato de vingança, ele mudou o curso do rio Cratis sobre Síbaris, inundando e destruindo a cidade.

Apesar do fim da guerra, a cidade de Crotona ainda estava tomada pela agitação devido às discussões sobre o que deveria ser feito com os espólios da guerra. Temendo que as terras seriam dadas para a elite pitagórica, o povo de Crotona começou a protestar. Já havia um certo ressentimento entre as massas porque a Irmandade continuava a ocultar suas descobertas, mas nada aconteceu até que Cilon surgiu como o porta-voz do povo. Ele alimentou os temores, a paranoia e a inveja da multidão, liderando-a num ataque para destruir a mais brilhante escola de matemática que o mundo já vira. A casa de Milo e a escola adjacente foram cercadas, todas as portas trancadas e bloqueadas para evitar que alguém escapasse, e então o incêndio começou. Milo abriu caminho para fora das chamas e escapou, mas Pitágoras morreu com muitos dos seus discípulos.

A matemática tinha perdido seu primeiro grande herói, mas o espírito pitagórico permaneceu. Os números e suas verdades eram imortais. Pitágoras tinha demonstrado que, mais do que qualquer outra disciplina, a matemática não é subjetiva. Seus discípulos não precisavam de seu mestre para decidirem quanto à validade de uma determinada teoria. A verdade era independente de opiniões. E a construção da lógica matemática se tornara o árbitro da verdade. Esta foi a maior contribuição de Pitágoras para a civilização — um meio de conquistar uma verdade que está além das fraquezas do julgamento humano.

Depois da morte de seu fundador e do ataque de Cilon, a Irmandade deixou Crotona e partiu para outras cidades da Magna Grécia. Mas as perseguições continuaram e muitos membros tiveram que se refugiar no estrangeiro. Esta emigração forçada encorajou os pitagóricos a espalharem seu credo matemático pelo mundo antigo. Os discípulos de Pitágoras estabeleceram novas escolas e ensinaram aos seus alunos os métodos da prova lógica. Além de ensinarem sua prova do teorema de Pitágoras, eles também explicaram ao mundo o segredo de encontrar os trios pitagóricos.

Os trios pitagóricos são combinações de três números inteiros que se ajustam perfeitamente à equação de Pitágoras: $x^2 + y^2 = z^2$. Por exemplo, a equação de Pitágoras é verdadeira se $x = 3$, $y = 4$ e $z = 5$:

$$3^2 + 4^2 = 5^2 \qquad 9 + 16 = 25.$$

Outro modo de pensar nos trios pitagóricos é relacioná-los ao ato de rearrumar quadrados. Se temos um quadrado de 3 × 3 feito de 9 ladrilhos e um de 4 × 4 feito de 16 ladrilhos, então os ladrilhos podem ser rearrumados para formar um quadrado de 5 × 5 feito de 25 ladrilhos, como mostrado na Figura 4.

Os pitagóricos queriam encontrar outros trios pitagóricos, outros quadrados que pudessem ser somados para formar um terceiro quadrado maior. Outro trio pitagórico é $x = 5$, $y = 12$ e $z = 13$:

$$5^2 + 12^2 = 13^2 \qquad 25 + 144 = 169.$$

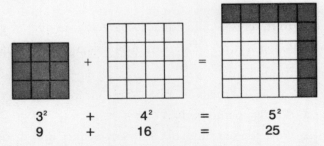

Figura 4. Podemos imaginar a busca de soluções com números inteiros para a equação de Pitágoras como a busca de dois quadrados que possam ser somados para formar um terceiro quadrado. Por exemplo, o quadrado feito de 9 ladrilhos pode ser somado ao quadrado de 16 ladrilhos e rearrumado para formar um terceiro quadrado de 25 ladrilhos.

Um trio pitagórico maior é $x = 99$, $y = 4.900$ e $z = 4.901$. Os trios pitagóricos se tornam raros à medida que os números aumentam, e encontrá-los se torna cada vez mais difícil. Para descobrir tantos trios quanto possível, os pitagóricos inventaram um método de encontrá-los e, ao fazê-lo, também demonstraram que há um número infinito deles.

DO TEOREMA DE PITÁGORAS
AO ÚLTIMO TEOREMA DE FERMAT

O teorema de Pitágoras e sua infinidade de trios foram abordados no livro *O último problema*, de E. T. Bell, que despertou a atenção do jovem Andrew Wiles. Embora a Irmandade tivesse conseguido um entendimento quase completo dos trios pitagóricos, Wiles logo descobriria que a equação $x^2 + y^2 = z^2$, aparentemente inocente, tinha um lado obscuro. E o livro de Bell descrevia a existência de um monstro matemático.

Na equação de Pitágoras os três números, x, y e z, são todos elevados ao quadrado (por exemplo, $x^2 = x \times x$):

$$x^2 + y^2 = z^2.$$

Contudo, o livro descrevia uma equação parecida na qual x, y e z são elevados ao cubo (ou seja, $x^3 = x \times x \times x$). A potência de x na equação não é mais 2 e sim 3:

$$x^3 + y^3 = z^3.$$

Encontrar números inteiros que solucionem a equação original, ou seja, os trios pitagóricos, é relativamente simples, mas ao mudar a potência de 2 para 3 (do quadrado para o cubo) e encontrar números inteiros que satisfaçam a equação cúbica parece impossível. Gerações de matemáticos não conseguiram encontrar números que se encaixassem perfeitamente na equação elevada ao cubo.

Na equação original, "quadrada", o desafio era rearrumar os ladrilhos de dois quadrados para formar um terceiro quadrado maior. Na versão "ao cubo" o desafio é rearrumar dois cubos, feitos de tijolos, para formar um terceiro cubo, maior. Aparentemente não importa que tipos de cubos sejam escolhidos como ponto de partida, quando eles são combinados o resultado ou é um cubo completo com alguns tijolos sobrando, ou um cubo incompleto. O mais próximo que alguém já chegou de um arranjo perfeito foi aquele em que sobra ou falta um tijolo. Por exemplo, se começarmos com os cubos de 6^3 (x^3) e 8^3 (y^3) e rearrumarmos os tijolos, então chegamos perto de construir um cubo de 9 × 9 × 9, como mostrado na Figura 5.

Encontrar três números que se encaixem perfeitamente na equação ao cubo parece impossível. Ou seja, dizemos que não há soluções para números inteiros da equação

$$x^3 + y^3 = z^3.$$

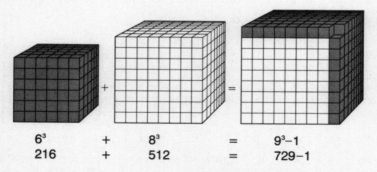

Figura 5. Será possível juntar os tijolos de dois cubos de modo a formar um terceiro cubo ainda maior? Neste caso um cubo de 6 × 6 × 6 somado ao cubo 8 × 8 × 8 não possui tijolos suficientes para criar um cubo de 9 × 9 × 9. Existem 216 (6^3) tijolos no primeiro cubo e 512 (8^3) no segundo. O total é 728 tijolos, faltando, assim, um para completar 9^3.

Além disso, se a potência for mudada de 3 (cubo) para qualquer número mais alto n (ou seja, 4, 5, 6), então a descoberta de uma solução se torna igualmente impossível. Parecem não existir soluções com números inteiros para a equação mais geral

$$x^n + y^n = z^n \text{ para } n \text{ maior do que 2.}$$

Ao meramente trocar o 2 da equação de Pitágoras por qualquer número maior, a busca por soluções para números inteiros deixa de ser um problema relativamente simples e se torna um desafio impossível. De fato, o grande matemático francês do século XVII, Pierre de Fermat, fez a espantosa afirmação de que não existiriam soluções para esta equação.

Fermat foi um dos matemáticos mais brilhantes e intrigantes da história. Ele não poderia ter verificado a infinidade de números, mas tinha certeza absoluta de que não existiam combinações de números inteiros capazes de solucionar a equação, com base em uma demonstração. Como Pitágoras, que não precisou checar todos os triângulos para demonstrar a validade de seu teorema, Fermat não tinha que testar todos os números para mostrar a validade do seu teorema. O Último Teorema de Fermat, como é conhecido, declara que

$$x^n + y^n = z^n$$

não tem solução no campo dos números inteiros para n maior do que 2.

À medida que lia o livro de Bell, Wiles aprendia como Fermat se tornara fascinado pelo trabalho de Pitágoras e passara a estudar a forma subvertida de sua equação. Depois ele leu como Fermat afirmara que nenhum matemático em todo o mundo jamais conseguiria uma solução para a equação, mesmo que passasse toda a eternidade procurando por ela. O menino deve ter folheado as páginas do livro, querendo examinar a prova do Último Teorema de Fermat. Mas a demonstração não estava lá. Não estava em parte alguma. Bell terminava o livro dizendo que a demonstração fora perdida havia muito tempo. Não existia nenhum indício de como poderia ter sido, nenhuma pista para a construção ou dedução da prova. Wiles se sentiu frustrado, intrigado e furioso. E não estava sozinho.

Durante mais de trezentos anos, muitos dos grandes matemáticos tentaram redescobrir a prova perdida de Fermat e fracassaram. E à medida que cada geração fracassava, a próxima se tornava cada vez mais frustrada e determinada. Em 1742, quase um século depois da morte de Fermat, o matemático suíço Leonhard Euler pediu ao seu amigo Clêrot para que vistoriasse a casa de Fermat, à procura de algum pedaço de papel que pudesse ter restado. Mas nenhum indício foi encontrado.

O Último Teorema de Fermat, um problema que fascinara os matemáticos durante séculos, capturara a imaginação do jovem Andrew Wiles. Na biblioteca da rua Milton, o menino de dez anos olhou para o mais célebre problema de matemática sem se sentir intimidado com o fato de que as mentes mais brilhantes do planeta não tinham conseguido redescobrir sua prova. O menino começou a trabalhar imediatamente, usando todas as técnicas em seus livros escolares, para tentar recriar a demonstração. Talvez ele pudesse tropeçar em alguma coisa que todos os outros, exceto Fermat, tinham deixado passar despercebida. Wiles sonhava em assombrar o mundo.

Trinta anos depois Andrew Wiles encontrava-se no auditório do Instituto Isaac Newton. Ele escrevia no quadro-negro, e então, procurando conter sua alegria, olhava para a plateia. A palestra estava chegando ao clímax e a audiência sabia disso. Uma ou duas pessoas tinham conseguido trazer câmeras escondidas e agora flashes marcavam as observações finais.

Com o giz na mão, Wiles virou-se para o quadro pela última vez. Algumas linhas finais de lógica completaram a prova. Pela primeira vez, em mais de três séculos, o desafio de Fermat fora vencido. Houve mais alguns clarões de flashes tentando captar o momento histórico. Wiles terminou, virou-se para a audiência e disse com modéstia: "Acho que vou parar por aqui."

Duzentos matemáticos bateram palmas celebrando o acontecimento. Mesmo aqueles que tinham previsto o resultado sorriam incrédulos. Depois de três décadas Andrew Wiles acreditava ter conquistado seu sonho, e após passar sete anos em isolamento tinha revelado seus cálculos secretos. Enquanto um clima de euforia tomava conta do Instituto Newton, todos percebiam que a demonstração ainda teria que ser verificada rigorosamente por uma equipe independente de juízes. Contudo, Wiles desfrutava do seu momento de glória e ninguém poderia prever a controvérsia que o aguardava nos próximos meses.

Pierre de Fermat.

2. O criador de enigmas

"Você sabe", admitiu o Diabo, "nem mesmo os melhores matemáticos de outros planetas, todos muito mais avançados que o seu, conseguiram resolvê-lo. Tem um sujeito em Saturno, ele parece um cogumelo sobre pernas de pau, que resolve mentalmente equações diferenciais parciais, e mesmo ele desistu."

Arthur Poges em "O Diabo e Simon Flagg"

Pierre de Fermat nasceu em 20 de agosto de 1601, na cidade de Beaumont-de-Lomagne, no sudoeste da França. Seu pai, Dominique Fermat, era um rico mercador de peles, e assim Pierre teve a sorte de receber uma educação privilegiada no monastério franciscano de Grandselve, seguido por uma passagem pela Universidade de Toulouse. Não há nenhum registro de que o jovem Fermat mostrasse qualquer talento especial para a matemática.

As pressões de sua família levaram Fermat para o serviço público, e em 1631 ele foi nomeado *conseiller au Parlement de Toulouse*, conselheiro na Câmara de Requerimentos. Se algum cidadão local quisesse fazer um requerimento ao rei, sobre qualquer assunto, primeiro ele tinha que convencer Fermat e seus colegas da importância do pedido. Os conselheiros formavam um elo vital entre a província e Paris. Além de servirem de intermediários entre a população e o monarca, os conselheiros também tomavam providências para que os decretos reais fossem implementados nas várias regiões. Fermat foi um servidor público eficiente, e todos os relatos dizem que ele realizava seu trabalho de modo atencioso e compassivo.

As tarefas adicionais de Fermat incluíam prestar serviço como juiz e ele era suficientemente graduado para lidar com os casos mais graves. Um registro de sua atuação é dado pelo matemático inglês Sir Kenelm Digby. Digby tinha solicitado um encontro com Fermat, mas em uma carta para seu colega, John Wallis, ele revela que o francês estivera ocupado com questões do judiciário, que eliminavam a possibilidade do encontro:

> É verdade que eu tinha escolhido a data da mudança dos juízes de Castres para Toulouse, onde ele (Fermat) é o Juiz Supremo na Corte Soberana do Parlamento. E desde então ele tem estado ocupado com casos da maior importância, e acabou de lavrar uma sentença que causou grande comoção, mandando queimar na fogueira um sacerdote que abusou de suas funções. Esse julgamento acaba de terminar e o condenado foi executado.

Fermat se correspondia regularmente com Digby e Wallis. Mais tarde veremos que essas cartas frequentemente não eram muito amigáveis, mas elas fornecem indícios vitais sobre a vida diária de Fermat, incluindo seu trabalho acadêmico.

Fermat teve uma ascensão rápida em sua carreira de servidor público e logo se tornou membro da elite, o que lhe permitia usar o *de* como parte de seu nome. Sua promoção não foi necessariamente o resultado de ambição e sim uma questão de saúde. A praga estava devastando a Europa e aqueles que sobreviviam à doença eram promovidos para ocupar os lugares dos que tinham morrido. Mesmo Fermat ficou seriamente doente em 1652 e piorou tanto que seu amigo Bernard Medon chegou a anunciar sua morte para vários colegas. Mas logo depois se corrigiu numa carta para o holandês Nicholas Heinsius:

> Eu o informei anteriormente da morte de Fermat. Ele ainda está vivo e não temermos mais por sua saúde, muito embora já o considerássemos morto há pouco tempo. A praga já passou por aqui.

Além dos perigos para a saúde na França do século XVII, Fermat tinha que sobreviver aos riscos da política. Sua nomeação para o Parlamento de Toulouse tinha sido três anos depois de o Cardeal Richelieu ser apontado primeiro-ministro da França. Aquela era uma época de intrigas e tramas, e todos os que estavam envolvidos no governo, mesmo no governo da província, tinham que tomar cuidado para não serem envolvidos nas maquinações do cardeal. Fermat adotou a estratégia de cumprir com suas obrigações de modo eficiente, mas sem chamar a atenção para si mesmo. Ele não tinha grandes ambições políticas e fazia o melhor que podia para evitar as disputas do Parlamento. Fermat dedicava toda a energia que lhe sobrava à matemática e, quando não estava mandando sacerdotes para a fogueira, ele cuidava do seu hobby. Fermat era um verdadeiro estudioso amador, um homem que E. T. Bell chamou de "Príncipe dos Amadores". Mas era tão talentoso que, quando Julian Coolidge escreveu sua *Matemática dos grandes amadores,* ele excluiu Fermat, dizendo que "fora tão grande que devia ser considerado profissional".

No começo do século XVII, a matemática ainda se recuperava da Idade das Trevas e não era um assunto muito respeitado. Os matemáticos não tinham muito prestígio e a maioria tivera que custear seus próprios estudos. Por exemplo, Galileu foi incapaz de estudar matemática na Universidade de Pisa e teve que buscar um professor particular. De fato, a única instituição na Europa que encorajava o estudo da matemática era a Universidade de Oxford, que criaria uma Cadeira Saviliana de Geometria em 1619. Portanto, de certo modo, é verdade dizer que a maioria dos matemáticos do século XVII eram amadores, mas Fermat era um caso extremo. Vivendo longe de Paris, ele estava isolado da pequena comunidade de matemáticos que existia na capital, a qual incluía nomes como Pascal, Gassendi, Roberval, Beaugrand e principalmente o padre Marin Mersenne.

Embora padre Mersenne tenha sido responsável por poucos avanços nesta ciência, ele desempenhou um grande papel na matemática do século XVII. Depois de entrar para a ordem Mínima, em 1611, Mersenne estudou matemática e depois deu aulas para outros monges e freiras no convento Mínimo em Nevers. Oito anos depois ele se mudou para Paris, juntando-se à ordem Mínima de l'Annociade, perto do palácio real, um ponto de encontro dos intelectuais. Mersenne encontrou-se com outros matemáticos mas ficou desapontado com a relutância em falar com ele ou mesmo trocarem ideias entre si.

A natureza reservada dos matemáticos parisienses era uma tradição que chegara a eles a partir dos cosistas do século XVI. Os cosistas eram especialistas em cálculos de todos os tipos, frequentemente contratados por homens de negócios e comerciantes para resolver complicados problemas de contabilidade. Seu nome deriva da palavra italiana *cosa,* que significa "coisa", porque eles usavam símbolos para representar quantidades desconhecidas, do mesmo modo como os matemáticos usam o x hoje em dia. Todos esses calculistas profissionais inventavam seus métodos para fazer cálculos, fazendo todo o possível para mantê-los secretos de modo a proteger sua reputação de serem os únicos capazes de resolver certos problemas. Esta natureza sigilosa da matemática continuou até o fim do século XIX e, como veremos depois, existem até mesmo exemplos de gênios secretos trabalhando no século XX.

Quando o padre Mersenne chegou em Paris, ele estava determinado a lutar contra este costume de sigilo e tentou encorajar os matemáticos a trocarem ideias, aperfeiçoando os trabalhos uns dos outros. O monge organizou encontros regulares e seu grupo depois formou o núcleo do que seria a Academia Francesa. Quando alguém se recusava a comparecer, Mersenne contava ao grupo o que podia sobre o trabalho da pessoa em questão, divulgando inclusive cartas e documentos, mesmo que tivessem sido enviadas para ele com pedido de sigilo. Esse não era um comportamento ético para um homem do clero, mas ele justificava dizendo que a troca de informações beneficiaria a humanidade e a matemática. Tais atos de indiscrição causaram vários desentendimentos entre o gentil monge e as taciturnas *prima donnas,* acabando por destruir a amizade de Mersenne com Descartes, um relacionamento que durava desde que os dois tinham estudado juntos no colégio jesuíta de La Flèche. Mersenne revelou escritos filosóficos de Descartes que poderiam ofender a Igreja, mas para seu crédito ele defendeu Descartes dos ataques teológicos, como já fizera no caso de Galileu.

Mersenne viajou pela França e pelo exterior divulgando as últimas descobertas. Em suas viagens ele tentou se encontrar com Pierre de Fermat e acabou se tornando o último contato de Fermat com outros matemáticos. A influência de Mersenne sobre o Príncipe dos Amadores deve ter sido significativa, e sempre que estava impossibilitado de viajar o padre mantinha sua amizade com Fermat e os outros escrevendo muito. Depois da morte de Mersenne, seu quarto foi encontrado atulhado de cartas enviadas por setenta e oito correspondentes diferentes.

Apesar dos esforços do padre Mersenne, Fermat se recusava a revelar suas demonstrações. A publicação e o reconhecimento público nada significavam para ele. Fermat ficava plenamente satisfeito em criar novos teoremas sem ser perturbado. Contudo, o gênio tímido e retraído tinha um toque travesso, o qual, combinado com o sigilo, o levava a comunicar-se com outros matemáticos unicamente para zombar deles. Fermat escrevia cartas enunciando seu mais recente teorema, sem fornecer a demonstração. Depois desafiava seus contemporâneos a encontrarem a prova do seu teorema. E o fato de que ele nunca revelava suas próprias provas causou muita frustração. René Descartes chamou Fermat de "fanfarrão", enquanto o inglês John Wallis se referia a ele como "aquele maldito francês". Infelizmente, para o inglês, Fermat parecia ter um prazer especial em se divertir com seus primos do outro lado do canal.

Além de gostar de aborrecer os seus colegas, o hábito de Fermat de enunciar um problema e depois esconder a solução tinha motivações mais práticas. Primeiro, significava que ele não teria que perder tempo desenvolvendo completamente os seus métodos, podendo prosseguir diretamente para sua próxima conquista. Além disso, ele não tinha que sofrer com críticas invejosas. As demonstrações, quando publicadas, seriam examinadas e avaliadas por todos aqueles que julgavam conhecer alguma coisa do assunto. Quando Blaise Pascal o pressionou para que publicasse alguns de seus trabalhos, o recluso respondeu: "Eu não quero que meu nome apareça em qualquer trabalho meu que seja considerado digno de ser publicado." Fermat era o gênio retraído, que sacrificava a fama de modo a não ser distraído por picuinhas com seus críticos.

Essa troca de cartas com Pascal foi a única ocasião em que Fermat discutiu ideias com outra pessoa que não Mersenne, sobre a criação de um novo ramo da matemática, a teoria da probabilidade. O eremita matemático ficou conhecendo o assunto através de Pascal, e assim, apesar do seu desejo de isolamento, ele se sentiu obrigado a manter o diálogo. Juntos, Fermat e Pascal descobririam as primeiras provas e certezas da teoria da probabilidade, um assunto intrinsecamente incerto. O interesse de Pascal fora despertado por um jogador profissional parisiense, Antoine Gombaud, o Cavalheiro de Méré, que lhe apresentou um problema relacionado com um jogo de azar chamado *pontos*. O jogo envolve ganhar pontos num jogo de dados, onde o primeiro jogador a acumular certo número de pontos é o vencedor e leva o dinheiro.

Gombaud estivera jogando com um colega quando foi forçado a sair devido a um compromisso urgente. Surgiu então a questão do que fazer com o dinheiro. A solução mais simples seria dar todo o dinheiro para o jogador com mais pontos, mas Gombaud perguntou a Pascal se havia um modo mais justo de dividir o dinheiro. Pascal deveria calcular a probabilidade que cada jogador teria de vencer se o jogo tivesse continuado e presumindo-se que ambos os jogadores tivessem chances iguais. O dinheiro envolvido seria então dividido de acordo com essas probabilidades calculadas.

Antes do século XVII as leis da probabilidade eram definidas pela intuição e a experiência dos jogadores. Pascal começou uma troca de correspondência com Fermat com o objetivo de descobrir as leis matemáticas que mais precisamente descrevessem as leis do acaso. Três séculos depois Bertrand Russell iria comentar esta aparente contradição: "Como podemos falar em leis do acaso? Não seria o acaso a antítese de toda lei?"

O francês analisou a pergunta de Gombaud e logo percebeu que se tratava de um problema relativamente simples. Ele poderia ser resolvido definindo-se, rigorosamente, todos os resultados possíveis do jogo e estabelecendo-se para cada um uma probabilidade. Pascal e Fermat eram capazes de resolver independentemente o problema de Gombaud, mas sua colaboração apressou a descoberta de uma solução e os levou a uma exploração mais profunda de outras questões mais sutis e sofisticadas, relacionadas com a probabilidade.

Os problemas da probabilidade às vezes provocam controvérsias porque a resposta matemática, a verdadeira resposta, é frequentemente contrária ao que a intuição poderia sugerir. O fracasso da intuição é talvez surpreendente, porque a "sobrevivência do mais apto" deveria produzir uma forte pressão evolutiva a favor de um cérebro naturalmente capaz de analisar os problemas da probabilidade. Podemos imaginar nossos ancestrais seguindo a trilha de um jovem cervo e pesando as probabilidades de um ataque bem-sucedido. Qual seria a chance do animal adulto estar por perto, pronto a defender o seu filhote ferindo o atacante? Ou, por outro lado, qual seria a chance de surgir uma presa mais fácil se esta for considerada muito arriscada? Um talento para analisar as probabilidades deveria ser parte de nossa estrutura genética, e no entanto, frequentemente, a intuição nos engana.

Um dos maiores problemas de probabilidade contraintuitiva é a chance de partilhar com outra pessoa o mesmo dia de aniversário. Imagine-se um campo de futebol com 23 pessoas, dois times de 11 jogadores e o juiz. Qual é a probabilidade de que duas dessas 23 pessoas façam aniversário no mesmo dia? Com 365 dias para escolher e apenas 23 pessoas, parece altamente improvável que duas delas tenham o mesmo dia de aniversário.

A maioria das pessoas calcularia a chance de isso acontecer em torno dos 10%. De fato, a resposta correta é um pouco maior do que 50% — ou seja, na balança das probabilidades, é mais provável que duas pessoas naquele campo façam aniversário no mesmo dia.

A razão para esta probabilidade alta é que o número de pessoas envolvidas não importa tanto, o que vale é o número de pares que se pode fazer com essas pessoas. Quando buscamos um aniversário compartilhado, estamos procurando pares de pessoas, não indivíduos. Embora existam apenas 23 pessoas no campo, com elas podemos formar 253 duplas diferentes. Por exemplo, a primeira pessoa pode formar uma dupla com qualquer uma das outras 22 pessoas, dando 22 duplas para começar. Então o segundo indivíduo pode formar dupla com os restantes 21 (já contamos o par formado pela primeira pessoa com a segunda, de modo que o número de duplas possíveis é reduzido em uma unidade). Temos então mais 21 duplas. Depois a terceira pessoa pode formar duplas com qualquer um dos 20 restantes, somando mais 20 pares possíveis, e assim por diante, até chegarmos a 253 duplas.

Ainda restam outras etapas para se calcular a probabilidade exata, mas com 253 pares e 365 dias de aniversário possíveis não nos parece mais tão improvável encontrar dois indivíduos nascidos no mesmo dia. De fato a probabilidade de se compartilhar o aniversário com alguém num grupo de 23 pessoas é exatamente 50,7%. Isso parece intuitivamente errado, e no entanto a matemática é impecável. Jogadores e agenciadores de apostas contam com essas probabilidades estranhas para explorar os incautos.

Fermat e Pascal determinaram as regras essenciais que governam todos os jogos de azar e que podem ser usadas pelos jogadores para estabelecerem melhores estratégias e jogadas perfeitas. Além disso, as leis da probabilidade encontraram aplicações em uma série de situações, das especulações no mercado de ações à estimativa da possibilidade de ocorrer um acidente nuclear. Pascal estava até mesmo convencido de que poderia usar suas teorias para justificar a crença em Deus. Ele declarou que "a empolgação que um jogador sente quando faz uma aposta é igual à quantia que ele pode ganhar multiplicado pela probabilidade de obtê-la". Ele então argumentou que o prêmio de uma felicidade eterna tem um valor infinito e que a probabilidade de se entrar no céu, levando-se uma vida virtuosa, não importa quão pequena, é certamente finita. Portanto, de acordo com a definição de Pascal, a religião é um jogo de entusiasmo infinito, e um jogo que vale a pena jogar, porque se multiplicarmos um prêmio infinito por uma probabilidade finita, teremos o infinito como resultado.

Além de ser um dos autores da teoria da probabilidade, Fermat esteve profundamente envolvido na criação de outro campo da matemática, o cálculo. Cálculo é a capacidade de se calcular a taxa com que uma quantidade (chamada de derivada) muda em relação à outra. Por exemplo, a taxa com que a distância muda em relação ao tempo é conhecida, simplesmente, como velocidade. Para os matemáticos, as quantidades tendem a ser coisas abstratas e intangíveis, mas as consequências do trabalho de Fermat revolucionariam a ciência. A matemática de Fermat permitiu que os cientistas entendessem melhor o conceito de velocidade e sua relação com outras quantidades fundamentais como a aceleração — a proporção com que a velocidade varia com o tempo.

Durante séculos se acreditou que Isaac Newton tinha inventado o cálculo independentemente e sem conhecimento do trabalho de Fermat. Mas então, em 1934, Louis Trenchard Moore descobriu uma nota que decidiu a questão e deu a Fermat o crédito que ele merece. Newton escreveu que tinha desenvolvido seu cálculo baseado no "método de monsieur Fermat para estabelecer tangentes". Desde o século XVII o cálculo tem sido usado para descrever a lei da gravidade de Newton e suas leis da mecânica, que dependem de distância, velocidade e aceleração.

O desenvolvimento do cálculo e da teoria da probabilidade deveria ser mais do que suficiente para dar a Fermat um lugar na galeria de honra da matemática. Mas suas maiores realizações foram em outro campo da matemática. Embora o cálculo tenha sido usado para enviar foguetes para a Lua e a teoria da probabilidade seja usada pelas companhias de seguros na avaliação dos riscos, a grande paixão de Fermat era por um assunto geralmente inútil — a teoria dos números. Fermat era obcecado em entender as propriedades e relações entre os números. Esta é a forma mais pura e antiga de matemática, e Fermat estava ampliando um conhecimento que lhe fora legado por Pitágoras.

A EVOLUÇÃO DA TEORIA DOS NÚMEROS

Depois da morte de Pitágoras, a ideia da demonstração matemática se espalhou rapidamente pelo mundo civilizado. Dois séculos depois do incêndio de sua escola, o centro do estudo da matemática tinha se mudado de Crotona para a cidade de Alexandria. No ano 332 a.C., depois de conquistar a Grécia, a Ásia Menor e o Egito, Alexandre, o Grande, decidiu construir uma capital que seria a cidade mais imponente do mundo. Alexandria foi de fato uma metrópole espetacular, mas só depois se tornaria um centro de estudos. Somente quando Alexandre morreu e Ptolomeu I subiu ao trono do Egito é que Alexandria se tornou o lar da primeira universidade do mundo. Matemáticos e outros intelectuais emigraram para a cidade e, embora eles fossem certamente atraídos pela reputação da universidade, a atração principal era a Biblioteca de Alexandria.

A Biblioteca fora ideia de Demétrio Falero, um orador impopular, que fora forçado a deixar Atenas e acabou encontrando asilo em Alexandria. Ele convenceu Ptolomeu a reunir todos os grandes livros, assegurando-lhe que as grandes mentes viriam atrás deles. Depois que os volumes do Egito e da Grécia estavam colocados na Biblioteca, agentes vasculharam a Europa e a Ásia Menor em busca de outros volumes de conhecimentos. Até mesmo os viajantes que chegavam em Alexandria não escapavam do apetite voraz da Biblioteca. Quando chegavam na cidade, seus livros eram confiscados e levados para os escribas. Os livros eram copiados de modo que, enquanto o original ia para o acervo da Biblioteca, uma duplicata era dada ao dono. Esse meticuloso serviço de duplicação para viajantes dá aos historiadores de hoje a esperança de que algum grande texto perdido vá aparecer um dia em algum lugar do mundo, no sótão de uma casa. Em 1906, J. L. Heiberg descobriu um manuscrito assim em Constantinopla. Tratava-se de *O método*, volume contendo alguns dos escritos originais de Arquimedes.

O sonho de Ptolomeu, de criar uma casa do conhecimento, sobreviveu à sua morte. Depois que outros Ptolomeus ascenderam ao trono do Egito, a Biblioteca continha cerca de 600 mil livros. Os matemáticos podiam absorver todo o conhecimento do mundo estudando em Alexandria. E lá, para ensiná-los, estavam os mais famosos professores. O primeiro diretor do departamento de matemática foi ninguém menos do que Euclides.

Euclides nasceu no ano 330 a.C. Como Pitágoras, ele acreditava na busca pela verdade matemática pura e não buscava aplicações para o seu trabalho. Uma história fala de um estudante que indagou ao mestre sobre a utilidade da matemática que estava aprendendo. Depois de terminar a aula, Euclides virou-se para seu escravo e disse: "Dê uma moeda ao rapaz, já que ele deseja ter lucros com tudo o que aprende." E depois o estudante foi expulso.

Euclides dedicou boa parte de sua vida ao trabalho de escrever os *Elementos*, o livro didático mais bem-sucedido de toda a história. Até este século tratava-se do segundo maior best-seller mundial depois da Bíblia. Os *Elementos* consistem em treze livros, alguns dedicados aos trabalhos do próprio Euclides, e os demais sendo uma compilação do conhecimento matemático de sua época, incluindo dois volumes dedicados inteiramente aos trabalhos da Irmandade Pitagórica. Nos séculos a partir de Pitágoras, os matemáticos tinham inventado uma grande variedade de técnicas lógicas que podiam ser aplicadas em diferentes circunstâncias. E Euclides habilidosamente as usou todas nos *Elementos*. Em particular, ele explorou uma arma lógica conhecida como *reductio ad absurdum*, ou prova por contradição.

Sua abordagem envolve a ideia perversa de provar que um teorema é verdadeiro, presumindo primeiro que ele seja falso. O matemático então explora as consequências lógicas de o teorema ser falso. Em algum ponto ao longo da sequência lógica existe uma contradição (por exemplo, $2 + 2 = 5$). A matemática abomina a contradição e, portanto, o teorema original não pode ser falso, ou seja, ele deve ser verdadeiro.

O matemático inglês G. H. Hardy resumiu o espírito da redução ao absurdo em seu livro *Apologia de um matemático*: "*Reductio ad absurdum*, que Euclides amava tanto, é uma das melhores armas do matemático. É um desafio muito melhor do que qualquer jogo de xadrez. O jogador de xadrez pode oferecer o sacrifício de um peão ou de uma peça mais importante, mas o matemático oferece o jogo inteiro."

Uma das mais famosas provas de Euclides, por redução ao absurdo, estabelece a existência dos chamados *números irracionais*. Suspeita-se de que os números irracionais teriam sido descobertos pela Irmandade Pitagórica séculos antes, mas a ideia era tão repugnante para Pitágoras que ele negou sua existência.

Quando Pitágoras afirmava que o universo é governado por números, ele se referia a números inteiros e proporções entre números inteiros (frações), tudo isso conhecido como números racionais. Um número irracional é um número que não é nem inteiro nem fração e isso é o que o tornava tão horrível para Pitágoras. De fato, os números irracionais são tão estranhos que não podem ser escritos nem como decimais. Um decimal recorrente como 0,111111... é, de fato, um número equivalente à fração $\frac{1}{9}$. O fato de que o algarismo 1 se repete para sempre significa que o decimal tem um padrão muito simples e regular. Esta regularidade, embora continue pelo infinito, significa que o decimal pode ser reescrito como uma fração. Mas, se você tentar expressar um número irracional como decimal, vai terminar com uma fileira infinita de algarismos que não possuem padrão regular ou consistente.

A ideia dos números irracionais foi um tremendo avanço. Os matemáticos olhavam além dos números inteiros e frações e descobriam, ou talvez inventavam, novos números. O matemático do século XIX, Leopold Kronecker, disse: "Deus fez os números inteiros, todo o resto é obra do homem."

O mais famoso dos números irracionais é π. Nas escolas seu valor é às vezes aproximado para $3\frac{1}{7}$, ou 3,14. Contudo, o valor verdadeiro de π está próximo de 3,14159265358979323846, mas mesmo isso é apenas uma aproximação. De fato, π nunca poderá ser escrito com exatidão porque a carreira de decimais se prolonga para sempre sem apresentar qualquer padrão. Uma bonita característica dessa estrutura desordenada é que ela pode ser calculada usando-se uma equação que é extremamente regular:

$$\pi = 4\left(\frac{1}{1} - \frac{1}{3} + \frac{1}{5} - \frac{1}{7} + \frac{1}{9} - \frac{1}{11} + \frac{1}{13} - \frac{1}{15} + \ldots\right).$$

Ao calcular os primeiros termos, você pode obter um valor bem aproximado de π, mas, se calcular mais termos, um valor cada vez mais preciso é obtido. Embora o valor de π até 39 casas decimais seja suficiente para calcular a circunferência do universo com uma precisão equivalente ao raio do átomo de hidrogênio, isso não evitou que cientistas, usando computadores, tentassem calcular π com o maior número possível de casas decimais. O recorde atual foi estabelecido por Yasumasa Kanada, da Universidade de Tóquio, que calculou π até seis bilhões de casas decimais, em 1996. Rumores recentes dão conta de que os irmãos Chudnovsky, russos radicados em Nova York, teriam calculado π para oito bilhões de casas decimais e estariam tentando chegar a um trilhão de casas decimais. Contudo, mesmo se Kanada ou os irmãos Chudnovsky continuassem a calcular, até seus computadores esgotarem toda a energia do universo, ainda não encontrariam o valor exato de π. É fácil perceber por que Pitágoras conspirou para manter oculta a existência dessas bestas matemáticas.

Quando Euclides se atreveu a confrontar a questão da irracionalidade, no décimo livro dos *Elementos*, seu objetivo era provar que podem existir números incapazes de serem escritos como frações. No lugar de tentar provar que π é irracional, ele examinou a raiz quadrada de dois, $\sqrt{2}$ — ou seja, o número que multiplicado por si mesmo é igual a dois. De modo a provar que $\sqrt{2}$ não pode ser escrita como uma fração, Euclides usou o método da *reductio ad absurdum* e começou presumindo que o número poderia ser escrito como fração. Ele então demonstrou que esta fração hipotética poderia ser simplificada. (Simplificar uma fração significa, por exemplo, que a fração $\frac{8}{12}$ pode ser simplificada para $\frac{4}{6}$, dividindo-se os números de cima e de baixo por 2. Por sua vez, $\frac{4}{6}$ pode ser simplificada para $\frac{2}{3}$, que não pode mais ser simplificada e, portanto, se diz que a fração se encontra em sua forma mais simples.) Euclides demonstrou então que sua fração simplificada, que ainda representaria $\sqrt{2}$, poderia ser simplificada não apenas mais uma vez, mas um infinito número de vezes sem jamais ser reduzida à sua forma mais simples. Isso é absurdo porque todas as frações devem ter a sua forma mais simples e, portanto, esta fração hipotética não pode existir. Desse modo, $\sqrt{2}$ não pode ser escrita como fração e é um número irracional. Uma visão mais detalhada da demonstração de Euclides pode ser vista no Apêndice 2.

Ao usar a prova da contradição, Euclides foi capaz de provar a existência dos números irracionais. Pela primeira vez os números adquiriam uma qualidade nova e mais abstrata. Até este ponto da história todos os números poderiam ser expressos como números inteiros ou como frações, mas os números irracionais de Euclides desafiavam a representação na maneira tradicional. Não existe modo de descrever o número igual à raiz quadrada de dois exceto expressando-o como $\sqrt{2}$, porque ele não pode ser escrito como fração, e qualquer tentativa de escrevê-lo como decimal resulta em uma aproximação, por exemplo, 1,414213562373...

Para Pitágoras a beleza da matemática era a ideia de que os números racionais (frações e números inteiros) poderiam explicar todos os fenômenos naturais. Esta filosofia cegou Pitágoras para a existência dos números irracionais e pode até mesmo ter levado à execução de um de seus alunos. Uma história afirma que um jovem estudante, chamado Hipaso, estava brincando com a $\sqrt{2}$, tentando encontrar uma fração equivalente. Até que ele percebeu que tal fração não existia, ou seja, era um número irracional. Hipaso deve ter ficado entusiasmado com sua descoberta, mas seu mestre não gostou nem um pouco. Pitágoras tinha definido o universo em termos de números racionais e a existência de números irracionais questionava seu ideal. A descoberta de Hipaso deveria ter produzido um período de debates e contemplação durante o qual Pitágoras passaria a aceitar esta nova fonte de números. Mas o mestre não aceitou a ideia de que pudesse estar errado e ao mesmo tempo foi incapaz de destruir a argumentação de Hipaso pela lógica. Para sua eterna vergonha, Pitágoras sentenciou Hipaso à morte por afogamento.

O pai da lógica e do método matemático recorreu à força para não admitir que estava errado. A negação de Pitágoras aos números irracionais foi seu ato mais vergonhoso e talvez a pior tragédia da matemática grega. Só depois de sua morte a ideia dos irracionais pôde ser retomada em segurança.

Embora Euclides estivesse claramente interessado na teoria dos números, ela não foi sua maior contribuição para a matemática. A verdadeira paixão de Euclides era a geometria, e dos treze volumes que formam seus *Elementos* os Livros de I a VI concentram-se na geometria plana (bidimensional) e os Livros de XI ao XIII lidam com a geometria dos sólidos (tridimensional). Com um conhecimento tão completo, os *Elementos* foram a base do ensino da geometria nas escolas e universidades durante os dois mil anos seguintes.

O matemático que escreveu um livro equivalente, sobre a teoria dos números, foi Diofante de Alexandria, o último herói da tradição matemática grega. Embora as realizações de Diofante na teoria dos números estejam bem documentadas, quase nada se conhece sobre este matemático formidável. Seu lugar de nascimento é desconhecido e sua chegada a Alexandria pode ter sido em qualquer ano de um período de cinco séculos. Em seus escritos Diofante cita Hipsicles, logo deve ter vivido depois de 150 a.C. Por outro lado, seu trabalho é citado por Teon de Alexandria, portanto Diofante deve ter vivido antes do ano 364 de nossa era. Uma data em torno do ano 250 é geralmente aceita como sendo a estimativa mais provável. De acordo com a memória de um resolvedor de problemas, o único detalhe sobre a vida de Diofante que restou foi um enigma, que dizem ter sido gravado na lápide de seu túmulo:

> Deus lhe concedeu a graça de ser um menino pela sexta parte de sua vida. Depois, por um doze avos, ele cobriu seu rosto com a barba. A luz do casamento iluminou-o após a sétima parte e cinco anos depois do casamento Ele concedeu-lhe um filho. Ah! criança tardia e má, depois de viver metade da vida de seu pai o destino frio a levou. Após consolar sua mágoa em sua ciência dos números, por quatro anos, Diofante terminou sua vida.

O desafio é calcular quanto tempo Diofante viveu. A resposta pode ser encontrada no Apêndice 3.

Fronstispício da tradução da *Arithmetica* de Diofante, por Claude Gaspar Bachet, publicada em 1621. Este livro tornou-se a bíblia de Fermat e inspirou muito do seu trabalho.

Este enigma é um exemplo do tipo de problema que Diofante apreciava. Ele gostava de resolver questões que exigiam soluções com números inteiros, e hoje tais problemas são conhecidos como problemas de Diofante. Sua carreira foi passada em Alexandria, onde ele reunia problemas bem conhecidos e inventava novos. Depois reuniu tudo em seu tratado, intitulado *Aritmética*. Dos treze volumes que formavam a *Aritmética* de Diofante, somente seis sobreviveram ao tumulto da Idade das Trevas e inspiraram matemáticos da Renascença, incluindo Pierre de Fermat. Os outros sete livros foram perdidos numa série de acontecimentos trágicos que enviaram a matemática de volta para a era babilônica.

Durante os séculos entre Euclides e Diofante, Alexandria continuou sendo a capital intelectual do mundo civilizado, mas permaneceu sob a ameaça de exércitos estrangeiros. O primeiro grande ataque aconteceu no ano 47 a.C., quando Júlio César tentou derrubar Cleópatra incendiando sua frota. A Biblioteca, localizada perto do porto, também pegou fogo e centenas de milhares de livros foram destruídos. Felizmente, para os matemáticos, Cleópatra apreciava a importância do conhecimento e ficou determinada em restaurar a glória da Biblioteca. Marco Antônio percebeu que o caminho para o coração de uma intelectual passa por sua biblioteca e assim marchou para a cidade de Pérgamo. Esta cidade tinha começado a montar sua própria biblioteca, esperando reunir a melhor coleção de livros do mundo. Marco Antônio confiscou tudo e levou para o Egito, restaurando a supremacia de Alexandria.

Durante os quatro séculos seguintes, a Biblioteca continuou a acumular livros, até que no ano 389 ela recebeu o primeiro de dois golpes fatais, ambos como resultado de intrigas religiosas. O imperador cristão Teodósio ordenou que Teófilo, bispo de Alexandria, destruísse todos os monumentos pagãos. Infelizmente, quando Cleópatra reconstruiu e reequipou a Biblioteca, ela decidiu alojá-la no Templo de Serápis. E assim a Biblioteca foi jogada no meio da fúria para a destruição de ícones e altares. Os estudiosos "pagãos" tentaram salvar seis séculos de conhecimento, mas antes que pudessem fazer qualquer coisa foram linchados pela horda de cristãos. O mergulho em direção à Idade das Trevas tinha começado.

Algumas cópias preciosas dos livros mais importantes sobreviveram ao ataque dos cristãos, e os estudiosos continuaram a visitar Alexandria em busca de conhecimento. Então, no ano 642, o ataque dos muçulmanos terminou aquilo que os cristãos tinham começado. Quando lhe perguntaram o que devia ser feito com a Biblioteca, o califa Omar, vitorioso, declarou que os livros que fossem contrários ao Corão deveriam ser destruídos. E os livros que apoiassem o Corão seriam supérfluos e, portanto, também deviam ser destruídos. Os manuscritos foram usados como combustível para as fornalhas que aqueciam os banhos públicos. A matemática grega virou fumaça. Não é de surpreender que a maior parte do trabalho de Diofante tenha sido destruída. De fato, é um milagre que seis volumes de sua *Aritmética* tenham sobrevivido à tragédia de Alexandria.

Pelos mil anos seguintes a matemática no Ocidente ficou reduzida ao básico. Somente alguns luminares na Índia e na Arábia mantinham esta ciência viva. Eles copiaram as fórmulas dos manuscritos gregos que tinham restado e começaram a reinventar a maioria dos teoremas perdidos. Também acrescentaram novos elementos à matemática, incluindo o número zero.

Na matemática moderna o zero realiza duas funções. Em primeiro lugar, ele nos permite fazer a distinção entre números como 52 e 502. Num sistema em que a posição de um número indica seu valor, é preciso um símbolo para marcar uma posição vazia. Por exemplo, 52 significa cinco vezes dez mais duas vezes um, enquanto 502 significa cinco vezes cem, mais 0 vez dez, mais duas vezes um, e o zero é essencial para retirar qualquer dúvida. Até mesmo os babilônios, no terceiro milênio a.C., apreciavam o valor do zero para evitar confusões, e os gregos adotaram a ideia, usando um símbolo circular, semelhante ao que usamos hoje. Contudo, o zero tem um significado mais sutil e profundo, que só foi percebido séculos depois pelos matemáticos da Índia. Os hindus reconheceram que o zero tinha uma existência independente, além do mero papel de marcar espaços entre os números. O zero era um número como os outros, ele representava a quantificação do nada. E pela primeira vez o conceito abstrato do nada recebia uma representação simbólica.

Isto pode parecer uma coisa trivial para o leitor moderno, mas o profundo significado do símbolo zero tinha sido ignorado pelos antigos filósofos da Grécia, incluindo Aristóteles. Ele chegara a argumentar que o número zero devia ser proibido porque perturbava a consistência dos demais números — a divisão de um número por zero levava a um resultado incompreensível. Por volta do século VI, os matemáticos indianos deixaram de esconder este problema debaixo do tapete, e no século VII um estudioso chamado Brahmagupta foi suficientemente sofisticado para usar a divisão por zero como uma definição para o infinito.

Enquanto a Europa abandonava a nobre busca pela verdade, a Índia e a Arábia estavam consolidando o conhecimento que fora contrabandeado das cinzas de Alexandria. E o reinterpretavam com uma linguagem nova e mais eloquente. Além de acrescentar o zero ao vocabulário matemático, eles substituíram os primitivos símbolos gregos e os incômodos numerais romanos pelo sistema de contagem agora adotado universalmente. Novamente isso pode parecer um passo à frente absurdamente humilde, mas é só tentar multiplicar CLV por DCI e você vai sentir a importância deste avanço. Multiplicar 155 por 601 é muito mais simples. O crescimento de qualquer disciplina depende de sua capacidade de comunicar e desenvolver ideias. Isso, por sua vez, implica uma linguagem que seja suficientemente detalhada e flexível. As ideias de Pitágoras e Euclides não eram menos elegantes em seu modo de expressão desajeitado. Mas traduzidas para os símbolos da Arábia iriam desabrochar e produzir conceitos novos e mais ricos.

No século V, o estudioso francês Gerbert de Aurillac aprendeu o novo sistema de contagem com os mouros da Espanha. Através de seu trabalho, ensinando em igrejas e escolas de toda a Europa, ele foi capaz de introduzir o novo sistema no Ocidente. No ano 999, Gerbert foi eleito papa Silvestre II, uma posição que lhe permitiu encorajar ainda mais o uso dos números indo-arábicos. Embora a eficiência do sistema tenha revolucionado a contabilidade, sendo rapidamente adotado pelos mercadores, ele fez pouco para inspirar um renascimento da matemática europeia.

Esta retomada vital para a matemática ocidental só ocorreria depois de 1453, quando os turcos saquearam Constantinopla. Até então os manuscritos que tinham sobrevivido à destruição de Alexandria tinham sido reunidos em Constantinopla e novamente eram ameaçados de destruição. Os estudiosos bizantinos fugiram para o Ocidente com os textos que puderam carregar. Depois de sobreviverem ao ataque de César, do bispo Teófilo, do califa Omar e agora dos turcos, alguns poucos mas preciosos volumes da *Aritmética* chegavam de novo na Europa. Diofante estava destinado a aparecer na escrivaninha de Pierre de Fermat.

O NASCIMENTO DE UM ENIGMA

As responsabilidades de Fermat como magistrado ocupavam uma boa parte do seu tempo. Os curtos períodos de lazer que lhe restavam eram dedicados inteiramente à matemática. Isso acontecia porque os juízes na França, do século XVII, eram desencorajados quanto a fazer amizades. Achava-se que amigos e conhecidos poderiam um dia ser levados a julgamento e qualquer confraternização com a população local seria um convite ao favoritismo. Isolado da alta sociedade de Toulouse, Fermat podia se concentrar no seu hobby.

Não há registros de que Fermat tenha adquirido o interesse pela matemática graças à influência de algum tutor. Foi uma cópia da *Aritmética* que se tornou seu mestre. A *Aritmética* tentava descrever a teoria dos números, como era no tempo de Diofante, através de uma série de problemas e soluções. De fato, Diofante estava apresentando a Fermat cerca de mil anos de conhecimento matemático. Em um único livro Fermat podia encontrar todo o conhecimento dos números obtido por gênios como Pitágoras e Euclides. A teoria dos números não progredira desde o bárbaro incêndio de Alexandria, mas agora Fermat estava pronto para retomar o estudo da mais fundamental de todas as disciplinas matemáticas.

A *Aritmética* que inspirou Fermat era uma tradução para o latim, feita por Claude Gaspar Bachet de Méziriac, que se dizia ser o homem mais culto de toda a França. Além de ser um brilhante linguista, poeta e estudioso dos clássicos, Bachet era fascinado por problemas matemáticos. Seu primeiro livro foi uma compilação de problemas intitulada *Problèmes plaisans et délectables qui se font par les nombres*, que incluía problemas sobre travessia de rios, um problema sobre líquidos escoando e vários truques do tipo "pense num número". Havia também um problema sobre pesos:

> Qual é o menor número de pesos que pode ser usado num conjunto de balanças para pesar qualquer massa variando de 1 a 40 quilogramas?

Bachet tinha uma solução inteligente mostrando que é possível realizar esta tarefa com apenas quatro pesos. A solução é dada no Apêndice 4.

Embora fosse apenas um matemático diletante, o interesse de Bachet por problemas foi o suficiente para ele perceber que os problemas de Diofante estavam num nível mais elevado e mereciam um estudo mais profundo. Ele resolveu traduzir o livro de Diofante e publicá-lo, de modo que as técnicas dos gregos pudessem ser retomadas. É importante notar que uma grande parte do conhecimento matemático antigo tinha sido esquecida totalmente. A matemática avançada não era ensinada nem mesmo nas grandes universidades europeias, e somente graças aos esforços de estudiosos como Bachet é que tanto pôde ser recuperado tão rapidamente. Em 1621, quando Bachet publicou sua versão em latim da *Aritmética*, ele contribuiu para a segunda era de ouro da matemática.

A *Aritmética* continha mais de cem problemas, e para cada um Diofante dava uma solução detalhada. Este nível de escrúpulo foi algo que Fermat jamais aprendeu. Fermat não estava interessado em escrever um livro didático para as gerações futuras. Ele só queria a satisfação pessoal de ter resolvido um problema. Enquanto estudava os problemas e as soluções de Diofante, Fermat era levado a pensar em outras questões mais sutis e enfrentá-las. Mas limitava-se a escrever o que achava ser necessário para convencer a si mesmo de que tinha uma solução e então não se importava em registrar o resto da demonstração. Frequentemente ele atirava suas anotações no lixo e passava para o problema seguinte. Felizmente, para nós, a edição da *Aritmética* de Bachet tinha grandes margens em torno do texto, em cada uma de suas páginas, e às vezes Fermat apressadamente escrevia comentários e fórmulas nessas bordas. Essas notas se tornariam um valiosíssimo registro, ainda que esparso, dos mais brilhantes cálculos deste gênio.

Uma das descobertas de Fermat estava relacionada com os chamados *números amistosos,* ou *números amigáveis.* Eles estão muito ligados aos números perfeitos que tinham fascinado Pitágoras, dois mil anos antes. Números amigáveis são pares de números onde um deles é a soma dos divisores do outro. Os pitagóricos tinham feito a descoberta extraordinária de que 220 e 284 são números amigáveis. Os divisores de 220 são 1, 2, 4, 5, 10, 11, 20, 22, 44, 55 e 110 e a soma deles é 284. Por outro lado, os divisores de 284 são 1, 2, 4, 71 e 142 e a soma deles é 220.

Dizia-se que o par 220 e 284 era um símbolo de amizade. O livro de Martin Gardner, *O show de mágica matemática,* conta que talismãs com esses números eram vendidos na Idade Média. Dizia-se que o uso do amuleto promovia o amor. Um numerologista árabe registrou a prática de se gravar 220 em uma fruta e 284 em outra. Então comia-se a primeira fruta e oferecia-se a segunda para um parceiro, como forma de afrodisíaco matemático. Antigos teólogos notaram que, no Gênesis, Jacó deu 220 cabras para Esaú. Eles acreditavam que o número de cabras, a metade de um par amigável, era uma expressão do amor de Jacó por Esaú.

Até 1636 não se descobriu nenhum outro par amigável. Foi então que Fermat descobriu o par 17.296 e 18.416. Embora não fosse uma descoberta profunda, ela demonstra a familiaridade de Fermat com os números e o quanto ele gostava de brincar com eles. Fermat começou a mania de se procurar números amigáveis. Descartes descobriu um terceiro par (9.363.584 e 9.437.056) e Leonhard Euler prosseguiu com a lista encontrando sessenta e dois pares amigáveis. Curiosamente eles deixaram passar um par muito menor. Em 1866 um italiano de dezesseis anos, Nicolò Paganini, descobriu o par 1.184 e 1.210.

Durante o século XX os matemáticos ampliaram ainda mais a ideia buscando pelos chamados números sociáveis, três ou mais números que formam um círculo fechado. Por exemplo, no círculo de cinco números formado por 12.496, 14.288, 15.472, 14.536 e 14.264, a soma dos divisores do primeiro número dá o segundo número, os divisores do segundo número, somados, formam o terceiro, a soma dos divisores do terceiro forma o quarto número, os divisores do quarto número, somados, produzem o quinto e os divisores do quinto número, quando somados, geram o primeiro número.

Embora a descoberta de um novo par de números amigáveis tenha feito de Fermat uma celebridade, sua reputação foi confirmada graças a uma série de desafios matemáticos. Por exemplo, Fermat descobriu que 26 é o recheio de um sanduíche formado por 25 e 27, onde o primeiro número é um quadrado ($25 = 5^2 = 5 \times 5$) e o outro é um cubo ($27 = 3^3 = 3 \times 3 \times 3$). Ele procurou por outros números presos entre um quadrado e um cubo, mas não encontrou nenhum, e suspeitou de que 26 fosse um caso único. Depois de dias de um esforço cansativo ele conseguiu construir uma argumentação elaborada provando, sem qualquer dúvida, que 26 é, de fato, o único número entre um quadrado e um cubo. Sua demonstração, passo a passo, estabeleceu que nenhum outro número poderia preencher este critério.

Fermat anunciou esta propriedade única do 26 para a comunidade matemática e desafiou-os a provar que ela era verdadeira. Ele admitiu abertamente que possuía a demonstração; a pergunta era: será que os outros teriam a habilidade de reproduzi-la? Apesar da simplicidade da afirmação, a demonstração é tremendamente complicada, e Fermat se divertiu desafiando os matemáticos ingleses Wallis e Digby, que acabaram por admitir que estavam derrotados. Mas a mais famosa obra de Fermat foi outro desafio para o resto do mundo. Contudo, seria uma charada acidental, que não era destinada à discussão pública.

ANOTAÇÃO NA MARGEM

Enquanto estudava o Livro II da *Aritmética*, Fermat encontrou toda uma série de observações, problemas e soluções relacionadas com o teorema de Pitágoras e os trios pitagóricos. Fermat ficou impressionado com a variedade e a quantidade de trios pitagóricos. Ele estava ciente de que, séculos atrás, Euclides tinha feito uma demonstração (aqui mostrada no Apêndice 5) provando que, de fato, existe um número infinito de trios pitagóricos. Fermat deve ter olhado para a exposição detalhada que Diofante fazia dos trios pitagóricos e pensado no que poderia acrescentar àquele assunto. Enquanto olhava para a página, ele começou a brincar com a equação de Pitágoras, tentando descobrir alguma coisa que escapara à atenção dos gregos.

Subitamente, num instante de genialidade que imortalizaria o Príncipe dos Amadores, ele criou uma equação que, embora fosse muito semelhante à de Pitágoras, não tinha solução. Foi esta equação que Andrew Wiles, aos dez anos de idade, viu na biblioteca da rua Milton.

No lugar de considerar a equação

$$x^2 + y^2 = z^2,$$

Fermat contemplava uma variante da criação de Pitágoras:

$$x^3 + y^3 = z^3.$$

Conforme foi mencionado no capítulo anterior, Fermat tinha apenas mudado a potência de 2 para 3, do quadrado para o cubo, mas sua nova equação aparentemente não tinha solução para qualquer número inteiro. O método de tentativa e erro logo mostra a dificuldade de encontrar dois números elevados ao cubo que, ao serem somados, produzam outro número elevado ao cubo. Poderia acontecer de esta pequena modificação transformar a equação de Pitágoras, com um infinito número de soluções, em uma equação insolúvel?

Fermat alterou ainda mais a equação, trocando a potência para números maiores do que 3 e descobrindo que a busca de soluções para estas equações era igualmente difícil. De acordo com Fermat, parecia não existir um trio de números que se encaixasse perfeitamente na equação

$$x^n + y^n = z^n, \text{ onde } n \text{ representa } 3, 4, 5\ldots$$

Na margem de sua *Aritmética*, ao lado do Problema 8, Fermat escreveu uma nota de sua observação:

> *Cubem autem in duos cubos, aut quadratoquadratum in duos quadratoquadratos, et generaliter nullam in infinitum ultra quadratum potestatem in duos eiusdem nominis fas est dividere.*

> É impossível para um cubo ser escrito como a soma de dois cubos ou uma quarta potência ser escrita como uma soma de dois números elevados a quatro, ou, em geral, para qualquer número que seja elevado a uma potência maior do que dois ser escrito como a soma de duas potências semelhantes.

Entre todos os números possíveis parecia não haver razão por que pelo menos um conjunto de soluções não poderia ser encontrado. E, no entanto, Fermat declarava que em parte alguma do infinito universo de números existiria um "trio fermatiano". Era uma afirmação extraordinária, mas Fermat acreditava que poderia prová-la. Depois da primeira nota na margem, esboçando sua teoria, o gênio travesso colocou um comentário adicional que iria assombrar gerações de matemáticos:

> *Cuius rei demonstrationem mirabilem sane detexi hanc marginis exiguitas non caperet.*

> Eu tenho uma demonstração realmente maravilhosa para esta proposição, mas esta margem é muito estreita para contê-la.

Esse era Fermat no seu modo mais frustrante. Suas próprias palavras sugerem que ele estava particularmente satisfeito com sua demonstração "realmente maravilhosa", mas não se daria ao incômodo de escrevê-la em detalhe, quanto mais publicá-la. Ele nunca falou a ninguém sobre sua prova e, no entanto, apesar desta combinação de indolência e modéstia, o Último Teorema de Fermat, como mais tarde seria chamado, se tornaria famoso no mundo inteiro pelos séculos seguintes.

O ÚLTIMO TEOREMA É PUBLICADO AFINAL

A notória descoberta de Fermat aconteceu no início de sua carreira como matemático, por volta de 1637. Trinta anos depois, enquanto cuidava de seus deveres como magistrado, na cidade de Castres, Fermat ficou seriamente doente. Em 9 de janeiro de 1665 ele assinou seu testamento e três dias depois morreu. Continuava isolado da escola parisiense de matemática e não era lembrado com saudade pelos seus frustrados correspondentes. Havia o risco de as descobertas de Fermat serem perdidas para sempre. Felizmente, seu filho mais velho, Clément-Samuel, percebia a importância do hobby de seu pai. Ele decidiu que aquelas descobertas não seriam esquecidas pelo mundo. É graças aos seus esforços que sabemos alguma coisa sobre os avanços extraordinários feitos por Fermat na teoria dos números. E, em especial, se não fosse por Clément-Samuel, o enigma conhecido como Último Teorema de Fermat teria morrido com seu criador.

Clément-Samuel passou cinco anos reunindo as cartas e anotações de seu pai e examinando os rabiscos nas margens de sua cópia da *Aritmética*. A nota referindo-se ao Último Teorema de Fermat era apenas um dos muitos pensamentos inspirados anotados no livro. Clément-Samuel resolveu publicar estas anotações em uma edição especial da *Aritmética*. Em 1670, em Toulouse, ele apresentou sua *Aritmética de Diofante contendo observações de P. de Fermat*. Ao lado do original grego e da tradução de Bachet para o latim, estavam quarenta e oito observações feitas por Fermat. A anotação mostrada na Figura 6 foi aquela que se tornou conhecida como o Último Teorema de Fermat.

Depois que as *Observações* de Fermat chegaram a uma comunidade maior, ficou claro que as cartas que ele tinha enviado aos seus colegas eram meras migalhas num banquete de descobertas. Suas notas pessoais continham uma série de teoremas. Infelizmente, ou esses teoremas não eram acompanhados por nenhuma explicação ou tinham apenas indícios da demonstração que os apoiava. Mas havia vislumbres torturantes de lógica que deixaram os matemáticos na certeza de que Fermat tivera as demonstrações. A tarefa de recriá-las fora deixada como um desafio para eles.

Frontispício da edição da *Aritmética* de Diofante, edição de Clément--Samuel Fermat, publicada em 1670. Esta versão inclui as anotações na margem feitas por seu pai.

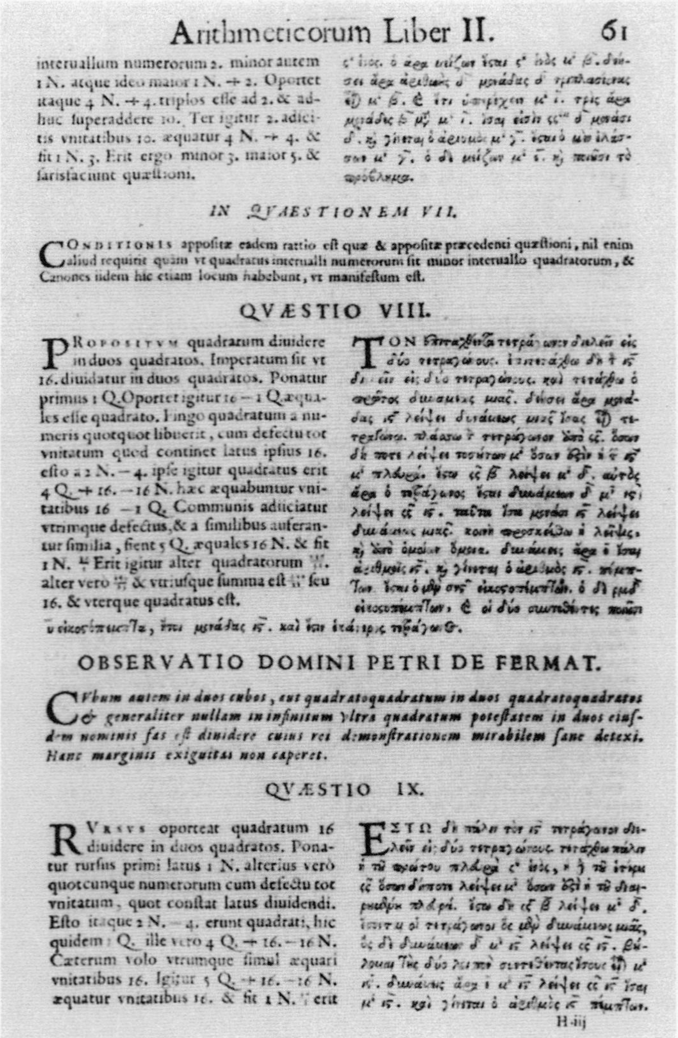

Arithmeticorum Liber II.   61

interuallum numerorum 2. minor autem 1 N. atque ideo maior 1 N. + 2. Oportet itaque 4 N. + 4. triplos esse ad 2. & adhuc superaddere 10. Ter igitur 2. adiectis vnitatibus 10. æquatur 4 N. + 4. & fit 1 N. 3. Erit ergo minor 3. maior 5. & satisfaciunt quæstioni.

IN QVÆSTIONEM VII.

CONDITIONIS appositæ eadem ratio est quæ & appositæ præcedenti quæstioni, nil enim aliud requirit quàm vt quadratus interualli numerorum sit minor interuallo quadratorum, & Canones iidem hic etiam locum habebunt, vt manifestum est.

QVÆSTIO VIII.

PROPOSITVM quadratum diuidere in duos quadratos. Imperatum sit vt 16. diuidatur in duos quadratos. Ponatur primus 1 Q. Oportet igitur 16 — 1 Q. æquales esse quadrato. Fingo quadratum à numeris quotquot libuerit, cum defectu tot vnitatum quod continet latus ipsius 16. esto à 2 N. — 4. ipse igitur quadratus erit 4 Q. + 16. — 16 N. hæc æquabuntur vnitatibus 16 — 1 Q. Communis adiiciatur vtrimque defectus, & à similibus auferantur similia, fient 5 Q. æquales 16 N. & fit 1 N. ⅕ Erit igitur alter quadratorum ²⁵⁶⁄₂₅ alter verò ¹⁴⁴⁄₂₅ & vtriusque summa est ⁴⁰⁰⁄₂₅ seu 16. & vterque quadratus est.

OBSERVATIO DOMINI PETRI DE FERMAT.

CVbum autem in duos cubos, aut quadratoquadratum in duos quadratoquadratos & generaliter nullam in infinitum vltra quadratum potestatem in duos eiusdem nominis fas est diuidere cuius rei demonstrationem mirabilem sane detexi. Hanc marginis exiguitas non caperet.

QVÆSTIO IX.

RVRSVS oporteat quadratum 16 diuidere in duos quadratos. Ponatur rursus primi latus 1 N. alterius verò quotcunque numerorum cum defectu tot vnitatum, quot constat latus diuidendi. Esto itaque 2 N. — 4. erunt quadrati, hic quidem 1 Q. ille verò 4 Q. + 16. — 16 N. Cæterum volo vtrumque simul æquari vnitatibus 16. Igitur 5 Q. + 16. — 16 N. æquatur vnitatibus 16. & fit 1 N. ⅕ erit

Figura 6. A página contendo a notória observação de Fermat.

Leonhard Euler, um dos maiores matemáticos do século XVIII, tentou demonstrar uma das mais elegantes observações de Fermat, um teorema relacionado com os números primos. Um número primo é um número que não tem divisores, exceto ele mesmo ou a unidade. Não se pode dividi-lo sem deixar resto. Por exemplo, 13 é um número primo, mas 14 não é. Nada irá dividir 13 perfeitamente, mas 14 pode ser dividido por 2 e por 7. Todos os números primos podem ser encaixados em duas categorias: aqueles que são iguais a $4n + 1$ e aqueles que são iguais a $4n - 1$, onde n é igual a algum número. Assim, 13 pertence ao primeiro grupo ($4 \times 3 + 1$), enquanto 19 pertence ao segundo ($4 \times 5 - 1$). O teorema dos números primos de Fermat afirma que o primeiro tipo de números primos é sempre a soma de dois quadrados ($13 = 2^2 + 3^2$), enquanto o segundo tipo jamais pode ser escrito deste modo. Esta propriedade dos números primos é bem simples, mas tentar provar que ela é verdadeira para cada um dos números primos se torna extremamente difícil. Para Fermat era apenas uma de suas muitas demonstrações secretas. O desafio para Euler era reconstruir esta demonstração. Finalmente, em 1749, depois de sete anos de trabalho e quase um século depois da morte de Fermat, Euler teve sucesso, obtendo a prova para este teorema dos números primos.

Os teoremas de Fermat variam daqueles que são fundamentais aos que são meramente divertidos. Os matemáticos avaliam a importância de um teorema de acordo com o seu impacto para o resto da matemática. Em primeiro lugar, um teorema é considerado importante se contém uma verdade universal, isto é, se ele se aplica a todo um conjunto de números. No caso do teorema dos números primos, ele não é verdadeiro apenas para alguns números primos, e sim para todos. Em segundo lugar, os teoremas devem revelar alguma verdade profunda e subjacente a respeito do relacionamento entre os números. Um teorema pode ser o trampolim para a produção de todo um novo conjunto de teoremas, ou até mesmo inspirar o desenvolvimento de um novo ramo da matemática. E, finalmente, um teorema é importante se ele resolver um problema em uma área de pesquisa anteriormente obstruída pela ausência de uma conexão lógica. Muitos matemáticos já se desesperaram sabendo que só poderiam obter um grande resultado se pudessem estabelecer um elo perdido em uma corrente lógica.

Como os matemáticos usam os teoremas como degraus para obter outros resultados, era essencial que cada um dos teoremas de Fermat fosse demonstrado. Só porque Fermat afirmava ter a prova para um teorema não podia ser aceito como verdade. Antes de poder ser usado, cada teorema tinha que ser demonstrado com rigor implacável, senão as consequências poderiam ser desastrosas. Por exemplo, imagine que os matemáticos tivessem aceito um dos teoremas de Fermat. O teorema seria então incorporado como elemento de toda uma série de demonstrações maiores. E no devido tempo essas demonstrações passariam a fazer parte de outras, mais amplas ainda, e assim por diante. Finalmente, centenas de teoremas passariam a depender de que o teorema original, não verificado, fosse verdadeiro. Mas e se Fermat tivesse cometido um erro, e o teorema não provado estivesse errado? Todos os outros teoremas que o tivessem incorporado estariam incorretos e grandes áreas da matemática entrariam em colapso. Os teoremas são os alicerces da matemática, porque, uma vez que tenham sido estabelecidos como verdade, outros teoremas podem ser erguidos, em segurança, por cima deles. Ideias não fundamentadas são muito menos valiosas e recebem o nome de conjecturas. Qualquer lógica que dependa de conjecturas é, ela mesma, uma conjectura.

Fermat dizia ter uma demonstração para cada uma de suas observações, assim, para ele, elas eram teoremas. Contudo, até que a comunidade como um todo pudesse reconstruir as demonstrações para cada uma delas, as observações de Fermat seriam chamadas de conjecturas. De fato, nos últimos 350 anos, o Último Teorema de Fermat deveria ter sido chamado de A Última Conjectura de Fermat.

À medida que os séculos passavam, todas as observações foram demonstradas, uma por uma, mas o Último Teorema de Fermat se recusava a ceder seu segredo. De fato, ele é conhecido como o "Último" Teorema porque ficou sendo a última observação ainda por ser demonstrada. Três séculos de esforços fracassados para obter uma demonstração levaram à notoriedade do mais famoso problema de matemática. Contudo, esta reconhecida dificuldade não significa que o Último Teorema de Fermat seja um teorema importante, como descrito anteriormente.

A fama do Último Teorema de Fermat deriva unicamente da tremenda dificuldade em demonstrá-lo. E um estímulo extra é acrescentado pelo fato de que o Príncipe dos Amadores dizia poder demonstrar este mesmo teorema que frustrou gerações de matemáticos. Os comentários de Fermat na margem de seu exemplar da *Aritmética* foram lidos como um desafio para o mundo. Ele tinha demonstrado o Último Teorema, a questão era se qualquer outro matemático poderia igualar seu talento.

O Último Teorema de Fermat é um problema imensamente difícil e, no entanto, pode ser enunciado de uma forma que qualquer estudante pode entender. Não existe problema de física, química ou biologia que possa ser enunciado de modo tão simples e direto e permanecer tanto tempo sem ser solucionado. No livro *O último problema*, E. T. Bell escreveu que a civilização provavelmente acabaria antes que o Último Teorema de Fermat pudesse ser demonstrado. Essa demonstração tornou-se o prêmio mais valioso da teoria dos números e não é de surpreender que tenha levado a alguns dos episódios mais empolgantes da história da matemática.

A fama do enigma se espalhou além do mundo fechado dos matemáticos. Em 1958, o problema acabou aparecendo num conto faustiano. Uma antologia intitulada *Pactos com o demônio* contém um conto escrito por Arthur Poges. Em "O Diabo e Simon Flagg" o Diabo pede a Simon Flagg que lhe faça uma pergunta. Se o Demônio conseguir responder dentro de vinte e quatro horas, levará a alma de Simon Flagg, mas, se fracassar, dará cem mil dólares a Simon. Simon então pergunta: "O Último Teorema de Fermat está correto?" O Diabo desaparece e sai pelo mundo absorvendo todo o conhecimento matemático existente para demonstrar o Último Teorema. No segundo dia, o Diabo retorna e admite sua derrota:

"Você ganhou, Simon", disse ele quase num sussurro, olhando-o com indisfarçável respeito. "Nem mesmo eu posso aprender matemática suficiente, em tão curto espaço de tempo, para resolver um problema tão difícil. Quanto mais eu mergulho na coisa, pior ela fica. Fatoração não única, ideais — Bah! Você sabe que", confidenciou o Diabo, "nem mesmo os matemáticos dos outros planetas, todos eles muito mais adiantados do que o seu, conseguiram resolvê-lo? Existe um cara em Saturno, ele parece um cogumelo sobre pernas de pau, que resolve equações diferenciais parciais de cabeça, e até mesmo ele desistiu."

Leonhard Euler

3. Uma desgraça matemática

> A matemática não é uma caminhada cuidadosa através de uma estrada bem conhecida, é uma jornada por uma terra selvagem e estranha, onde os exploradores frequentemente se perdem. A exatidão deve ser um sinal aos historiadores de que os mapas já foram feitos e os exploradores se foram para outras terras.
>
> W. S. Anglin

"Desde que vi o Último Teorema de Fermat pela primeira vez, ainda criança, ele se tornou minha grande paixão", relembra Andrew Wiles, com uma voz hesitante, que transmite a emoção que ele sente em relação ao problema. "Eu encontrara este problema que passara trezentos anos sem ser resolvido. Eu não creio que muitos dos meus colegas de escola tenham pego a mania pela matemática, assim não comentei o assunto com meus companheiros. Mas eu tinha um professor que fizera alguma pesquisa em matemática e ele me deu um livro sobre a teoria dos números, com algumas pistas sobre como começar a abordar o problema. Para começar eu trabalhei na suposição de que Fermat não sabia mais matemática do que eu. E tentei encontrar a demonstração perdida usando os métodos que ele poderia ter usado em sua época."

Wiles era uma criança cheia de inocência e ambição, vislumbrando uma oportunidade de ter sucesso onde gerações de matemáticos tinham falhado.

Mas Wiles estava certo em pensar que ele, um menino de escola do século XX, sabia mais matemática do que Pierre de Fermat, um gênio do século XVII. Talvez, em sua inocência, ele tropeçasse em uma prova que outras mentes mais sofisticadas tinham deixado escapar.

Mas, apesar de seu entusiasmo, todos os cálculos resultavam num beco sem saída. Depois de quebrar a cabeça e esgotar seus livros escolares, Wiles não conseguira nada. Após um ano de fracasso ele mudou sua estratégia e decidiu que poderia aprender alguma coisa a partir dos erros de outros matemáticos, mais eminentes. "O Último Teorema de Fermat tem essa história romântica incrível. Muitas pessoas o estudaram e quanto mais os grandes matemáticos do passado tentavam demonstrá-lo e fracassavam, mais misterioso e desafiador ficava o problema. Tantos matemáticos tinham tentado tantas abordagens diferentes nos séculos XVIII e XIX, e eu, um adolescente, decidi que deveria estudar esses métodos, para entender o que eles tinham feito."

O jovem Wiles examinou as abordagens de todos que tinham feito uma tentativa séria de demonstrar o Último Teorema de Fermat. Ele começou por estudar o trabalho do matemático mais prolífico de toda a história, o primeiro a conseguir um avanço na batalha contra Fermat.

O CICLOPE DA MATEMÁTICA

Criar matemática é uma experiência misteriosa e dolorosa. Frequentemente o objetivo da demonstração é claro, mas o caminho até ele permanece enevoado, e o matemático tropeça em seus cálculos, apavorado, temendo que cada passo possa estar levando sua argumentação na direção errada. Além disso existe o temor de que o caminho certo não exista. Um matemático pode acreditar que uma proposição é verdadeira, e perder anos tentando provar que é de fato verdade, quando tudo era falso. Efetivamente, os matemáticos têm tentado provar o impossível.

Em toda a história desta ciência somente um punhado de matemáticos parecem ter evitado as dúvidas que intimidaram seus colegas. Talvez o mais notável exemplo seja o gênio do século XVIII, Leonhard Euler, e foi ele quem fez o primeiro avanço em direção à prova do Último Teorema de Fermat. Euler tinha uma memória e uma intuição tão incríveis que se dizia que ele poderia fazer todo um cálculo de cabeça, sem precisar colocar a caneta no papel. Em toda a Europa ele era conhecido como "a encarnação da análise", e sobre ele o acadêmico francês François Arago disse: "Euler calcula sem qualquer esforço aparente, como os homens respiram e as águias se sustentam nos ventos."

Leonhard Euler nasceu em Basileia, em 1707, filho de um pastor calvinista, Paul Euler. Embora o jovem Euler demonstrasse um talento prodigioso para a matemática, seu pai estava determinado que o filho estudasse teologia, seguindo carreira na Igreja. Leonhard obedeceu e foi estudar teologia e hebraico na Universidade da Basileia.

Felizmente para Euler, a cidade de Basileia também era o lar do eminente clã dos Bernoulli. Os Bernoulli podiam tranquilamente afirmar serem a mais matemática das famílias, tendo produzido oito das mentes mais extraordinárias da Europa em apenas três gerações.

Alguns diziam que a família Bernoulli representava para a matemática o que os Bach eram para a música. Esta fama se espalhou além da comunidade dos matemáticos, e uma história exemplifica bem o perfil da família. Conta-se que Daniel Bernoulli estava viajando pela Europa e um dia começou a conversar com um estranho. Depois de um certo tempo ele se apresentou modestamente: "Eu sou Daniel Bernoulli." "E eu", disse o estranho zombando, "sou Isaac Newton." Daniel gostava de lembrar este incidente, falando dele em várias ocasiões como sendo o elogio mais sincero que já recebera.

Daniel e Nikolaus Bernoulli eram muito amigos de Leonhard Euler e percebiam que o mais brilhante dos matemáticos estava sendo transformado no mais medíocre dos teólogos. Eles fizeram um apelo a Paul Euler, pedindo que Leonhard tivesse a permissão de abandonar o clero em favor dos números. No passado, Euler, o pai, tinha estudado matemática com o patriarca dos Bernoulli, Jakob, e tinha um tremendo respeito pela família.

Relutantemente ele aceitou que seu filho tinha nascido para calcular, não para pregar.

Leonhard Euler logo deixou a Suíça e seguiu para os palácios de Berlim e São Petersburgo, onde passou o auge de seus anos criativos. Na época de Fermat os matemáticos eram considerados calculistas amadores, mas no século XVIII eles já eram tratados como solucionadores profissionais de problemas. A cultura dos números tinha mudado, dramaticamente, e isso era em parte uma consequência dos cálculos científicos de Sir Isaac Newton.

Newton acreditava que os matemáticos estavam perdendo tempo, desafiando uns aos outros com enigmas sem sentido. Ele queria aplicar a matemática ao mundo físico, calculando tudo, das órbitas dos planetas às trajetórias das balas de canhão. Quando Newton morreu, em 1727, a Europa tinha passado por uma revolução científica e, no mesmo ano, Euler publicou seu primeiro trabalho. Embora a publicação apresentasse uma matemática elegante e inovadora, seu objetivo era descrever uma solução para um problema relacionado com o mastreamento dos navios.

As potências europeias não estavam interessadas no uso da matemática para explorar conceitos abstratos e esotéricos. Elas queriam a matemática para a solução de problemas práticos, competindo entre si para empregar as mentes mais brilhantes. Euler começou sua carreira trabalhando para os czares, antes de ser convidado para a Academia de Berlim por Frederico, o Grande, da Prússia. Mais tarde ele retornou à Rússia durante o reinado de Catarina, a Grande, onde passou os últimos anos de sua vida. Em sua carreira Euler lidou com uma infinidade de problemas, da navegação às finanças, da acústica à irrigação. Contudo, o mundo prático da solução de problemas não prejudicou a habilidade matemática de Euler. A abordagem de cada tarefa nova o inspirava a criar uma matemática inovadora e engenhosa. Sua paixão o levava a escrever vários trabalhos num único dia, e conta-se que entre o primeiro e o segundo chamados para o jantar Euler tentava rabiscar cálculos completos, dignos de serem publicados. Ele não desperdiçava nem um momento e, mesmo quando segurava um bebê com uma das mãos, a outra estava escrevendo uma demonstração num papel.

Uma das maiores realizações de Euler foi o desenvolvimento do método dos algoritmos. O objetivo dos algoritmos de Euler era lidar com problemas aparentemente insolúveis. Um desses problemas era a previsão das fases da Lua com grande antecedência e precisão — uma informação que poderia ser usada para a criação de tabelas de navegação muito importantes. Newton já tinha mostrado que é relativamente fácil prever a órbita de um corpo em torno de outro, mas no caso da Lua a situação não é tão simples. A Lua orbita a Terra, mas existe um terceiro corpo, o Sol, que complica enormemente a questão. Enquanto a Terra e a Lua se atraem mutuamente, o Sol perturba a posição da Terra e produz um efeito bamboleante na órbita da Lua. É possível criar equações para determinar os efeitos de qualquer um desses corpos, mas os matemáticos do século XVIII não conseguiam incorporar um terceiro corpo em seus cálculos. Mesmo hoje é impossível obter a solução exata do chamado "problema dos três corpos".

Euler percebeu que os navegantes não precisavam conhecer as fases da Lua com absoluta precisão, somente com precisão suficiente para determinar a própria posição com uma incerteza de algumas milhas náuticas. Assim sendo, Euler desenvolveu uma receita para produzir uma solução imperfeita, mas suficientemente precisa. A receita, conhecida como algoritmo, funcionava produzindo primeiro um resultado aproximado, que podia ser colocado no algoritmo para produzir um resultado mais preciso. Este resultado mais preciso podia ser novamente processado pelo algoritmo para produzir uma solução ainda mais precisa e assim por diante. Uma centena de cálculos depois, Euler era capaz de fornecer uma posição da Lua suficientemente precisa para os usos da Marinha. Ele forneceu seu algoritmo ao Almirantado Britânico, que, em recompensa, lhe pagou um prêmio de 300 libras.

Euler adquiriu a reputação de ser capaz de resolver qualquer problema que lhe fosse apresentado, um talento que parecia se estender além dos campos da ciência. Durante uma temporada na corte de Catarina, a Grande, ele encontrou o grande filósofo francês Denis Diderot. Diderot era um ateu convicto e passava seus dias convertendo os russos ao ateísmo. Isso deixava Catarina furiosa, e ela pediu a Euler que fizesse alguma coisa para deter os esforços do agnóstico francês.

Euler pensou um pouco no assunto e depois afirmou ter obtido uma prova algébrica para a existência de Deus. Catarina convidou Euler e Diderot ao seu palácio e reuniu seus cortesãos para assistirem ao debate teológico. Euler apresentou-se diante da audiência e anunciou:

"Senhor, $\dfrac{a + b^n}{n} = x$, portanto Deus existe, refute!"

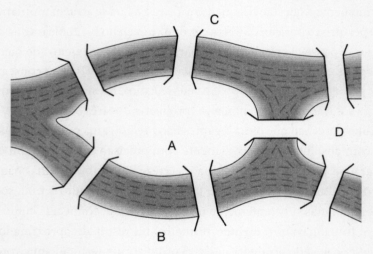

Figura 7. O rio Pregel divide a cidade de Königsberg em quatro partes separadas, A, B, C e D. Sete pontes ligam as várias partes da cidade, e um enigma local pergunta se é possível fazer um passeio de modo que cada ponte seja atravessada uma vez e somente uma vez.

Sem entender nada de álgebra, Diderot foi incapaz de argumentar contra o maior matemático da Europa e ficou sem palavras. Humilhado, ele deixou São Petersburgo e voltou para Paris. Euler continuou apreciando sua volta ao estudo da teologia e publicou várias provas falsas relacionadas com a natureza de Deus e do espírito humano.

Um problema mais válido, que cativou a natureza excêntrica de Euler, relacionava-se com a cidade prussiana de Königsberg, que hoje se tornou a cidade russa de Kaliningrado. A cidade foi erguida nas margens do rio Pregel e consiste em quatro bairros separados, ligados por sete pontes. A Figura 7 mostra um diagrama da cidade. Alguns dos moradores mais curiosos se perguntavam se seria possível fazer um passeio, atravessando as sete pontes, sem ter que atravessar duas vezes uma mesma ponte. Os cidadãos de Königsberg tentaram várias rotas, mas todas terminaram em fracasso. Euler também não conseguiu encontrar tal rota, mas conseguiu explicar por que tal jornada era impossível.

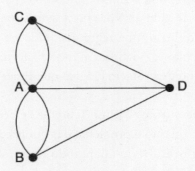

Figura 8. Uma representação simplificada das pontes de Königsberg.

Euler começou com uma planta da cidade e a partir dela produziu uma representação simplificada, na qual os trechos de terra são reduzidos a pontos e as pontes são substituídas por linhas, como mostrado na Figura 8. Ele então argumentou que, de modo a fazer uma jornada bem-sucedida (ou seja, cruzando todas as pontes só uma vez), um ponto deve ser ligado por um número par de linhas. Isso acontece porque no meio da jornada, quando o viajante passa por uma massa de terra, ele deve chegar por uma ponte e sair por outra. Só existem duas exceções a esta regra, quando o viajante começa ou termina sua jornada. No começo do passeio o viajante deixa uma massa de terra e só precisa de uma ponte para sair, e no final chega a uma massa de terra e só precisa de uma ponte para entrar. Se a jornada começa e termina em locais diferentes, então essas duas massas de terra só podem ter um número ímpar de pontes. Mas, se a jornada começa e termina no mesmo lugar, este ponto, como todos os outros pontos, deve ter um número par de pontes.

Assim, generalizando, Euler concluiu que para qualquer rede de pontes só é possível fazer um passeio completo, atravessando uma única vez cada ponte, se todas as massas de terra tiverem um número par de pontes, ou exatamente duas massas de terra tiverem um número ímpar de pontes. No caso de Königsberg existem quatro massas de terra no total e todas elas são ligadas por um número ímpar de pontes — três pontos possuem três pontes e um tem cinco pontes. Euler tinha sido capaz de explicar por que é impossível atravessar cada uma das pontes de Königsberg somente uma vez e, além disso, produziu uma regra que pode ser aplicada a qualquer rede de pontes em qualquer cidade do mundo. O argumento é bem simples e talvez fosse esse tipo de problema lógico que Euler costumava rabiscar antes do jantar.

Quando Euler encontrou o Último Teorema de Fermat, ele deve ter-lhe parecido tão simples quanto o problema das pontes de Königsberg. Euler deve ter pensado em resolvê-lo adaptando uma estratégia igualmente direta. Lembre que Fermat declarou que não há soluções com números inteiros da seguinte equação:

$$x^n + y^n = z^n, \text{ para qualquer número } n \text{ maior do que 2.}$$

Esta equação representa um conjunto infinito de equações:

$$x^3 + y^3 = z^3$$
$$x^4 + y^4 = z^4$$
$$x^5 + y^5 = z^5$$
$$x^6 + y^6 = z^6$$
$$x^7 + y^7 = z^7$$

e assim por diante.

Euler imaginou se não poderia provar que uma das equações não tinha solução e então extrapolar o resultado para todas as outras restantes.

Seu trabalho recebeu um empurrão quando ele descobriu uma pista oculta nas anotações de Fermat. Embora Fermat nunca tenha escrito uma demonstração de seu Último Teorema, ele descreveu, disfarçadamente, uma prova para o caso específico $n = 4$ em outra parte de sua *Aritmética* e a incorporou na demonstração de um problema totalmente diferente. Embora este fosse o cálculo mais completo que ele jamais colocou num papel, os detalhes eram vagos e incompletos. Fermat conclui a demonstração dizendo que a falta de tempo e de papel o impedia de apresentar uma explicação completa. Mas apesar da falta de detalhes nos escritos de Fermat, eles claramente ilustram uma prova por contradição conhecida como *método da descida infinita*.

De modo a provar que não existem soluções para a equação $x^4 + y^4 = z^4$, Fermat começou presumindo que existisse uma solução hipotética

$$x = X_1 , y = Y_1 , z = Z_1.$$

Examinando as propriedades de (X_1, Y_1, Z_1), Fermat poderia demonstrar que, se esta solução hipotética existisse, então existiria uma solução menor (X_2, Y_2, Z_2). E, ao analisar esta segunda solução, Fermat poderia mostrar a existência de uma solução ainda menor (X_3, Y_3, Z_3), e assim por diante.

Fermat tinha descoberto uma escadaria descendente de soluções que, teoricamente, poderia continuar gerando números cada vez menores. Contudo, *x, y* e *z* devem ser números inteiros e, portanto, a escadaria infinita é impossível, porque deve existir uma menor solução possível. Esta contradição prova que a hipótese inicial, de que existe uma solução (X_1, Y_1, Z_1), deve ser falsa. Usando o método da descida infinita, Fermat tinha demonstrado que a equação com $n = 4$ não pode ter qualquer solução, porque se tivesse as consequências seriam ilógicas.

Euler tentou usar isso como um ponto de partida para construir uma demonstração geral para todas as outras equações. Além de criar uma para $n = $ infinito, ele teria que criar uma para $n = 3$, e foi este primeiro degrau para baixo que ele tentou em primeiro lugar. No dia 4 de agosto de 1753, Euler divulgou, em uma carta enviada ao matemático prussiano Christian

Goldbach, que tinha adaptado o método da descida infinita de Fermat e conseguira demonstrar com sucesso o caso de $n = 3$. Depois de cem anos esta era a primeira vez que alguém conseguia fazer algum progresso na direção de solucionar o desafio de Fermat.

Mas para fazer com que a prova de Fermat para $n = 4$ cobrisse também o caso de $n = 3$, Euler teve que incorporar um conceito bizarro, conhecido como *números imaginários*, uma entidade que fora descoberta pelos matemáticos europeus do século XVI. É estranho pensar em novos números sendo "descobertos", mas isso é porque estamos tão acostumados com os números que usamos em nosso dia a dia que esquecemos de que houve uma época em que estes números não eram conhecidos. Números negativos, frações e números irracionais precisaram ser descobertos, e a motivação por trás de cada descoberta era a resposta para perguntas que, de outro modo, não teriam resposta.

A história dos números começa com os números que usamos para contar (1, 2, 3, ...), conhecidos como números naturais. Esses números são perfeitamente adequados para somar quantidades simples e inteiras, tais como ovelhas ou moedas de ouro, chegando-se a um número total que é uma quantidade inteira. Além da adição, outra operação simples, a multiplicação, age sobre números inteiros produzindo números inteiros. Contudo, a operação de divisão apresenta um problema complicado. Embora 8 dividido por 2 seja igual a 4, descobrimos que 2 dividido por 8 é igual a $\frac{1}{4}$. O resultado desta última divisão não é um número inteiro e sim uma fração.

Assim a divisão é uma operação simples, feita com números naturais, que nos obriga a olhar além dos números naturais de modo a obter uma resposta. Para os matemáticos é impensável não ser capaz de responder a cada pergunta, pelo menos em teoria, e esta necessidade é chamada de *completeza*. Existem certas questões relacionadas com os números naturais que seriam impossíveis de responder sem se recorrer a frações. Os matemáticos expressam isso dizendo que as frações são necessárias para a completeza.

Foi esta necessidade que levou os hindus a descobrirem os números negativos. Os hindus perceberam que embora 3 subtraído de 5 seja ob-

UMA DESGRAÇA MATEMÁTICA

viamente 2, subtrair 5 de 3 não é uma questão tão simples. A resposta se encontra além dos números naturais e só pode ser obtida se introduzirmos o conceito dos números negativos. Alguns matemáticos não aceitavam este mergulho na abstração e se referiam aos números negativos como "absurdos" ou "fictícios". Embora uma pessoa possa segurar uma moeda de ouro, ou mesmo meia moeda de ouro, é impossível ter nas mãos uma moeda negativa.

Os gregos também buscavam a completeza, e isso os levou a descobrir os números irracionais. No capítulo 2 surgiu a questão: *Que número é a raiz quadrada de dois, $\sqrt{2}$?* Os gregos sabiam que este número era aproximadamente igual a $\frac{7}{5}$, mas, quando tentaram encontrar a fração exata, eles descobriram que ela não existia. Lá estava um número que nunca poderia ser representado por uma fração, mas este novo tipo de número era necessário para responder a uma pergunta simples: *Qual é a raiz quadrada de dois?* A exigência da completeza significava que outra colônia deveria ser acrescentada ao império dos números.

Durante a Renascença, os matemáticos acreditavam ter descoberto todos os números do universo. Eles poderiam ser imaginados ao longo de uma *linha de números* — uma reta infinitamente longa com o zero no centro, como mostrado na Figura 9. Os números inteiros eram colocados ao longo da linha, com os números positivos se estendendo à direita do zero, até o infinito positivo, e os números negativos se estendendo à esquerda do zero, até o infinito negativo. As frações ocupavam os espaços entre os números inteiros e os números irracionais ficavam entre as frações.

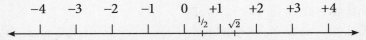

Figura 9. Todos os números podem ser posicionados ao longo de uma linha de números que se estende até o infinito em ambas as direções.

A linha dos números sugere que talvez a completeza tivesse sido conquistada. Todos os números pareciam estar no lugar certo, prontos a responderem a todas as questões da matemática — e, em todo o caso, não havia espaço na linha dos números para qualquer número novo. Então, no século XVI ouviram-se novos murmúrios de inquietude. O matemático italiano Rafaello Bombelli estava estudando as raízes quadradas de vários números quando tropeçou em uma pergunta sem resposta.

O problema começou com a pergunta: *Qual é a raiz quadrada de um,* $\sqrt{1}$? A resposta óbvia é 1, porque 1 × 1 = 1. Uma resposta menos evidente é −1. Um número negativo multiplicado por outro número negativo gera um número positivo. Isso significa que −1 × −1 = +1. Assim, a raiz quadrada de +1 é +1 e −1. Esta abundância de respostas é ótima, mas então surge a pergunta: *Qual é a raiz quadrada de um negativo,* $\sqrt{-1}$? O problema parece não ter resposta. A solução não pode ser +1 ou −1 porque o quadrado desses números é +1. Contudo, não existem outros candidatos óbvios. Ao mesmo tempo a completeza exige que sejamos capazes de responder a pergunta.

A solução para Bombelli foi criar um novo número, *i*, chamado de *número imaginário*, que é definido simplesmente como a solução para a pergunta: *Qual é a raiz quadrada de um negativo?* Isso pode parecer uma solução covarde para o problema, mas não é diferente do modo como surgiram os números negativos. Encarando outra questão sem resposta, os hindus meramente definiram −1 como a resposta para a pergunta: *Qual o valor de zero menos um?* É mais fácil aceitar a ideia de −1 apenas porque temos experiência com o conceito análogo de "dívida". Por outro lado, não temos nada no mundo real para simbolizar a ideia dos números imaginários. O matemático alemão do século XVII, Gottfried Leibniz, descreveu de modo elegante a natureza estranha dos números imaginários: "O número imaginário é um recurso ótimo e maravilhoso do espírito divino, quase um anfíbio entre o ser e o não ser."

Uma vez que tenhamos definido *i* como sendo a raiz quadrada de −1, então 2*i* deve existir, porque ele seria a soma de *i* mais *i* (assim como a raiz quadrada de −4). De modo semelhante, $\frac{i}{2}$ também deve existir, porque seria o resultado da divisão de *i* por 2. Realizando operações simples é possível chegar ao equivalente imaginário dos chamados *números reais*. Esses são os números naturais imaginários, os números negativos imaginários, as frações imaginárias e os imaginários irracionais.

O problema que agora surge é que todos esses números imaginários não possuem uma posição natural ao longo da linha dos números reais. Os matemáticos resolveram a crise criando uma linha separada para os números imaginários, que é perpendicular à reta dos números reais e a cruza no zero, como mostrado na Figura 10. Os números não estão mais restritos a uma reta unidimensional e sim ocupam um plano bidimensional. Enquanto os números imaginários puros e os números reais puros ficam restritos às suas respectivas linhas numéricas, combinações de números reais e imaginários (como, por exemplo, 1 + 2i), chamadas de *números complexos*, vivem no assim chamado plano dos números.

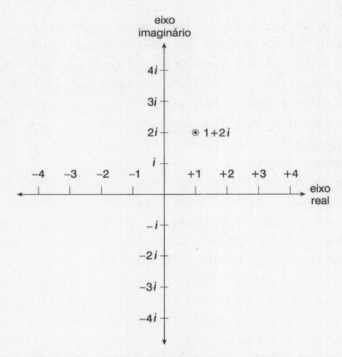

Figura 10. A introdução de um eixo para os números imaginários transforma a linha dos números num plano dos números. Qualquer combinação de números reais e imaginários tem uma posição no plano dos números.

Uma coisa particularmente extraordinária é que os números complexos podem ser usados para resolver qualquer equação concebível. Por exemplo, para calcular a raiz quadrada de $\sqrt{(3+4i)}$, os matemáticos não precisaram inventar um novo tipo de número: a resposta é $2 + i$, outro número complexo. Em outras palavras, os números imaginários parecem ser o elemento final necessário para tornar a matemática completa.

Deve ser lembrado que os matemáticos não consideram os números imaginários mais abstratos do que um número negativo ou qualquer número natural. Além disso, os físicos descobriram que os números imaginários representam a melhor linguagem para descrever alguns fenômenos do mundo real. Com algumas pequenas manipulações, os números imaginários se revelam o modo ideal para analisar o movimento oscilante de objetos como os pêndulos. Este movimento, conhecido tecnicamente como oscilação senoidal, é encontrado na natureza, e assim os números imaginários se tornaram uma parte integral de muitos cálculos da física. Hoje em dia os engenheiros elétricos invocam o i para analisar a oscilação de correntes enquanto os físicos teóricos calculam as consequências das oscilações nas funções de onda da mecânica quântica usando as potências dos números imaginários.

Os matemáticos puros também têm explorado os números imaginários, usando-os para encontrar respostas para problemas antes impenetráveis. Os números imaginários literalmente acrescentam uma nova dimensão à matemática, e Euler esperava poder explorar este grau extra de liberdade para atacar o Último Teorema de Fermat.

No passado outros matemáticos tentaram adaptar o método de Fermat de descida infinita para resolver outros casos, além de $n = 4$, mas cada uma dessas tentativas de estender a prova levava a brechas na lógica. Euler mostrou que, incorporando-se o número imaginário i em sua prova, ele poderia tapar os buracos na demonstração e forçar o método da descida infinita a funcionar para o caso de $n = 3$.

Foi uma realização extraordinária, mas uma realização que ele não pôde repetir para os outros casos englobados pelo Último Teorema de Fermat. Infelizmente, todas as tentativas de Euler de fazer seu argumento valer para outros números, descendo ao infinito, terminaram em fracasso. O homem que criou mais matemática do que qualquer outro na história foi humilhado pelo desafio de Fermat. Seu único consolo era de que tinha feito o primeiro avanço na solução do problema mais difícil do mundo.

Euler continuou criando uma matemática brilhante até o dia de sua morte, uma realização ainda mais extraordinária pelo fato de que ele estava totalmente cego nos últimos anos de sua carreira. Sua perda de visão começou em 1735, quando a Academia de Paris ofereceu um prêmio pela solução de um problema de astronomia. O problema era tão difícil que a comunidade matemática pediu vários meses para produzir uma solução, mas para Euler isso não era necessário. Ele se tornou obcecado com a tarefa, trabalhando continuamente durante três dias, e ganhou o prêmio. Mas as péssimas condições de trabalho combinadas com a tensão intensa custaram a Euler, então com vinte e poucos anos, a visão de um dos olhos. Isso é mostrado em muitos retratos de Euler, incluindo o que aparece no início deste capítulo.

Seguindo o conselho de Jean Le Rond d'Alembert, Euler foi substituído por Joseph-Louis Lagrange como matemático na corte de Frederico, o Grande. O rei depois comentou: "Devo aos seus cuidados e recomendações por ter substituído um matemático meio cego por outro com ambos os olhos, o que vai satisfazer especialmente aos membros anatômicos da minha Academia." Euler voltou para a Rússia onde Catarina, a Grande, deu as boas-vindas ao seu "ciclope matemático".

A perda de um dos olhos era um problema menor — de fato Euler afirmava que "agora teria menos distrações". Mas quarenta anos depois, já com sessenta anos, sua situação piorou consideravelmente, quando uma catarata no olho perfeito indicou que ele se tornaria completamente cego. Euler estava determinado a não se entregar e começou a praticar a escrita com o olho afetado fechado, de modo a aperfeiçoar sua técnica antes de ser envolvido pela escuridão. Em questão de semanas ele estava cego.

Euler continuou com sua produção matemática pelos dezessete anos seguintes e conseguiu ser mais produtivo do que nunca. Seu imenso intelecto lhe permitia analisar conceitos sem precisar colocá-los no papel e sua memória fenomenal fazia de seu cérebro uma biblioteca mental. Os colegas chegaram a dizer que a cegueira parecia ter ampliado os horizontes de sua imaginação. Deve ser lembrado que as computações de Euler para as posições da Lua foram terminadas durante este período de cegueira. Para os imperadores da Europa, esta era a mais valiosa das conquistas matemáticas, um problema que desafiara os maiores matemáticos da Europa, incluindo Newton.

Em 1776 foi realizada uma operação para a retirada da catarata, e por alguns dias a visão de Euler parecia ter sido restaurada. Então ocorreu uma infecção e Euler mergulhou de volta na escuridão. Sem se abalar, ele continuou trabalhando até 18 de setembro de 1783, quando sofreu um derrame fatal. Nas palavras do filósofo e matemático marquês de Condorcet, "Euler deixou de viver e de calcular".

UM AVANÇO LENTO

Um século depois da morte de Fermat existiam demonstrações para apenas dois casos específicos do Último Teorema. Fermat dera aos matemáticos uma boa pista com sua demonstração de que não existem soluções para a equação:

$$x^4 + y^4 = z^4.$$

Euler tinha adaptado a demonstração para provar que não há soluções para

$$x^3 + y^3 = z^3.$$

Depois do avanço realizado por Euler ainda era necessário provar que não há soluções com números inteiros para uma infinidade de outras equações:

$$x^5 + y^5 = z^5$$
$$x^6 + y^6 = z^6$$

$$x^7 + y^7 = z^7$$
$$x^8 + y^8 = z^8$$
e assim por diante.

Embora o progresso feito pelos matemáticos fosse embaraçosamente lento, a situação não era tão ruim quanto parecia à primeira vista. A demonstração para o caso de $n = 4$ também serve de prova para os casos de $n = 8, 12, 16, 20, \ldots$ A explicação é que qualquer número que possa ser escrito como uma potência de 8 (ou de 12, 16, 20, ...) pode também ser reescrito como uma potência de 4. Por exemplo, o número 256 é igual a 2^8, mas é também igual a 4^4. Portanto, qualquer demonstração que funcione para a potência 4 também vai se aplicar para um número elevado a 8 e para qualquer outro que seja múltiplo de 4. Usando o mesmo princípio, a demonstração de Euler para $n = 3$ automaticamente prova as hipóteses de $n = 6, 9, 12, 15, \ldots$

Subitamente os números estavam rolando e Fermat parecia vulnerável. A demonstração para o caso de $n = 3$ é particularmente significativa, porque 3 é um exemplo de *número primo*. Como explicado anteriormente, um número primo tem a propriedade especial de não ser múltiplo de nenhum número inteiro, exceto 1 e ele mesmo. Outros números primos são 5, 7, 11, 13, ... Todos os números restantes são múltiplos de números primos e recebem o nome de não primos ou números compostos.

Os teóricos dos números consideram os números primos os mais importantes entre todos os números, porque eles são os átomos da matemática. Números primos são os tijolos da construção numérica porque todos os outros números podem ser criados multiplicando-se combinações de números primos. Isso parece levar a um avanço extraordinário. Para demonstrar o Último Teorema de Fermat para todos os valores de n só é preciso demonstrá-lo para valores primos de n. Todos os outros casos serão então meramente múltiplos dos casos primos e serão demonstrados implicitamente.

Intuitivamente isso deveria simplificar bastante o problema. Agora é possível ignorar as equações que envolvem um valor de n que não seja número primo. O número de equações que resta se reduz imensamente. Por exemplo, nos valores de *n* até 20, só é necessário demonstrar seis valores:

$$x^5 + y^5 = z^5$$
$$x^7 + y^7 = z^7$$
$$x^{11} + y^{11} = z^{11}$$
$$x^{13} + y^{13} = z^{13}$$
$$x^{17} + y^{17} = z^{17}$$
$$x^{19} + y^{19} = z^{19}.$$

Se for possível demonstrar o Último Teorema de Fermat somente para os valores primos de *n*, então o teorema está demonstrado para todos os valores de *n*. Se pensarmos em todos os números inteiros, é óbvio que existe uma infinidade deles. Mas se considerarmos apenas os números primos, que representam apenas uma pequena fração de todos os números inteiros, certamente o problema deveria se tornar mais simples.

A intuição sugere que, se você começa com uma quantidade infinita e então retira a maior parte dela, o que sobra é alguma coisa finita. Infelizmente a intuição não é o árbitro da verdade na matemática e sim a lógica. De fato, é possível provar que a lista de números primos não termina nunca. Por isso, embora possamos ignorar a vasta maioria das equações relacionadas com valores não primos de *n*, as equações restantes, relativas aos valores primos de *n*, ainda aparecem em quantidade infinita.

A demonstração de que existe uma infinidade de números primos vem da época de Euclides, e constitui uma das argumentações clássicas da matemática. Inicialmente, Euclides presumiu que existisse uma lista finita de números primos conhecidos e então mostrou que deve existir um número infinito de acréscimos a esta lista. Existem *N* números primos na lista finita de Euclides, que são chamados de $P_1, P_2, P_3, \ldots P_N$. Euclides então pôde gerar um novo número Q_A de modo que:

$$Q_A = (P_1 \times P_2 \times P_3 \times \ldots \times P_N) + 1.$$

Este novo número Q_A pode ser primo ou não primo. Se for primo, então teremos tido sucesso em gerar um número primo novo e maior, e portanto nossa lista original de números primos não estava completa. Por outro lado, se Q_A não for primo, então ele deve ser perfeitamente divisível por um número primo. Este primo não pode ser um dos números primos conhecidos, porque a divisão de Q_A por qualquer um dos primos conhecidos vai deixar, inevitavelmente, um resto de 1. Portanto, deve existir algum novo número primo que chamaremos de P_{N+1}.

Agora chegamos ao estágio onde ou Q_A é um novo número primo ou temos outro número primo novo P_{N+1}. De qualquer forma teremos feito um acréscimo à nossa lista original. Agora podemos repetir o processo incluindo nossos novos números primos (P_{N+1} ou Q_A) em nossa lista para gerar um novo número primo Q_B. Ou este número será um novo número primo ou terá que existir um outro número primo P_{N+2} que não estava em nossa lista original. A conclusão é que não importa o quão longa seja a nossa lista de números primos, vai ser sempre possível encontrar um novo. Portanto, a lista de primos não tem fim, ela é infinita.

Mas como pode alguma coisa que é inegavelmente menor do que uma quantidade infinita ser infinita? No começo do século XX o matemático alemão David Hilbert disse: "O infinito! Nenhum outro conceito estimulou tão profundamente o espírito humano; nenhuma outra ideia estimulou o intelecto de modo tão frutífero, e no entanto nenhum outro conceito precisa ser mais esclarecido do que a ideia do infinito."

Para ajudar a explicar o mistério do infinito, Hilbert criou um exemplo de infinito conhecido como o *Hotel de Hilbert*. Este hotel hipotético tem o desejável atributo de possuir um número infinito de quartos. Um dia um novo hóspede chega e fica desapontado ao ser informado de que, apesar do tamanho infinito do hotel, todos os quartos estão ocupados. Hilbert, o gerente, pensa um pouco e então garante ao recém-chegado de que vai encontrar um novo quarto para ele. Ele pede a todos os hóspedes que se mudem para o quarto adjacente, de modo que o hóspede do quarto 1 se muda para o quarto 2, o hóspede do 2 se muda para o 3 e assim por diante. Todos que estavam no hotel continuam tendo um quarto, enquanto o recém-chegado pode agora ocupar o quarto número 1, que ficou vago. Isso mostra que o infinito mais um é igual a infinito. Do mesmo modo, infinito menos um ainda continua sendo infinito, e, de fato, infinito menos um milhão ainda é infinito.

Na noite seguinte Hilbert precisa lidar com um problema ainda maior. O hotel continua cheio quando um veículo infinitamente grande chega com um número infinito de novos hóspedes. Hilbert não se deixa abalar e esfrega as mãos de contentamento pensando na quantidade infinita de diárias. Ele pede a todos os seus hóspedes anteriores que se mudem para os quartos cujos números sejam o dobro do número do quarto anterior. Assim o hóspede do quarto 1 se muda para o quarto 2, o hóspede do quarto 2 se muda para o quarto 4 e assim por diante. Todos aqueles que se encontravam no hotel continuam alojados e no entanto um número infinito de quartos, os de números ímpares, ficaram vagos para receber os recém-chegados. Isso mostra que o dobro do infinito ainda é infinito. E a metade do infinito continua sendo infinito.

O Hotel de Hilbert sugere que todos os infinitos são igualmente grandes, porque vários infinitos podem ser espremidos no mesmo hotel infinito. O infinito de números pares pode ser igualado pelo infinito de números inteiros. Contudo, alguns infinitos são de fato maiores do que outros. Por exemplo, qualquer tentativa de fazer corresponder, a cada número racional, um número irracional, termina em fracasso, e pode-se realmente provar que o conjunto infinito de números irracionais é maior do que o conjunto infinito de números racionais. Os matemáticos tiveram que desenvolver todo um sistema de nomenclatura para lidar com as escalas variáveis do infinito, e lidar com esse conceito é um dos assuntos mais quentes hoje em dia.

Embora a infinidade de números primos tenha acabado com as esperanças de se encontrar uma prova precoce para o Último Teorema de Fermat, este mesmo suprimento incontável de números primos teve implicações bem mais positivas em outras áreas, como por exemplo a espionagem e a evolução dos insetos. Antes de voltarmos à busca pela demonstração do Último Teorema de Fermat, vale a pena dar uma olhada rápida nos usos e abusos dos números primos.

A teoria dos números primos é uma das poucas áreas da matemática pura que encontra aplicações diretas no mundo real, mais precisamente na criptografia. A criptografia envolve a codificação de mensagens secretas de modo que elas só possam ser decodificadas pelo receptor e não por outra pessoa que possa interceptá-las. O processo de codificação envolve o uso de uma chave secreta, e tradicionalmente a decodificação da mensagem simplesmente exige que o receptor aplique a chave ao contrário. Com este procedimento a chave é o elo mais fraco na corrente da segurança. Em primeiro lugar, aquele que envia a mensagem e aquele que a recebe devem estar de acordo quanto aos detalhes da chave, e a troca desta informação é um processo arriscado. Se o inimigo interceptar a troca de chaves, então ele poderá decodificar todas as mensagens subsequentes. Em segundo lugar, as chaves devem ser trocadas regularmente de modo a manter a segurança da operação, e cada vez que isso acontece há o risco de a nova chave ser interceptada.

O problema da chave gira em torno do fato de que sua aplicação de um modo codifica a mensagem, enquanto aplicando-a em reverso decodifica. Ou seja, decodificar a mensagem deve ser tão fácil quanto codificá-la. Contudo, a experiência nos mostra que existem muitas situações diárias em que a decodificação é muito mais difícil do que a codificação. É fácil mexer um ovo, mas fazê-lo voltar ao estado original é muito mais difícil.

Na década de 1970, Whitfield Diffie e Martin Hellman tiveram a ideia de procurar por um processo matemático que fosse fácil de realizar em um sentido, mas incrivelmente difícil de realizar na direção oposta. Tal processo seria a chave perfeita. Por exemplo, eu poderia ter uma chave em duas etapas. A metade codificadora eu colocaria num diretório público. Assim, qualquer um poderia me enviar mensagens codificadas, mas só eu teria a parte decodificadora da chave. Embora todo mundo soubesse da parte codificadora, ela não teria relação com a parte decodificadora.

Em 1977 Ronald Rivest, Adi Shamir e Leonard Adleman, uma equipe de matemáticos e cientistas de computadores do Instituto de Tecnologia de Massachusetts, perceberam que os números primos eram a base ideal para um processo fácil de codificar/difícil de decodificar. De modo a fazer a minha própria chave pessoal eu usaria dois enormes números primos, cada um contendo cerca de 80 dígitos, e então multiplicaria um pelo outro de modo a obter um número não primo ainda maior. Para codificar as mensagens tudo o que é necessário é o conhecimento do número não primo, enquanto para decodificar a mensagem é preciso conhecer os dois números primos originais que foram multiplicados, conhecidos como fatores primos. Eu posso agora publicar meu número não primo enorme, a parte codificadora da chave, enquanto mantenho os dois fatores primos, ou seja, a parte decodificadora da mensagem para mim. E o que é importante, embora todo mundo conheça o imenso número não primo, uma dificuldade imensa aguarda quem tentar descobrir os fatores primos.

Usando um exemplo simples, eu poderia apresentar o número 589, que não é primo, para que todos o usassem na codificação de mensagens para mim. Eu manteria em segredo os dois fatores primos de 589, de modo que só eu pudesse decodificar as mensagens. Se outras pessoas pudessem descobrir os dois fatores primos, então elas também poderiam ler minhas mensagens, mas mesmo para este número pequeno não fica evidente quais são seus fatores primos. Neste caso seriam necessários apenas alguns minutos num computador doméstico para calcular os fatores primos como sendo 31 e 19 (31 × 19 = 589) e assim minha chave não ficaria segura por muito tempo.

Contudo, na realidade, o número não primo que eu publicaria teria mais de cem dígitos, o que torna a tarefa de encontrar os fatores primos realmente impossível. Mesmo que os computadores mais poderosos do mundo fossem usados para decompor este imenso número não primo (a chave codificadora) em seus dois fatores primos (a chave decodificadora), seriam necessários vários anos para se obter uma resposta. Portanto, para lograr os espiões estrangeiros, eu só tenho que mudar a chave numa base anual. Uma vez por ano eu anuncio meu novo número gigante não primo e todos os que quiserem decodificar minhas mensagens terão que começar a computar os dois fatores primos do início.

Além de encontrar um papel na espionagem, os números primos também aparecem no mundo natural. As cigarras, mais notadamente a *Magicicada septendecim,* possuem o ciclo de vida mais longo entre os insetos. A vida delas começa embaixo da terra, onde as ninfas sugam pacientemente o suco da raiz das árvores. Então, depois de 17 anos de espera, as cigarras adultas emergem do solo e voam em grande número espalhando-se pelo campo. Depois de algumas semanas elas acasalam, põem seus ovos e morrem.

A pergunta que intrigava os biólogos era: *Por que o ciclo de vida da cigarra é tão longo?* E será que existe algum significado no fato de o ciclo ser um número primo de anos? Outra espécie, a *Magicicada tredecim,* forma seus enxames a cada 13 anos, sugerindo que um ciclo vital que dura um número primo de anos oferece alguma vantagem evolutiva.

Uma teoria sugere que a cigarra tem um parasita com um ciclo de vida igualmente longo, que ela tenta evitar. Se o ciclo de vida do parasita for de, digamos, 2 anos, então a cigarra procura evitar um ciclo vital que seja divisível por 2, de outro modo os ciclos da cigarra e do parasita vão coincidir regularmente. De modo semelhante, se o ciclo de vida do parasita for de 3 anos, então a cigarra procura evitar um ciclo que seja divisível por 3, para que seu aparecimento, e o do parasita, não volte a coincidir. No final, para evitar se encontrar com seu parasita, a melhor estratégia para as cigarras seria ter um ciclo de vida longo, durando um número primo de anos. Como nenhum número vai dividir 17, a *Magicicada septendecim* raramente se encontrará com seu parasita. Se o parasita tiver um ciclo de vida de 2 anos, eles só se encontrarão uma vez a cada 34 anos, e se ele tiver um ciclo mais longo, digamos, de 16 anos, então eles só vão se encontrar uma vez a cada 272 (16 × 17) anos.

De modo a contra-atacar, o parasita só pode ter dois ciclos de vida que vão aumentar a frequência de coincidências — o ciclo anual e o mesmo ciclo de 17 anos da cigarra. Contudo, é improvável que o parasita sobreviva se reaparecer durante 17 anos seguidos, porque pelos primeiros 16 anos não vai encontrar cigarras para parasitar. Por outro lado, para alcançar o ciclo de 17 anos, as gerações de parasitas terão que primeiro evoluir para o ciclo de 16 anos. Isso significa que, em algum estágio de sua evolução, a aparição do parasita e da cigarra não coincidiria durante 272 anos! Em ambos os casos o longo ciclo vital da cigarra a protege.

Isso pode explicar por que o suposto parasita nunca foi encontrado. Na corrida para alcançar as cigarras, o parasita provavelmente foi estendendo seu ciclo de vida até atingir a barreira dos 16 anos. Então o aparecimento das duas espécies deixou de coincidir por 272 anos e a ausência de cigarras levou o parasita à extinção. O resultado é uma cigarra com um ciclo de vida de 17 anos que ela não mais necessita, porque seu parasita não existe mais.

MONSIEUR LE BLANC

No começo do século XIX o Último Teorema de Fermat já se firmara como o mais famoso problema da teoria dos números. Desde o avanço realizado por Euler não houvera outros progressos, mas uma dramática revelação, feita por uma jovem francesa, iria revigorar a busca pela demonstração perdida. Sophie Germain viveu em uma era de preconceitos e chauvinismo. Para realizar suas pesquisas ela foi obrigada a assumir uma identidade falsa, estudar sob condições terríveis e trabalhar em isolamento intelectual.

Sophie Germain

Através dos séculos as mulheres foram desencorajadas a estudar matemática, mas apesar da discriminação houve algumas mulheres matemáticas que lutaram contra os preconceitos gravando seus nomes na história da ciência. A primeira mulher a produzir um impacto nesta disciplina foi Teano, no século VI a.C. Ela começou sua carreira como uma das estudantes de Pitágoras e acabou se casando com ele. Pitágoras é conhecido como "o filósofo feminista" porque ativamente encorajou mulheres estudantes. Theano foi uma das vinte e oito irmãs da Irmandade Pitagórica.

Nos séculos seguintes, filósofos como Sócrates e Platão continuariam a convidar mulheres para suas escolas, mas foi somente no século IV de nossa época que uma mulher fundou sua própria escola de matemática, e se tornou muito influente. Hipácia, filha de um professor de matemática da Universidade de Alexandria, ficou famosa por fazer as dissertações mais populares do mundo conhecido e por ser uma grande solucionadora de problemas. Matemáticos que haviam passado meses sendo frustrados por algum problema em especial escreviam para ela pedindo uma solução. E Hipácia raramente desapontava seus admiradores. Ela era obcecada pela matemática e pelo processo de demonstração lógica. Quando lhe perguntavam por que nunca se casara ela respondia que já era casada com a verdade. E, finalmente, sua devoção à causa da racionalidade causou sua ruína, quando Cirilo, o patriarca de Alexandria, começou a oprimir os filósofos, os cientistas e os matemáticos, a quem chamava de hereges. O historiador Edward Gibbon faz um relato vívido do que aconteceu depois que Cirilo tramou contra Hipácia e instigou as massas contra ela:

> Num dia fatal, na estação sagrada de Lent, Hipácia foi arrancada de sua carruagem, teve suas roupas rasgadas e foi arrastada nua para a igreja. Lá foi desumanamente massacrada pelas mãos de Pedro, o Leitor, e sua horda de fanáticos selvagens. A carne foi esfolada de seus ossos com ostras afiadas e seus membros, ainda palpitantes, foram atirados às chamas.

Logo depois da morte de Hipácia a matemática entrou num período de estagnação e somente depois da Renascença foi que outra mulher escreveu seu nome nos anais da matemática. Maria Agnesi nasceu em Milão em 1718 e, como Hipácia, era filha de um matemático. Ela foi reconhecida como um dos melhores matemáticos da Europa e ficou particularmente famosa por seus tratados sobre as tangentes às curvas. Em italiano as curvas são chamadas *versiera*, palavra derivada do latim *vertere*, "virar", mas esta palavra também é uma abreviação de *avversiera*, ou "esposa do Diabo". Uma curva estudada por Agnesi (*versiera Agnesi*) foi traduzida erradamente para o inglês como "a bruxa Agnesi" e em pouco tempo a própria matemática era chamada pelo mesmo título.

Embora os matemáticos de toda a Europa reconhecessem as habilidades de Agnesi, muitas instituições acadêmicas, em especial a Academia Francesa, continuaram a lhe recusar uma vaga como pesquisadora. A discriminação institucionalizada contra as mulheres continuou até o século XX, quando Emmy Noether, descrita por Einstein como "o mais significante gênio matemático criativo já produzido desde que as mulheres começaram a cursar os estudos superiores", teve negado seu pedido para dar aulas na Universidade de Göttingen. A maioria do corpo docente argumentou: "Como podemos permitir que uma mulher se torne *Privatdozent*? Tendo se tornado *Privatdozent* ela pode se tornar professora e membro do Conselho Universitário... O que os nossos soldados vão pensar quando voltarem para a Universidade e descobrirem que devem aprender aos pés de uma mulher?" Seu amigo e mentor David Hilbert respondeu: "*Meine Herren*, eu não vejo como o sexo de um candidato possa ser um argumento contra sua admissão como *Privatdozent*. Afinal, o Conselho não é uma casa de banhos."

Depois perguntaram a seu colega Edmund Landau se Noether era de fato uma grande matemática, ao que ele respondeu: "Eu posso testemunhar que ela é um grande matemático, mas se ela é uma mulher eu não posso garantir."

Além de sofrer discriminação, Noether teve muitas outras coisas em comum com outras mulheres matemáticas através dos séculos, como o fato de que ela também era filha de um professor de matemática. Muitos matemáticos, de ambos os sexos, são de famílias de matemáticos, dando origem a brincadeiras sobre a existência de um gene matemático, mas no caso das mulheres a porcentagem é particularmente alta. A explicação mais provável é que a maioria das mulheres com potencial nunca teve contato com a disciplina ou foi encorajada a estudá-la, enquanto as filhas de professores não podem evitar viverem rodeadas de números. Além disso, Noether, como Hipácia, Agnesi e a maioria das outras matemáticas nunca se casaram, principalmente porque não era socialmente aceitável que as mulheres se dedicassem a estas carreiras, e poucos homens estavam preparados a esposar mulheres com um passado tão polêmico. A grande matemática russa Sonya Kovalevsky é uma exceção à regra, já que ela arranjou um casamento de conveniência com Vladimir Kovalevsky, um homem que concordou com um relacionamento platônico. Para ambas as partes o casamento permitiu que escapassem de suas famílias e se concentrassem em suas pesquisas. E no caso de Sonya, tornou mais fácil para ela viajar sozinha pela Europa depois que se tornara uma respeitável mulher casada.

De todos os países europeus, a França era o mais preconceituoso quanto a mulheres instruídas, declarando que a matemática era inadequada para as mulheres e além de sua capacidade mental. E embora os salões de Paris tenham dominado o mundo da matemática durante a maior parte dos séculos XVIII e XIX, somente uma mulher conseguiu escapar da prisão imposta pela sociedade francesa firmando-se como uma grande teórica dos números. Sophie Germain revolucionou o estudo do Último Teorema de Fermat e fez uma contribuição ainda maior do que todos os homens que a antecederam.

Sophie Germain nasceu no dia 1º de abril de 1776, filha do negociante Ambroise-François Germain. Fora de seu trabalho, sua vida foi dominada pelas agitações da Revolução Francesa — o ano em que ela descobriu seu amor pelos números foi o mesmo ano da Queda da Bastilha, e seu estudo do cálculo foi obscurecido pelo Reinado do Terror. Seus pais eram financeiramente bem-sucedidos, mas a família de Sophie não pertencia à aristocracia.

Embora as mulheres da classe social de Germain não fossem estimuladas a estudar matemática, elas deveriam ter conhecimento suficiente do assunto para poder debatê-lo, caso o tema aparecesse em uma conversa educada. Para isso havia uma série de livros escritos para ajudarem as mulheres a se inteirarem dos últimos avanços na matemática e na ciência. Francesco Algarotti foi o autor de *A filosofia de Sir Isaac Newton explicada para as senhoras*. Como Algarotti achava que as mulheres estavam interessadas apenas em romance, ele tentou explicar as descobertas de Newton através de um diálogo entre uma marquesa e seu namorado. Por exemplo, o homem delineia a lei do inverso do quadrado da distância na atração gravitacional e a marquesa apresenta sua própria interpretação desta lei fundamental da física. "Eu não posso deixar de pensar [...] que esta proporção dos quadrados das distâncias dos lugares [...] seja verdadeira mesmo no amor. Assim, depois de oito dias de ausência, o amor se torna sessenta e quatro vezes menor do que era no primeiro dia."

Não é de surpreender que este gênero de livro não tenha inspirado o interesse de Sophie Germain pela matemática. O acontecimento que mudou sua vida ocorreu um dia, quando ela estava na biblioteca de seu pai e encontrou *A história da matemática* de Jean-Étienne Montucla. O capítulo que dominou sua imaginação foi o ensaio de Montucla sobre a vida de Arquimedes. O relato das descobertas de Arquimedes era sem dúvida algo interessante, mas o que a deixou fascinada foi a história de sua morte. Arquimedes passara a vida em Siracusa, estudando matemática em relativa tranquilidade, mas quando se encontrava no fim dos setenta anos a paz foi quebrada pela invasão do Exército romano. Diz a lenda que, durante a invasão, Arquimedes estava tão entretido, estudando uma figura geométrica desenhada na areia da praia, que deixou de responder a uma pergunta de um soldado romano. E o soldado o matou com uma lança.

Germain concluiu que, se alguém poderia ser tão envolvido por um problema de geometria a ponto de ser morto, então a matemática devia ser o assunto mais interessante do mundo. Ela imediatamente começou a aprender o básico da teoria dos números e do cálculo e logo estava dormindo tarde para estudar os trabalhos de Euler e Newton. Este súbito interesse em um assunto tão pouco feminino deixou seus pais preocupados. Um amigo da família, o conde Guglielmo Libri-Carrucci dalla Sommaja, relata como o pai de Sophie tomou suas velas e agasalhos e removeu todo o aquecimento de modo a impedi-la de estudar. Alguns anos antes, na Inglaterra, a jovem matemática Mary Somerville também teve suas velas confiscadas pelo pai, que afirmou: "Devemos colocar um fim nisto ou vamos ter que colocar Mary numa camisa de força um dia desses."

No caso de Germain ela reagiu mantendo um estoque secreto de velas e se enrolando nas roupas de cama. Libri-Carrucci escreveu que as noites de inverno eram tão frias que a tinta congelava dentro do tinteiro, mas Sophie continuava a estudar, apesar de tudo. Ela foi descrita por algumas pessoas como sendo tímida e desajeitada, mas tinha também uma determinação imensa e finalmente seus pais foram vencidos e deram a Sophie o seu apoio. Germain nunca se casou e por toda sua carreira seu pai financiou suas pesquisas. Durante muitos anos Germain continuou a estudar sozinha, já que não havia matemáticos na família que pudessem trazer para ela as últimas ideias e seus professores se recusavam a levá-la a sério.

Então, em 1794, a École Polytechnique foi inaugurada em Paris. Ela foi fundada para ser uma academia de elite treinando cientistas e matemáticos para o país. Seria um lugar ideal para Germain desenvolver seu talento matemático a não ser pelo fato de que se tratava de uma instituição reservada apenas para os homens. Sua timidez natural a impedia de enfrentar o corpo de diretores da academia, e, assim, Sophie passou a estudar secretamente na École. Ela assumiu a identidade de um ex-aluno, Monsieur Antoine-August Le Blanc. A administração da academia não sabia que o verdadeiro Monsieur Le Blanc tinha deixado Paris e continuava a imprimir resumos de aulas e problemas para ele. Germain conseguia obter tudo o que era destinado a Le Blanc e a cada semana entregava as respostas dos problemas sob este pseudônimo.

Tudo correu bem até que dois meses depois Joseph-Louis Lagrange, o supervisor do curso, não pôde mais ficar indiferente ao talento demonstrado nas respostas de Monsieur Le Blanc. Não só suas soluções eram maravilhosamente engenhosas como mostravam uma transformação extraordinária em um estudante que anteriormente fora notório por seus péssimos cálculos. Lagrange, que era um dos melhores matemáticos do século XIX, solicitou um encontro com o estudante recuperado e Germain foi forçada a revelar sua verdadeira identidade. Lagrange ficou atônito mas contente ao conhecer a jovem e tornou-se imediatamente seu amigo e mentor. Afinal Sophie Germain encontrara um professor que poderia inspirá-la e com o qual ela poderia se abrir a respeito de seus talentos e ambições.

Adquirindo confiança, Germain foi além da solução de problemas para o curso e passou a estudar áreas inexploradas da matemática. E o que é mais importante, ela se tornou interessada na teoria dos números e acabou tomando conhecimento do Último Teorema de Fermat. Sophie trabalhou no problema durante vários anos e afinal chegou ao ponto em que acreditava ter feito uma descoberta importante. Ela precisava agora debater suas ideias com outro teórico dos números e resolveu ir direto ao topo, consultando o maior teórico dos números de todo o mundo, o matemático alemão Carl Friedrich Gauss.

Gauss é reconhecido como o mais brilhante matemático que já viveu. (Enquanto E. T. Bell se refere a Fermat como "O Príncipe dos Amadores", ele chama Gauss de "Príncipe dos Matemáticos".) Germain tinha tomado contato com o trabalho de Gauss ao estudar sua obra-prima *Disquisitiones arithmeticae*, o tratado mais amplo e importante desde os *Elementos* de Euclides. O trabalho de Gauss influenciou todas as áreas da matemática, mas estranhamente ele nunca publicou nada sobre o Último Teorema de Fermat. Em uma carta Gauss chega a manifestar seu desprezo pelo problema. Seu amigo, o astrônomo alemão Heinrich Olbers, escrevera para Gauss encorajando-o a disputar o prêmio oferecido pela Academia de Paris pela solução do desafio de Fermat. "Parece-me, caro Gauss, que você devia começar a se ocupar disso." Duas semanas depois Gauss respondeu: "Fico-lhe muito grato pela notícia referente ao prêmio de Paris. Mas confesso que o Último Teorema de Fermat, como uma proposição isolada, tem muito pouco interesse para mim. Eu poderia facilmente apresentar uma série de proposições semelhantes que ninguém poderia provar ou desmentir."

Alguns historiadores suspeitam de que Gauss tivesse tentado secretamente e fracassado em conseguir algum progresso na solução do problema. Assim, sua resposta para Olbers seria meramente um caso de despeito intelectual. Não obstante, quando recebeu as cartas de Germain, ele ficou suficientemente impressionado para esquecer sua opinião em relação ao Último Teorema.

Euler publicara 75 anos antes sua demonstração para o caso de $n = 3$, e desde então os matemáticos vinham tentando demonstrar, sem sucesso, os casos individuais. Germain, contudo, adotara uma nova estratégia, e descreveu para Gauss a chamada abordagem geral para o problema. Em outras palavras, seu objetivo imediato não era provar um caso particular e sim dizer algo sobre muitos casos de uma só vez. Em sua carta para Gauss, ela delineou um cálculo tomando como base um tipo especial de número primo p de modo que $(2p + 1)$ também fosse primo. A relação de números primos de Germain incluía 5 porque 11 $(2 \times 5 + 1)$ também é primo, mas não incluía 13, porque 27 $(2 \times 13 + 1)$ não é primo.

Germain desenvolveu um argumento elegante para demonstrar que provavelmente não existem soluções para $x^n + y^n = z^n$ para valores de n iguais a esses primos de Germain. Com o "provavelmente" ela queria dizer que era improvável existirem soluções porque se existisse uma solução então x, y e z seriam múltiplos de n e isso colocaria uma séria restrição em qualquer solução. Seus colegas examinaram sua lista de primos um por um, tentando provar que x, y ou z poderiam não ser múltiplos de n e acabaram demonstrando que para aqueles valores particulares de n não havia soluções.

Em 1825 o método teve seu primeiro sucesso completo graças a Gustav Lejeune-Dirichlet e Adrien-Marie Legendre, dois matemáticos separados por uma geração. Legendre era um homem na casa dos setenta anos que atravessou todo o período turbulento da Revolução Francesa. Quando ele deixou de apoiar o candidato do governo para o Institut National sua pensão foi cortada, e ao fazer sua contribuição para o Último Teorema de Fermat Legendre estava desamparado e na pobreza. Por outro lado, Dirichlet era um jovem e ambicioso teórico dos números que acabara de completar vinte anos. Independentemente os dois foram capazes de provar que o caso $n = 5$ não tinha solução, mas ambos basearam sua prova e seu sucesso no trabalho de Sophie Germain.

Catorze anos depois a França produziu outro avanço. Gabriel Lamé fez alguns acréscimos engenhosos ao método de Germain e conseguiu a demonstração para o número primo $n = 7$. Germain tinha mostrado aos teóricos dos números como eliminar todo um conjunto de números primos e agora cabia aos esforços combinados de seus colegas a demonstração do Último Teorema, um caso de cada vez.

O trabalho de Germain no teorema foi sua maior contribuição à matemática, mas inicialmente ela não recebeu nenhum crédito. Quando escreveu para Gauss, Germain ainda estava na faixa dos vinte anos e, embora tivesse conquistado uma reputação em Paris, ela temia que o grande Gauss não a levasse a sério por ser uma mulher. De modo a se proteger, Germain recorreu novamente ao seu pseudônimo assinando as cartas como Monsieur Le Blanc.

Seu temor e admiração por Gauss é demonstrado em uma das cartas: "Infelizmente a profundidade de meu intelecto não se iguala à voracidade de meu apetite e sinto um certo receio por incomodar um homem de tamanha genialidade quando não tenho nada para merecer sua atenção exceto uma admiração necessariamente compartilhada por todos os seus leitores." Gauss, sem conhecer a verdadeira identidade de seu correspondente, tentou deixar Germain à vontade dizendo: "Eu fico encantado que a aritmética tenha encontrado em você um amigo tão hábil."

As contribuições de Germain poderiam ter sido eternamente atribuídas ao misterioso Monsieur Le Blanc, se não fosse pelo imperador Napoleão. Em 1806, Napoleão invadia a Prússia e o Exército francês conquistava uma cidade depois da outra. Germain ficou com medo de que o destino de Arquimedes levasse o outro grande herói de sua vida, Gauss. Assim ela enviou uma mensagem ao seu amigo, general Joseph-Marie Pernety, que estava no comando das forças invasoras. Ela pediu-lhe que garantisse a segurança de Gauss, e como resultado o general teve um cuidado especial com o matemático alemão, explicando-lhe que ele devia sua vida à Mademoiselle Sophie Germain. Gauss ficou grato mas surpreso, pois nunca tinha ouvido falar nesta misteriosa mulher.

O jogo terminara. Em sua próxima carta a Gauss, Sophie relutantemente revelou sua identidade. Longe de ficar zangado com o engano, Gauss escreveu para ela encantado:

> Como descrever minha admiração e espanto ao ver meu estimado correspondente, Monsieur Le Blanc, se transformar na ilustre personagem que dá um exemplo tão brilhante de algo que eu teria achado difícil de acreditar. O gosto pelas ciências abstratas em geral, e acima de tudo pelos mistérios dos números, é tão raro que a admiração nunca é imediata. O charme desta ciência sublime se revela apenas para aqueles que possuem a coragem para nela mergulhar profundamente. Mas quando uma pessoa de seu sexo, que de acordo com nossos costumes e preconceitos, deveria encontrar dificuldades infinitamente maiores para se familiarizar com estas pesquisas espinhosas, consegue superar os obstáculos e penetrar nas partes mais obscuras, então ela deve, sem dúvida, possuir uma nobre coragem, talentos extraordinários e gênio superior. De fato, nada seria para mim tão lisonjeiro e menos equivocado do que saber que as atrações desta ciência, que enriqueceu minha vida com tantas alegrias, não são quimeras, e se igualam na predileção com que a tem honrado.

A correspondência de Sophie Germain com Carl Gauss inspirou muito de seu trabalho, mas em 1808 o relacionamento terminou bruscamente. Gauss foi nomeado professor de astronomia na Universidade de Göttingen e seus interesses se transferiram da teoria dos números para a matemática aplicada. Ele não mais se deu o trabalho de responder as cartas de Germain. Sem seu mentor, a confiança dela começou a diminuir e um ano depois Sophie abandonou a matemática pura.

Ela iniciou uma carreira frutífera na física, uma disciplina em que novamente se destacaria apenas para enfrentar os preconceitos da sociedade. Sua contribuição mais importante foi a "Memória sobre as vibrações de placas elásticas", um trabalho brilhante que estabeleceu as fundações para a moderna teoria da elasticidade. Como resultado de sua pesquisa e de seu trabalho no Último Teorema de Fermat, ela recebeu uma medalha do Institut de France e se tornou a primeira mulher, que não fosse esposa de um membro, a assistir às palestras da Academia de Ciências. No fim de sua vida, Sophie retomou

Gabriel Lamé

sua amizade com Carl Gauss. Ele convenceu a Universidade de Göttingen a conceder a ela um grau honorário. Tragicamente, antes que a universidade pudesse lhe dar esta honra, Sophie Germain morreu de câncer no seio.

Considerando-se tudo, provavelmente ela foi a maior intelectual que a França já produziu. E no entanto, estranho como pareça, quando o funcionário do governo redigiu o atestado de óbito desta eminente associada e colega de trabalho dos mais ilustres membros da Academia Francesa de Ciências, ele a classificou como *rentière-annuitant* (mulher solteira sem profissão) — não como *mathématicienne*. E isso não é tudo. Quando a Torre Eiffel foi erguida, uma obra onde os engenheiros precisaram dar uma atenção especial à elasticidade dos materiais usados, os nomes de 72 sábios foram gravados na estrutura. Mas ninguém encontrará nesta lista o nome desta mulher genial, cujas pesquisas contribuíram tanto para a teoria da elasticidade dos metais: Sophie Germain. Teria ela sido excluída da lista pelo mesmo motivo que tornou Agnesi inelegível para a Academia Francesa — porque era mulher? Parece que sim. Se foi este o caso maior é a vergonha sobre aqueles responsáveis por tamanha ingratidão para com alguém que serviu tão bem a causa da ciência. Alguém cujas realizações lhe garantem um lugar invejável na galeria da fama.

OS ENVELOPES LACRADOS

Depois da descoberta de Sophie Germain, a Academia Francesa de Ciências ofereceu uma série de prêmios, incluindo uma medalha de ouro e três mil francos, ao matemático que pudesse finalmente terminar com o mistério do Último Teorema de Fermat. Além do prestígio de demonstrar o Último Teorema, havia agora uma recompensa valiosa ligada ao desafio. Os salões de Paris ficaram cheios de boatos sobre quem estava adotando qual estratégia e o quão perto estariam de anunciar um resultado. Então, no dia 1º de março de 1847, a Academia teve a reunião mais dramática de sua história.

A ata descreve como Gabriel Lamé, que tinha demonstrado o caso de $n = 7$ alguns anos antes, subiu ao pódio diante dos mais importantes matemáticos de sua época e anunciou que estava muito perto de demonstrar

Augustin-Louis Cauchy

o Último Teorema de Fermat. Ele admitiu que sua prova ainda estava incompleta, mas delineou o método e previu que dentro das próximas semanas publicaria a demonstração completa no jornal da Academia.

Toda a audiência ficou perplexa, mas assim que Lamé desceu do pódio Augustin-Louis Cauchy, outro dos melhores matemáticos de Paris, pediu a palavra. Cauchy anunciou para a Academia que estivera trabalhando numa abordagem semelhante à de Lamé, e que também estava a ponto de publicar uma demonstração completa.

Ambos, Cauchy e Lamé, percebiam que a questão do tempo se tornara crucial. Aquele que publicasse a demonstração completa primeiro receberia o prêmio mais valioso e de maior prestígio na matemática. Embora nenhum dos dois tivesse a prova completa, os dois rivais estavam ansiosos por reivindicar o direito da descoberta. Assim, apenas três semanas depois do anúncio, eles depositaram envelopes lacrados no cofre da Academia. Esta era uma prática comum naquela época, que permitia aos matemáticos fazerem um registro sem revelar os detalhes exatos de seu trabalho. Se mais tarde surgisse uma disputa quanto à originalidade das ideias, os envelopes lacrados forneceriam a evidência necessária para estabelecer a prioridade.

A expectativa aumentou em abril, quando Cauchy e Lamé publicaram detalhes vagos mas fascinantes de suas demonstrações no jornal da Academia. Embora toda a comunidade matemática estivesse desesperada para ver a demonstração completa, muitos torciam para que fosse Lamé e não Cauchy o vencedor da corrida. Todos conheciam Cauchy como um hipócrita, fanático religioso e pessoa extremamente impopular com seus colegas. Ele só era tolerado na Academia por seu talento.

Então, no dia 24 de maio, foi feito um anúncio que acabou com todas as especulações. Mas não foi nem Cauchy nem Lamé quem se dirigiu à Academia e sim Joseph Liouville. Liouville chocou sua audiência ao ler o conteúdo de uma carta do matemático alemão Ernst Kummer.

Kummer era um dos melhores teóricos dos números de todo o mundo, todavia, durante boa parte de sua carreira, seu talento foi prejudicado por um patriotismo exacerbado e um ódio contra Napoleão. Quando Kummer era criança o Exército francês invadiu sua cidade natal, Sorau. Os franceses trouxeram com eles uma epidemia de tifo. O pai de Kummer era o médico da cidade e em poucas semanas foi morto pela doença. Traumatizado pela experiência, Kummer jurou que faria tudo ao seu alcance para defender seu país de novos ataques. Assim que completou a universidade, ele aplicou todo o seu intelecto ao problema da determinação da trajetória das balas de canhão. Acabou lecionando as leis da balística no colégio militar de Berlim.

Junto com sua carreira militar, Kummer se dedicou ativamente à pesquisa da matemática pura e estava ciente da disputa que ocorria na Academia Francesa. Ele tinha lido os anais e analisado os poucos detalhes que Cauchy e Lamé tinham se atrevido a revelar. Para Kummer ficou óbvio que os dois franceses estavam se encaminhando para o mesmo beco sem saída da lógica. Ele delineou seu ponto de vista na carta que enviara a Liouville.

De acordo com Kummer, o problema fundamental era que as demonstrações de Cauchy e Lamé dependiam do uso de uma propriedade dos números conhecida como fatoração única. A fatoração única diz que só existe uma combinação de números primos que, ao serem multiplicados, produzirão determinado número. Por exemplo, a única combinação de primos que produz o número 18 é a seguinte:

$$18 = 2 \times 3 \times 3.$$

Do mesmo modo, os números seguintes são unicamente fatorados dos seguintes modos:

$$\begin{aligned} 35 &= 5 \times 7 \\ 180 &= 2 \times 2 \times 3 \times 3 \times 5 \\ 106.260 &= 2 \times 2 \times 3 \times 5 \times 7 \times 11 \times 23. \end{aligned}$$

A fatoração única foi descoberta no século IV a.C. por Euclides. Ele provou que ela era verdade para todos os números naturais e descreveu a demonstração no Livro IX dos seus *Elementos*. O fato de que a fatoração única é verdadeira para todos os números naturais é um elemento vital de

Ernst Kummer

muitas outras demonstrações e hoje é chamada de *teorema fundamental da aritmética*.

À primeira vista pode parecer não existir motivo para Cauchy e Lamé não usarem a fatoração única, como centenas de matemáticos já tinham feito antes deles. Infelizmente, ambas as demonstrações envolviam números imaginários. E embora a fatoração única seja verdadeira para os números reais, ela pode se tornar falsa quando introduzimos os números imaginários, lembrava Kummer. E em sua opinião esta era uma falha fatal.

Por exemplo, se nos restringirmos aos números reais, então o número 12 pode ser fatorado apenas como $2 \times 2 \times 3$. Contudo, se permitirmos a entrada de números imaginários nesta demonstração, então 12 também pode ser fatorizado do seguinte modo:

$$12 = (1 + \sqrt{-11}) \times (1 - \sqrt{-11})$$

Aqui $(1 + \sqrt{-11})$ é um número complexo, uma combinação de um número real com um número imaginário. E embora o processo de multiplicação seja mais complicado do que para os números comuns, a existência dos números complexos leva a modos adicionais de se fatorar 12. Outro modo é $(2 + \sqrt{-8}) \times (2 - \sqrt{-8})$. Não existe mais fatoração única e sim uma escolha de fatorações.

Esta perda da fatoração única colocou as provas de Cauchy e Lamé em perigo grave, mas não as destruiu completamente. As demonstrações deveriam mostrar que não existem soluções para a equação $x^n + y^n = z^n$, onde n representa um número maior do que 2. Como foi mostrado no início deste capítulo, a demonstração só precisava funcionar para valores primos de n. Por exemplo, o problema da fatoração única poderia ser evitado para todos os números primos até, e inclusive, $n = 31$. Contudo, o número primo $n = 37$ não pode ser vencido de modo tão fácil. E entre os números primos menores do que 100, dois outros, $n = 59$ e 67, são também casos problemáticos. Estes, assim chamados primos irregulares, estão espalhados entre os restantes números primos e eram agora os obstáculos contra a demonstração.

Kummer chamou a atenção para o fato de que nenhuma matemática conhecida poderia abordar todos esses primos irregulares de uma só vez. Contudo, ele acreditava que, através de técnicas cuidadosamente elaboradas para cada primo irregular, cada caso poderia ser resolvido individualmente. Mas o desenvolvimento destas técnicas seria um exercício lento e penoso. Pior ainda, o número de primos irregulares continua sendo infinito. Lidar com eles individualmente ocuparia todos os matemáticos do mundo pelo resto da eternidade.

A carta de Kummer teve um efeito arrasador sobre Lamé. Na melhor das hipóteses, a suposição da fatoração única tinha sido excesso de otimismo e, na pior das hipóteses, uma tolice. Lamé percebeu que se tivesse sido mais aberto com seu trabalho o erro teria sido detectado mais cedo. Ele escreveu para seu amigo Dirichlet em Berlim: "Se ao menos você tivesse estado em Paris, ou eu estivesse em Berlim, tudo isso não teria acontecido."

Enquanto Lamé se sentia humilhado, Cauchy se recusava a aceitar a derrota. Ele achava que, comparada com a demonstração de Lamé, a sua abordagem dependia menos de fatoração única. Até que a análise de Kummer tivesse sido completamente verificada, havia a possibilidade de que estivesse errada. Por várias semanas ele continuou a publicar artigos sobre o assunto, até que, pelo fim do verão, ele também se calou.

Kummer tinha mostrado que a demonstração completa do Último Teorema de Fermat encontrava-se além de abordagens com a matemática da época. Era uma peça brilhante de lógica matemática, mas um golpe devastador em toda uma geração de matemáticos que tivera esperanças de resolver o mais difícil dos problemas.

Esta situação foi resumida por Cauchy em 1857, quando ele escreveu o relatório final da Academia sobre o prêmio para o Último Teorema de Fermat:

> Relatório para a competição pelo Grande Prêmio em ciências matemáticas. Competição estabelecida em 1853 e prorrogada em 1856.

> Onze trabalhos foram apresentados ao secretário. Nenhum solucionou a questão proposta. Assim, depois de ser apresentado muitas vezes como objetivo do prêmio, o problema continua no ponto em que o Monsieur Kummer o deixou. Contudo, os matemáticos devem se congratular pelos trabalhos realizados pelos geômetras em seu desejo de resolver o problema. Em especial o Monsieur Kummer. Os comissários acreditam que a Academia tomaria uma decisão honrada se retirasse o problema da competição e entregasse a medalha ao Monsieur Kummer por sua bela pesquisa sobre os números complexos e integrais.

Durante dois séculos todas as tentativas para redescobrir a demonstração para o Último Teorema de Fermat tinham terminado em fracasso. Durante sua juventude Andrew Wiles estudara o trabalho de Euler, Germain, Cauchy, Lamé e finalmente Kummer. Ele esperava aprender com os erros de cada um, mas, na ocasião em que entrou para a Universidade de Oxford, enfrentou a mesma barreira que Kummer.

Alguns dos contemporâneos de Wiles começavam a suspeitar de que o problema era impossível de ser resolvido. Talvez Fermat tivesse se iludido e a razão por que ninguém redescobrira a demonstração de Fermat é que tal demonstração não existia. Mas apesar do ceticismo Wiles continuou sua busca. Ele era inspirado pelo conhecimento de vários casos onde demonstrações só tinham sido obtidas depois de séculos de esforços. E em alguns desses casos a revelação que resolvera o problema não dependera de uma nova matemática, era algo que poderia ter sido feito havia muito tempo.

Era possível que todas as técnicas necessárias para demonstrar o Último Teorema de Fermat já estivessem disponíveis e o único ingrediente ausente fosse engenhosidade. Wiles não estava preparado para desistir. A prova do Último Teorema deixara de ser uma mania de infância para se tornar uma obsessão. Tendo aprendido tudo que havia para aprender sobre a matemática do século XIX, Wiles decidiu se armar com técnicas do século XX.

Paul Wolfskehl

4. Mergulho na abstração

A prova é o ídolo diante do qual o matemático se tortura.

Sir Arthur Eddington

Depois do trabalho de Ernst Kummer, as esperanças de se descobrir uma demonstração para o Último Teorema de Fermat pareciam cada vez mais débeis. Além disso, a matemática estava começando a se voltar para outras áreas de pesquisa. Havia o risco de que a nova geração de matemáticos acabasse ignorando o que parecia um beco sem saída. No final do século XIX o problema ainda ocupava um lugar especial no coração dos teóricos dos números, mas eles tratavam o Último Teorema de Fermat do mesmo modo como os químicos encaram a alquimia: ambos eram sonhos românticos de uma época que passara.

Na virada do século, Paul Wolfskehl, um industrial alemão de Darmstadt, deu uma nova vida ao problema. A família Wolfskehl era famosa por sua riqueza e pelo modo como apoiava a arte e as ciências. Paul não era exceção. Ele estudara matemática na universidade e, embora dedicasse a maior parte de sua vida à construção do império financeiro da família, também mantinha contato com matemáticos profissionais e continuava a estudar a teoria dos números. Em particular, Wolfskehl se recusava a desistir do Último Teorema de Fermat.

Ele não era um matemático talentoso e não fez nenhuma grande contribuição para a descoberta da demonstração. Entretanto, graças a uma curiosa série de acontecimentos, Wolfskehl se tornou ligado para sempre ao Último Teorema, inspirando milhares de outros a aceitarem o desafio.

A história começa com a obsessão de Wolfskehl por uma linda mulher, cuja identidade nunca foi determinada. Para sua depressão, a mulher misteriosa o rejeitou e Paul foi deixado em tamanho estado de desespero que resolveu se suicidar. Ele era um homem apaixonado, mas não impetuoso, e planejou sua morte nos menores detalhes. Marcou um dia para o suicídio e resolveu que daria um tiro na cabeça exatamente à meia-noite. Nos dias que lhe restavam, ele resolveu todos os seus negócios pendentes e no último dia escreveu seu testamento e cartas para todos os amigos mais chegados e a família.

Mas Wolfskehl fora tão eficiente que tudo estava terminado bem antes da meia-noite. Para passar o tempo até a hora fatal ele se dirigiu para uma biblioteca onde começou a ler livros de matemática. Não demorou muito e se encontrou diante do trabalho clássico de Kummer sobre o fracasso de Cauchy e Lamé. Era um dos grandes cálculos de sua época e uma leitura adequada para os últimos momentos de um matemático suicida. Wolfskehl começou a examinar os cálculos linha por linha. Subitamente foi surpreendido pelo que parecia um erro lógico — Kummer tinha feito uma suposição e deixara de justificá-la em seu argumento. Wolfskehl se perguntou se teria descoberto um erro sério ou se a suposição de Kummer seria justificada. Se a primeira hipótese fosse verdadeira, então havia uma chance de que a prova para o Último Teorema de Fermat fosse mais fácil do que muitos tinham presumido.

Ele se sentou examinando o segmento inadequado da demonstração e logo se tornou envolvido no desenvolvimento de uma minidemonstração que ou iria consolidar o trabalho de Kummer ou provar que sua suposição estava errada. Quando o dia amanheceu, o trabalho estava terminado. A má notícia, no que concerne à matemática, é que a demonstração de Kummer tinha sido consertada e o Último Teorema permanecia no reino do inatingível. A boa notícia é que a hora marcada para o suicídio tinha passado.

Wolfskehl estava tão orgulhoso por ter descoberto e corrigido uma falha no trabalho do grande Ernst Kummer que seu desespero e mágoa tinham evaporado. A matemática lhe dera uma nova vontade de viver.

Wolfskehl rasgou suas cartas de despedida e reescreveu seu testamento em face do que acontecera naquela noite. Quando ele morreu, em 1908, o novo testamento foi divulgado e a família Wolfskehl ficou chocada ao descobrir que Paul destinara uma grande porção de sua fortuna como prêmio, a ser entregue a qualquer um que pudesse provar o Último Teorema de Fermat. O prêmio, de 100 mil marcos, equivaleria a um milhão de dólares pelos padrões atuais e era seu modo de pagar uma dívida com o enigma que salvara sua vida.

O dinheiro foi colocado sob a guarda do *Königliche Gesellschaft der Wissenschaften* de Göttingen, que anunciou oficialmente o início da competição pelo Prêmio Wolfskehl no mesmo ano:

Pelos poderes conferidos a nós pelo Dr. Paul Wolfskehl, morto em Darmstadt, nós, portanto, criamos um prêmio de cem mil marcos a ser dado à pessoa que primeiro provar o grande teorema de Fermat.

As seguintes regras serão seguidas:

(1) O *Königliche Gesellschaft der Wissenschaften*, de Göttingen, terá liberdade absoluta para decidir a quem o prêmio será entregue. Ele recusará manuscritos produzidos com o único objetivo de entrar na competição pelo Prêmio. Só serão considerados os trabalhos de matemática que tiverem aparecido sob forma de monografia nas publicações especializadas ou que estejam à venda nas livrarias. A Sociedade pede aos autores de tais trabalhos que enviem pelo menos cinco exemplares impressos.
(2) Trabalhos publicados num idioma que não seja entendido pelos especialistas escolhidos pelo júri serão excluídos da competição. Os autores de tais trabalhos poderão substituí-los por traduções de garantida fidelidade.
(3) A Sociedade se abstém de sua responsabilidade pelo exame de trabalhos que não foram trazidos à sua atenção ou por erros que possam resultar do fato de que o autor de um trabalho, ou parte de um trabalho, seja desconhecido para a Sociedade.

(4) A Sociedade reserva para si o direito de decisão no caso de várias pessoas que tenham conseguido uma solução para o problema ou para o caso em que a solução seja o resultado dos esforços combinados de vários estudiosos, em particular no que concerne ao direito ao Prêmio.
(5) A entrega do Prêmio pela Sociedade não acontecerá antes de dois anos depois da publicação do trabalho premiado. O intervalo de tempo destina-se a permitir que matemáticos da Alemanha e do exterior possam dar sua opinião sobre a validade da solução publicada.
(6) Assim que o Prêmio for conferido pela Sociedade, o laureado será informado pelo secretário em nome da Sociedade. O resultado será publicado onde quer que o Prêmio tenha sido anunciado no ano anterior. A entrega do Prêmio pela Sociedade não será sujeita a qualquer discussão posterior.
(7) O pagamento do Prêmio será feito ao laureado nos próximos três meses após o anúncio, pelo Tesoureiro Real da Universidade de Göttingen, ou, correndo o beneficiário seus próprios riscos, em qualquer outro local que ele tenha escolhido.
(8) O capital será entregue mediante recibo, ou em dinheiro ou pela transferência de valores financeiros. O pagamento do Prêmio será considerado realizado pela transmissão desses títulos financeiros, muito embora seu valor total, no final do dia, possa não chegar a 100 mil marcos.
(9) Se o Prêmio não for entregue até 13 de setembro de 2007, não serão aceitos mais trabalhos.
A competição para o Prêmio Wolfskehl está aberta, a partir de hoje, sob as condições acima.

Göttingen, 27 de junho de 1908
Die Königliche Gesellschaft der Wissenschaften

É interessante notar que, embora o Comitê estivesse disposto a dar 100 mil marcos ao primeiro matemático capaz de demonstrar que o Último Teorema de Fermat era verdadeiro, nem um centavo seria dado àquele que mostrasse que o teorema era falso.

O Prêmio Wolfskehl foi anunciado em todas as revistas e periódicos especializados em matemática e a notícia da competição se espalhou rapidamente pela Europa. Mas apesar da campanha publicitária e o incentivo do enorme prêmio, o Comitê Wolfskehl não conseguiu despertar muito interesse entre os matemáticos sérios. A maioria dos matemáticos profissionais viam o Último Teorema de Fermat como uma causa perdida e achavam que não podiam desperdiçar suas carreiras numa busca tola. Entretanto, o prêmio teve o mérito de apresentar o problema a toda uma nova audiência, uma horda de mentes ávidas prontas a se entregarem ao derradeiro enigma, abordando-o com completa inocência.

A ERA DOS ENIGMAS, CHARADAS E QUEBRA-CABEÇAS

Desde o tempo dos gregos, os matemáticos têm buscado temperar seus livros recriando demonstrações e teoremas na forma de charadas com números. Durante a última metade do século XIX esta abordagem lúdica do assunto encontrou espaço na imprensa popular. Problemas com números eram encontrados ao lado das palavras cruzadas e anagramas. No devido tempo formou-se um público ávido por enigmas matemáticos, amadores que tentavam solucionar tudo, dos mais simples enigmas até os problemas matemáticos mais profundos, incluindo o Último Teorema de Fermat.

Talvez o mais prolífico criador de enigmas tenha sido Henry Dudeney, que escreveu para dezenas de jornais e revistas, incluindo o *Strand*, *Cassell's*, o *Queen*, *Tit-Bits*, o *Weekly Dispatch* e o *Blighty*. Outro grande criador de enigmas da era vitoriana foi o reverendo Charles Dodgson, professor de matemática na Igreja Cristã de Oxford e mais conhecido como o escritor Lewis Carroll. Dodgson dedicou vários anos à criação de um gigantesco compêndio de problemas e enigmas intitulado *Curiosa Mathematica* e, embora a série não fosse terminada, o autor completou vários volumes, incluindo *Pillow Problems*.

Mas o maior charadista de todos era o prodígio americano Sam Loyd (1841-1911). Como adolescente ele já ganhava muito dinheiro criando novas charadas e reinventando antigas. Ele lembra no livro *Sam Loyd and his Puzzles: An Autobiographical Review* que alguns dos primeiros enigmas foram criados para o mágico e empresário circense P. T. Barnum:

Figura 11. Uma caricatura refletindo a mania causada pelo enigma "14-15" de Sam Loyd.

> Muitos anos atrás, quando o Circo de Barnum era realmente "o maior espetáculo da Terra", o famoso empresário me pediu que preparasse para ele uma série de enigmas para propósitos de propaganda. Eles se tornaram conhecidos como "As perguntas da Esfinge" devido aos grandes prêmios que seriam entregues a quem conseguisse decifrá-los.

Curiosamente esta autobiografia foi escrita em 1928, dezessete anos depois da morte de Loyd. Ele passara suas habilidades ao seu filho, também chamado Sam, que foi o verdadeiro autor do livro. Sam calculou que qualquer um que comprasse o livro iria acreditar que fora escrito por Sam Loyd pai, que fora muito mais famoso.

A mais célebre criação de Loyd foi o equivalente vitoriano do Cubo de Rubik, o "enigma 14-15", que ainda pode ser encontrado em algumas lojas de brinquedos mesmo hoje em dia. Quinze peças numeradas de 1 a 15 são arrumadas em uma moldura 4 × 4. O objetivo é fazer deslizar as peças, rearrumando-as na ordem correta. O enigma "14-15" de Loyd era vendido com a disposição mostrada na Figura 11 e oferecia um prêmio significativo para quem conseguisse completar o desafio, colocando as peças "14" e "15" nas posições corretas. O filho de Loyd escreveu assim sobre o estardalhaço gerado pelo que era, essencialmente, um problema de matemática:

> Um prêmio de 1.000 dólares, oferecido para a primeira solução correta do problema, nunca foi pago, embora existam milhares de pessoas que afirmam ter realizado a façanha. Houve gente que ficou obcecada pelo enigma e histórias cômicas eram contadas sobre lojistas que deixaram de abrir suas lojas e sobre um distinto clérigo que passou uma noite de inverno sob um poste de iluminação tentando relembrar o modo como realizara o feito. Mas o detalhe misterioso é que ninguém parece capaz de relembrar a sequência de movimentos embora tenham certeza de que resolveram o enigma. Fala-se de timoneiros que deixaram seus navios encalharem e de maquinistas que deixaram o trem ultrapassar a estação enquanto tentavam resolver o enigma. Um famoso editor de Baltimore conta que saiu para almoçar e foi encontrado por seus desesperados empregados somente após a meia-noite, movendo pequenos pedaços de pastel num prato!

Loyd estava confiante de que jamais teria que pagar os mil dólares, porque ele sabia que era impossível trocar duas peças de posição sem destruir toda a ordem em outro ponto do quadro. Do mesmo modo como um matemático pode provar que uma equação em especial não tem solução, Loyd podia provar que seu enigma "14-15" era insolúvel.

A demonstração de Loyd começa definindo-se uma quantidade que mede o quão embaralhado está o enigma; este parâmetro de desordem é chamado de Dp. O fator de desordem para qualquer disposição das peças consiste no número de pares de peças colocados na ordem incorreta, assim, para a disposição correta, mostrada na Figura 12(a), $Dp = 0$, porque não existem peças na ordem errada.

Começando-se com a disposição correta e movendo-se as peças é relativamente fácil chegar ao arranjo mostrado na Figura 12(b). As peças estão na ordem correta até chegarmos nas peças 12 e 11. Obviamente a peça 11 deveria vir antes da 12 e assim este par de peças encontra-se na sequência incorreta. A lista completa dos pares que estão na ordem incorreta é a seguinte: (12,11), (15,13), (15,14), (15,11), (13,11) e (14,11). Com seis pares de peças na ordem errada esta disposição tem $Dp = 6$. (Repare que a peça 10 e a peça 12 estão uma ao lado da outra, o que é claramente incorreto, mas não estão na ordem errada. Portanto, este par não contribui para o parâmetro de desordem.)

Depois de mover as peças mais um pouco chegamos à disposição mostrada na Figura 12(c). Se fizer uma lista dos pares na ordem incorreta, você vai descobrir que é $Dp = 12$. O importante aqui é notar que em todos esses casos, (a), (b) e (c), o valor do parâmetro de desordem é um número par (0, 6 e 12). De fato, se você começar com a disposição correta e for mudando a posição das peças, isso será sempre verdadeiro. Enquanto o quadrado vazio terminar sempre no canto inferior direito, qualquer mudança na posição das peças vai sempre resultar num valor par para Dp. O valor par no parâmetro de desordem é uma propriedade integral de qualquer arranjo derivado da disposição correta. Na matemática uma propriedade que se mantém sempre, não importando o que for feito com o objeto, é chamada de *invariante*.

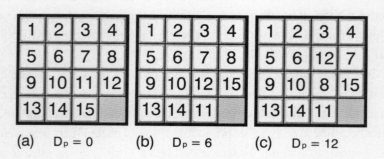

Figura 12. Ao deslocar as peças é possível criar vários arranjos desordenados. Para cada arrumação é possível medir a quantidade de desordem através do parâmetro de desordem Dp.

Contudo, se você examinar o arranjo que estava sendo vendido por Loyd, no qual as posições de 14 e 15 tinham sido trocadas, o valor do parâmetro de desordem é um, $Dp = 1$, já que o único par de peças fora de ordem é 14 e 15. Para o arranjo de Loyd o parâmetro de desordem tem um valor ímpar! E no entanto nós sabemos que qualquer disposição derivada da arrumação correta apresenta um valor par para o parâmetro de desordem. A conclusão é que a disposição de Loyd não é derivada da arrumação correta e, portanto, é impossível ir do arranjo de Loyd para o correto. Os mil dólares de Loyd ficaram, então, seguros.

O enigma de Loyd e o parâmetro de desordem mostram o poder da invariante. Invariantes dão aos matemáticos uma estratégia importante para demonstrar que é impossível transformar um objeto em outro. Por exemplo, uma área estudada com entusiasmo, atualmente, se liga ao estudo dos nós. Os teóricos dos nós estão interessados em provar se um determinado nó pode ser transformado em outro, torcendo-se e dobrando-se, mas sem cortar a corda. De modo a responder a esta pergunta eles tentam encontrar uma propriedade do primeiro nó que não possa ser destruída, não importa o quanto ele seja torcido e enrolado — uma invariante de nó. Eles então calculam a mesma propriedade para o segundo nó. Se os valores são diferentes, então a conclusão é que é impossível se chegar ao segundo nó a partir do primeiro.

Até que esta técnica fosse inventada, na década de 1920, por Kurt Reidemeister, era impossível provar que um nó não poderia ser transformado em outro. Em outras palavras, antes da descoberta das invariantes era impossível provar que um nó triplo é fundamentalmente diferente de um nó direito ou mesmo de um simples laço sem nó algum. O conceito de propriedade invariante está no centro de muitas demonstrações matemáticas, e, como veremos no capítulo 5, ele seria crucial para redespertar o interesse dos matemáticos pelo Último Teorema de Fermat.

Na virada do século, graças a Sam Loyd e seu enigma "14-15" havia milhões de resolvedores de problemas amadores na Europa e na América, ávidos por enfrentarem novos desafios. E quando as notícias sobre o Prêmio Wolfskehl chegaram a esses matemáticos amadores, o Último Teorema de Fermat voltou a ser o problema mais famoso do mundo. O Último Teorema era infinitamente mais complexo do que o mais difícil dos enigmas de Loyd, mas o prêmio também era muito maior. Os amadores sonhavam em encontrar um truque relativamente simples que tivesse iludido os grandes professores do passado. Um amador perspicaz do século XX podia se igualar a Pierre de Fermat no que se refere ao conhecimento de técnicas matemáticas. O desafio era igualar Fermat na criatividade com que ele usava suas técnicas.

Embora todos os candidatos ao Prêmio Wolfskehl fossem obrigados a publicar seus trabalhos em revistas especializadas, isso não desencorajou os amadores a enviarem uma avalanche de artigos para a Universidade de Göttingen. Não é de surpreender que todas as demonstrações estivessem erradas. Embora todos os candidatos ao prêmio estivessem convencidos de que tinham solucionado o secular problema, todos tinham cometido erros sutis de lógica, e alguns não tão sutis assim. A arte da teoria dos números é tão abstrata que é muito fácil alguém se desviar do caminho da lógica sem ao menos perceber que mergulhou no absurdo. O Apêndice 6 mostra o tipo de erro clássico que pode passar despercebido a um amador entusiasmado.

Não importando quem tivesse mandado uma demonstração em particular, cada uma tinha que ser examinada escrupulosamente, só para o caso de um amador desconhecido ter tropeçado na mais procurada das provas matemáticas. O diretor do departamento de matemática de Göttingen, entre 1909 e 1934, era o professor Edmund Landau, sendo sua responsabilidade examinar os trabalhos candidatos ao Prêmio Wolfskehl. Landau percebeu que suas pesquisas estavam sendo interrompidas continuamente para examinar dúzias de demonstrações confusas que chegavam na sua mesa todo mês. Para lidar com a situação ele inventou um método hábil de acelerar o trabalho. O professor mandou imprimir centenas de cartões em que se lia:

Prezado ....
Grato pelo seu manuscrito com a demonstração para o Último Teorema de Fermat.
O primeiro erro é:
Página .... linha ....
Isso torna a demonstração inválida.

Professor E. M. Landau

Landau então entregava cada novo manuscrito, junto com um cartão impresso, a um de seus alunos, e pedia que preenchesse os espaços em branco.

Os artigos continuaram a chegar durante anos, mesmo depois da dramática desvalorização sofrida pelo Prêmio Wolfskehl, como resultado da hiperinflação que se seguiu à Primeira Guerra Mundial. Existem boatos de que qualquer um que ganhasse o prêmio hoje dificilmente conseguiria tomar uma xícara de café com o dinheiro do prêmio, mas esses rumores parecem um tanto exagerados.

O Dr. F. Schlichting, que era responsável pelo exame dos trabalhos candidatos na década de 1970, escreveu uma carta para Paulo Ribenboim explicando que o prêmio ainda valia 10 mil marcos. Veja no Apêndice 7 o texto completo da carta de Schlichting. Ela fornece uma visão de como trabalha o Comitê Wolfskehl.

Os concorrentes não se limitavam a enviar "soluções" para Göttingen e cada departamento de matemática do mundo provavelmente tem uma gaveta cheia de demonstrações de amadores. Enquanto a maioria das instituições ignora essas demonstrações de amadores, outras lidam com elas de modo mais imaginativo. O escritor Martin Gardner lembra de um amigo que enviava um bilhete explicando não ser suficientemente competente para examinar a demonstração. Ele fornecia o nome e endereço de um especialista no assunto que poderia ajudar — ou seja, o nome e endereço do último amador que lhe escrevera. Outro de seus amigos matemáticos escrevia: "Eu tenho uma extraordinária contestação para sua demonstração, mas infelizmente esta página é muito pequena para contê-la."

Embora os matemáticos amadores do mundo inteiro tenham passado este século tentando e fracassando em suas demonstrações para o Último Teorema, os profissionais continuaram a ignorar o problema. No lugar de avançarem com o trabalho de Kummer e de outros teóricos dos números do século XIX, os matemáticos começaram a examinar os fundamentos de sua ciência de modo a lidar com questões mais fundamentais sobre os números. Alguns dos grandes nomes do século XX, como David Hilbert e Kurt Gödel, tentaram entender as propriedades mais profundas dos números de modo a perceber seu verdadeiro significado e descobrir que perguntas a teoria dos números pode e não pode responder. O trabalho deles abalaria os fundamentos da matemática e acabaria tendo repercussões no Último Teorema de Fermat.

OS FUNDAMENTOS DO CONHECIMENTO

Durante centenas de anos os matemáticos estiveram ocupados usando a demonstração lógica para criar conhecimentos a partir do desconhecido. O progresso tem sido fenomenal com cada nova geração de matemáticos ampliando a grande estrutura e criando novos conceitos de números e de geometria. Contudo, a partir do final do século XIX, os lógicos matemáticos começaram a olhar para os fundamentos da matemática em lugar de olhar para a frente. Eles queriam verificar os fundamentos da matemática e reconstruir tudo usando os princípios fundamentais, de modo a garantir que esses princípios fundamentais fossem confiáveis.

Os matemáticos são conhecidos por serem exigentes na hora de pedir uma prova absoluta antes de aceitarem qualquer afirmação. Esta reputação é claramente mostrada numa anedota contada por Ian Stewart no livro *Conceitos de matemática moderna*:

> Um astrônomo, um físico e um matemático estavam passando férias na Escócia. Olhando pela janela do trem eles avistaram uma ovelha preta no meio de um campo. "Que interessante", observou o astrônomo, "na Escócia todas as ovelhas são pretas." Ao que o físico respondeu: "Não, nada disso! Algumas ovelhas escocesas são pretas." O matemático olhou para cima em desespero e disse: "Na Escócia existe pelo menos um campo, contendo pelo menos uma ovelha *e pelo menos um lado dela é preto.*"

E o matemático que se especializa no estudo da lógica matemática é ainda mais rigoroso do que o matemático comum. Os matemáticos lógicos começaram a questionar ideias que os outros matemáticos consideravam certas havia séculos. Por exemplo, a lei da tricotomia declara que cada número é ou negativo, ou positivo ou então zero. Isso parece óbvio e os matemáticos tinham considerado verdadeiro, mas ninguém jamais se preocupara em provar esta afirmação. Os lógicos perceberam que, até que a lei da tricotomia fosse provada, ela poderia ser falsa. E se fosse este o caso, todo o edifício do conhecimento, tudo que dependia da lei, desmoronaria. Felizmente para a matemática a lei da tricotomia foi demonstrada como verdadeira no final do século passado.

Desde os antigos gregos a matemática vem acumulando mais teoremas e verdades, e embora a maioria deles tenha sido rigorosamente provada, os matemáticos temiam que alguns casos, como a lei da tricotomia, tivessem sido aceitos sem o exame adequado. Algumas ideias tinham se tornado parte da tradição e ninguém tinha certeza de como foram originalmente demonstradas, se de fato algum dia tinham sido. Assim os lógicos resolveram provar todos os teoremas, a partir dos princípios fundamentais. Contudo, cada verdade tinha sido deduzida de outras verdades. E estas, por sua vez, tinham sido deduzidas de verdades ainda mais fundamentais, e assim por diante. Finalmente os lógicos se encontraram lidando com algumas declarações essenciais que eram tão fundamentais que não podiam ser provadas. Essas hipóteses fundamentais são os axiomas da matemática.

Um exemplo de axioma é a *lei comutativa da adição*, que simplesmente declara que para quaisquer números m e n,

$$m + n = n + m.$$

Este e um punhado de outros axiomas são considerados autoevidentes e podem ser facilmente testados aplicando a certos números. Até agora os axiomas passaram em todos os testes sendo aceitos como os alicerces da matemática. O desafio para os lógicos era reconstruir toda a matemática a partir desses axiomas. O Apêndice 8 define um conjunto de axiomas aritméticos e dá uma ideia de como os lógicos começaram a reconstruir o resto da matemática.

Uma legião de lógicos participou deste processo lento e doloroso de reconstrução do corpo imensamente complexo do conhecimento matemático, usando somente um número mínimo de axiomas. A ideia era consolidar

David Hilbert

o que os matemáticos pensavam que já conheciam, empregando apenas os padrões mais rigorosos da lógica. O matemático alemão Hermann Weyl resumiu o espírito do seu tempo: "A lógica é a higiene que os matemáticos praticam para manter as ideias fortes e saudáveis." Além de limpar o que era conhecido, a esperança era de que esta abordagem fundamentalista lançasse uma luz sobre os problemas ainda não solucionados, incluindo o Último Teorema de Fermat.

O esforço para reconstruir logicamente o conhecimento matemático foi liderado pela figura mais eminente da época, David Hilbert. Hilbert acreditava que tudo na matemática poderia e deveria ser provado a partir dos axiomas básicos. O resultado disso deveria demonstrar conclusivamente os dois elementos mais importantes do sistema matemático. Em primeiro lugar a matemática deveria, pelo menos em teoria, ser capaz de responder a cada pergunta individual — este é o mesmo espírito de completeza que no passado exigira a invenção de números novos, como os negativos e os imaginários. Em segundo lugar a matemática deveria ficar livre de inconsistências — ou seja, tendo-se mostrado que uma declaração é verdadeira por um método, não deveria ser possível mostrar que ela é falsa por outro método. Hilbert estava convencido de que, tomando apenas alguns axiomas, seria possível responder a qualquer pergunta matemática imaginária, sem medo de contradição.

No dia 8 de agosto de 1900, Hilbert deu uma palestra histórica no Congresso Internacional de Matemática em Paris. Hilbert apresentou 23 problemas não resolvidos da matemática que ele acreditava serem de imediata importância. Alguns problemas relacionavam-se com áreas mais gerais da matemática, mas a maioria deles estava ligada aos fundamentos lógicos desta ciência. Esses problemas deveriam focalizar a atenção do mundo matemático e fornecer um programa de pesquisas. Hilbert queria unir a comunidade para ajudá-lo a realizar sua visão de um sistema matemático livre de dúvidas ou inconsistências — uma ambição que ele mandaria gravar na sua lápide:

Wir müssen wissen,
Wir werden wissen.

Nós devemos saber,
Nós vamos saber.

Nas duas décadas seguintes os matemáticos tentaram erguer um edifício matemático sem falhas e quando Hilbert se aposentou, na década de 1930, ele se sentia confiante de que a matemática estava no caminho da recuperação. Seu sonho de uma lógica consistente, suficientemente poderosa para responder a qualquer pergunta, estava, aparentemente, a caminho de se tornar realidade.

Então, em 1931, um matemático desconhecido, de 25 anos, publicou um trabalho que iria destruir para sempre as esperanças de Hilbert. Kurt Gödel forçaria os matemáticos a aceitarem que sua ciência jamais poderá ser logicamente perfeita. Implícita em seus trabalhos estava a ideia de que problemas, como o Último Teorema de Fermat, poderiam ser impossíveis de solucionar.

Kurt Gödel nasceu em 28 de abril de 1906, na Morávia, então parte do império austro-húngaro e agora parte da República Checa. Ainda criança Gödel exibiu um talento para ciência e matemática e sua natureza curiosa levou a família a apelidá-lo *der Herr Warum* (Senhor Por que). Ele foi para a Universidade de Viena sem ter certeza se devia se especializar em matemática ou física, mas uma aula inspirada sobre a teoria dos números pelo professor P. Furtwängler persuadiu Gödel a devotar sua vida aos números. A aula foi ainda mais impressionante porque Furtwängler estava paralisado do pescoço para baixo e tinha que falar de sua cadeira de rodas, enquanto seu assistente escrevia no quadro-negro.

Quando tinha pouco mais de vinte anos, Gödel já se estabelecera no departamento de matemática, mas, junto com seus colegas, ele costumava atravessar o corredor para participar dos encontros do *Wiener Kreis* (Círculo Vienense), um grupo de filósofos que se reunia para discutir as grandes questões da lógica. Foi durante este período que Gödel desenvolveu as ideias que devastariam os fundamentos da matemática.

Kurt Gödel

Em 1931 Gödel publicou seu livro *Über formal unentscheidbare Sätze der Principia Mathematica und verwandter Systeme* (Sobre as Proposições Indecidíveis no *Principia Mathematica* e Sistemas Relacionados), que continha os chamados teoremas da indecidibilidade. Quando a notícia dos teoremas chegou aos Estados Unidos, o grande matemático John von Neumann imediatamente cancelou uma série de aulas que estava dando sobre o programa de Hilbert e substituiu o resto do curso por um debate acerca do trabalho revolucionário de Gödel.

Gödel tinha provado ser tarefa impossível criar um sistema matemático completo e consistente. Suas ideias podem ser resumidas em duas declarações:

Primeiro teorema da indecidibilidade
Se o conjunto axiomático de uma teoria é consistente, então existem teoremas que não podem ser nem provados nem negados.

Segundo teorema da indecidibilidade
Não existe procedimento construtivo que prove ser consistente a teoria axiomática.

Essencialmente a primeira declaração de Gödel diz que não importa o conjunto de axiomas sendo usado, existem problemas que os matemáticos não podem resolver — a completeza jamais poderia ser alcançada. Pior ainda, a segunda declaração diz que os matemáticos nunca poderão ter certeza de que sua escolha de axiomas não os levará a uma contradição — a consistência jamais poderá ser provada. Gödel tinha demonstrado que o programa de Hilbert era um exercício impossível.

Embora a segunda declaração de Gödel diga que é impossível provar que os axiomas são consistentes, isso não significa, necessariamente, que eles sejam inconsistentes. Em seus corações muitos matemáticos ainda acreditavam que sua ciência permaneceria consistente, mas em suas mentes eles não poderiam provar que isso era verdade. Muitos anos depois, o grande teórico dos números, André Weil, iria dizer: "Deus existe já que a matemática é consistente e o Diabo existe já que não podemos prová-lo."

Para melhor entender o primeiro teorema de Gödel, suas origens e implicações, é útil examinarmos um fragmento de lógica da Grécia antiga conhecido como *o paradoxo de Creta*, ou *o paradoxo do mentiroso*, inventado por Epimenides, um cretense que exclamou:

"Eu sou um mentiroso!"

O paradoxo surge quando tentamos determinar se esta declaração é verdadeira ou falsa. Primeiro vamos examinar o que acontece se presumirmos que a declaração é verdadeira. A verdade implica que Epimenides é um mentiroso, mas estamos presumindo que sua declaração é verdadeira e, portanto, Epimenides não é mentiroso — temos uma inconsistência. Por outro lado, vamos ver o que acontece se presumirmos que a declaração é falsa. Uma declaração falsa implica que Epimenides não é mentiroso, mas presumimos inicialmente que ele fez uma declaração falsa e portanto Epimenides é mentiroso — e assim temos outra inconsistência. Se presumirmos que a declaração é verdadeira ou falsa, terminamos com uma inconsistência e, portanto, a declaração não é nem verdadeira nem falsa.

Gödel reinterpretou o paradoxo do mentiroso e introduziu o conceito de prova. O resultado é uma declaração ao longo da seguinte linha:

Esta declaração não tem nenhuma prova.

Se a declaração fosse falsa, então ela seria provável, mas isso iria contradizê-la. Portanto, a declaração deve ser verdadeira de modo a evitar a contradição. Contudo, embora a declaração seja verdadeira, ela não pode ser provada, porque esta declaração (que agora sabemos ser verdadeira) assim o diz.

Como Gödel podia traduzir a declaração acima em notação matemática, ele foi capaz de demonstrar que existem afirmações na matemática que são verdadeiras, mas que nunca poderão ser demonstradas como verdadeiras; elas são as chamadas afirmações indecidíveis. Este foi o golpe mortal no programa de Hilbert.

De muitos modos o trabalho de Gödel aconteceu paralelamente a descobertas semelhantes feitas na física quântica. Apenas quatro anos antes de Gödel publicar seu trabalho sobre a indecidibilidade, o físico alemão Werner Heisenberg descobriu o princípio da incerteza. Assim como existia um limite fundamental nos teoremas que os matemáticos poderiam provar, Heisenberg mostrou que havia um limite fundamental nas propriedades que os físicos poderiam medir. Por exemplo, se eles queriam medir a posição exata de um objeto, então eles só poderiam medir a velocidade do objeto com uma precisão muito pobre. Isso acontece porque para medir a posição do objeto seria necessário iluminá-lo com fótons de luz, mas para determinar a localização exata os fótons precisariam ter uma energia enorme. Contudo, se o objeto está sendo bombardeado com fótons de alta energia, sua própria velocidade será afetada e se tornará inerentemente incerta. Portanto, ao exigir o conhecimento da posição de um objeto os físicos teriam que desistir do conhecimento de sua velocidade.

O princípio da incerteza de Heisenberg só se revela nas escalas atômicas quando medidas de alta precisão se tornam críticas. Portanto, uma boa parte da física pode ser realizada sem problemas enquanto os físicos quânticos se preocupam com as questões profundas sobre os limites do conhecimento. O mesmo acontecia no mundo da matemática. Enquanto os lógicos se ocupavam do debate altamente esotérico sobre a indecidibilidade, o resto da comunidade continuava a fazer seu trabalho sem preocupação. Gödel tinha provado que existiam algumas afirmações que não poderiam ser provadas, mas restava uma quantidade plena de afirmações que podiam ser provadas e sua descoberta não invalidava nada que tivesse sido demonstrado no passado. Além disso, muitos matemáticos acreditavam que as declarações de indecidibilidade de Gödel só seriam encontradas nas regiões mais extremas e obscuras da matemática e, portanto, talvez nunca tivessem de ser enfrentadas. Afinal, Gödel só dissera que essas afirmações indecidíveis existiam; ele não pudera apontar uma. Então, em 1963, o pesadelo teórico de Gödel se tornou uma realidade viva.

Paul Cohen, um matemático de 29 anos na Universidade de Stanford, desenvolvera uma técnica para testar se uma questão em particular é indecidível. A técnica só funciona para certos casos muito especiais, mas, de qualquer forma, ele foi a primeira pessoa a descobrir que havia questões específicas que eram de fato indecidíveis. Tendo feito sua descoberta, Cohen imediatamente voou para Princeton, com a demonstração na mão, de modo que fosse verificada pelo próprio Gödel. Dois dias depois de receber o trabalho, Gödel deu a Cohen sua aprovação de autoridade. E o que era particularmente dramático é que algumas dessas questões indecidíveis estavam no centro da matemática. Ironicamente Cohen provara que uma das perguntas que David Hilbert colocara entre os 23 problemas mais importantes da matemática, a hipótese do *continuum,* era indecidível.

O trabalho de Gödel, somado às afirmações indecidíveis de Cohen, enviou uma mensagem perturbadora para todos aqueles matemáticos, profissionais e amadores que persistiam com as tentativas de demonstrar o Último Teorema de Fermat — talvez o teorema fosse indecidível! E se Pierre de Fermat tivesse cometido um erro ao afirmar ter encontrado uma demonstração? Se assim fosse, então era possível que o Último Teorema fosse indecidível. Demonstrar o Último Teorema de Fermat podia ser mais do que apenas difícil, poderia ser impossível. E se o teorema fosse indecidível, então os matemáticos teriam passado séculos procurando uma demonstração que não existia.

Curiosamente, se o Último Teorema de Fermat se revelasse indecidível, então isso implicaria que ele estava certo. A razão é a seguinte. O teorema diz que não existem soluções com números inteiros para a equação:

$$x^n + y^n = z^n, \text{ para } n \text{ maior do que 2.}$$

Se o Último Teorema fosse de fato falso, então seria possível provar isso identificando uma solução (um exemplo contrário). E assim o Último Teorema seria decidível. Ser falso seria inconsistente com a indecidibilidade. Contudo, se o Último Teorema fosse verdadeiro, não haveria, necessariamente, um modo tão inequívoco de prová-lo, ou seja, ele seria indecidível. Concluindo, o Último Teorema de Fermat poderia ser verdadeiro, mas não haveria meio de prová-lo.

A COMPULSÃO DA CURIOSIDADE

Uma anotação casual feita por Pierre de Fermat, na margem de sua *Aritmética* de Diofante, levou ao mais frustrante enigma da história. Apesar de três séculos de fracassos e a sugestão de Gödel de que poderiam estar procurando por uma prova inexistente, alguns matemáticos continuaram a ser atraídos pelo problema. O Último Teorema era uma sereia matemática, atraindo os gênios em sua direção somente para frustrar suas esperanças. Qualquer matemático que se envolvesse com o Último Teorema se arriscava a desperdiçar sua carreira, e, no entanto, qualquer um que pudesse fazer o avanço crucial entraria para a história como tendo resolvido o problema mais difícil do mundo.

Gerações de matemáticos estiveram obcecadas pelo Último Teorema de Fermat por dois motivos. Em primeiro lugar havia o sentido implacável de desafio. O Último Teorema era o teste final e aquele que pudesse demonstrá-lo teria vencido onde Cauchy, Euler, Kummer e outros tinham fracassado. Assim como o próprio Fermat tinha grande satisfação em resolver problemas que haviam confundido seus contemporâneos, aquele que demonstrasse o Último Teorema poderia apreciar a glória de ter resolvido um problema que frustrara toda a comunidade de matemáticos durante centenas de anos. Em segundo lugar, quem vencesse o desafio de Fermat poderia apreciar a satisfação inocente de ter resolvido um enigma. O prazer derivado da solução de questões esotéricas na teoria dos números não é muito diferente da alegria simples de vencer charadas triviais como as de Sam Loyd. Um matemático uma vez me confessou que o prazer que ele tem em resolver problemas de matemática é semelhante ao desfrutado por viciados em palavras cruzadas. Preencher os últimos espaços em branco de um jogo de palavras cruzadas particularmente difícil é sempre uma experiência agradável, mas imagine o sentido de realização depois de passar anos enfrentando um problema que ninguém no mundo foi capaz de resolver e finalmente descobrindo uma solução.

Estes são os mesmos motivos que levaram Andrew Wiles a ficar fascinado por Fermat. "Os matemáticos puros adoram um desafio. Eles adoram problemas não resolvidos. Quando fazemos matemática temos esta grande sensação. Você começa com um problema que o intriga. Não consegue entendê-lo, é tão complicado que você não distingue o começo do fim. Mas então, quando finalmente consegue resolvê-lo, você tem esta sensação incrível de como ele é bonito, de como tudo se encaixa de modo tão elegante. Os mais enganadores são os problemas que parecem fáceis e depois se mostram extremamente complexos. Fermat é o mais belo exemplo deste tipo de problema. Ele parecia ter uma solução e, é claro, é muito especial porque Fermat disse que tinha uma solução."

A matemática tem suas aplicações na ciência e na tecnologia, mas não é isso o que impulsiona os matemáticos. Eles são atraídos pela alegria da descoberta. G. H. Hardy tentou explicar e justificar sua própria carreira em um livro intitulado *Apologia de um matemático*.

> Eu só posso dizer que se um jogo de xadrez é, num sentido rude, "inútil", então isso é igualmente verdade para a maior parte da mais refinada matemática [...]. Eu nunca fiz nada "útil". Nenhuma descoberta que fiz já produziu, direta ou indiretamente, para o bem ou para o mal a menor diferença na melhoria do mundo. Nem é provável que venha a fazê-lo. Julgada por todos os padrões práticos, o valor de minha vida como matemático é nulo e fora da matemática o valor desta vida também é insignificante. Eu só tinha uma chance de escapar ao veredicto da completa insignificância, e esta chance é a de que eu possa ter criado alguma coisa que valia a pena ser criada. E não há dúvidas de que eu criei alguma coisa, a questão é se ela tem algum valor.

O desejo de solucionar qualquer problema matemático é impulsionado pela curiosidade e a recompensa é a simples mas enorme satisfação derivada da solução do enigma. O matemático E. C. Titchmarsh uma vez disse: "Não existe utilidade prática em se saber que π é irracional, mas, se podemos saber, então certamente seria intolerável não saber."

No caso do Último Teorema de Fermat não havia escassez de curiosidade. O trabalho de Gödel sobre indecidibilidade tinha introduzido um elemento de dúvida se o problema era realmente solucionável, mas isso não era o suficiente para desencorajar o verdadeiro fanático por Fermat. O que era mais desanimador é que por volta da década de 1930 os matemáticos tinham exaurido todas as suas técnicas e não havia mais nada à sua disposição. O que era necessário era uma nova ferramenta, alguma coisa que erguesse o moral dos matemáticos. E a Segunda Guerra Mundial forneceria exatamente o que estava faltando — o maior avanço na capacidade de computação desde a invenção da régua de cálculo.

A ABORDAGEM DA FORÇA BRUTA

Quando G. H. Hardy declarou em 1940 que a melhor matemática é na sua maior parte inútil, ele acrescentou, rapidamente, que isso não era necessariamente algo ruim. "A verdadeira matemática não tem efeito sobre a guerra. Ninguém, até agora, descobriu qualquer utilidade bélica para a teoria dos números." Logo se demonstraria que Hardy estava errado.

Em 1944 John von Neumann apareceu como coautor de um livro chamado *A teoria dos jogos e o comportamento econômico*, no qual ele inventava o termo *teoria dos jogos*. Esta teoria dos jogos era uma tentativa de Neumann usar a matemática para descrever a estrutura dos jogos e analisar como os humanos os jogam. Ele começou estudando o xadrez e o pôquer, depois tentou modelar jogos mais sofisticados como a economia. Depois da Segunda Guerra Mundial a corporação RAND percebeu o potencial das ideias de von Neumann e o contratou para trabalhar no desenvolvimento das estratégias da guerra fria. E a partir deste ponto a teoria matemática dos jogos passou a ser um instrumento básico para os generais testarem suas estratégias militares tratando as batalhas como se fossem jogos complexos de xadrez. Uma ilustração simples das aplicações da teoria dos jogos é a história do *truelo*.

Um truelo é semelhante a um duelo, exceto que existem três participantes no lugar de dois. Certa manhã o Sr. Black, o Sr. Gray e o Sr. White decidem resolver um conflito truelando com pistolas até que somente um deles fique vivo. O Sr. Black é o pior atirador, acertando seu alvo, em média, uma vez em cada três tentativas. O Sr. Gray é um atirador melhor e acerta no alvo em dois de cada três tiros. Já o Sr. White é um atirador exímio e nunca erra o alvo. Para tornar o truelo mais justo, o Sr. Black tem a permissão de atirar primeiro, seguido pelo Sr. Gray (se ele ainda estiver vivo) e depois pelo Sr. White (também se ele ainda estiver vivo). O processo se repete até que só reste um deles. A pergunta é: Contra quem deve o Sr. Black atirar primeiro? Você pode dar um palpite baseado na intuição ou, melhor ainda, baseado na teoria dos jogos. A resposta é discutida no Apêndice 9.

Na época da guerra a matemática da quebra de códigos foi ainda mais importante do que a teoria dos jogos. Durante a Segunda Guerra Mundial os Aliados perceberam que a teoria da lógica matemática poderia ser usada para decifrar as mensagens dos alemães, apenas se os cálculos pudessem ser feitos rapidamente. O desafio era encontrar um meio de automatizar a matemática, de modo que uma máquina pudesse fazer o trabalho. O inglês que mais contribuiu para o esforço de quebra dos códigos foi Alan Turing.

Em 1938 Turing voltou para Cambridge depois de uma temporada na Universidade de Princeton. Ele tinha testemunhado o rebuliço provocado pelos teoremas de Gödel sobre a indecidibilidade e estivera envolvido na tentativa de reunir o que sobrara do sonho de Hilbert. Em especial ele queria saber se havia um meio de definir quais as perguntas que eram ou não decidíveis e tentou desenvolver um meio metódico de responder a esta pergunta. Naquela época os aparelhos de cálculo eram primitivos e efetivamente inúteis para a matemática séria. Assim Turing baseou suas

Alan Turing

ideias no conceito de uma máquina imaginária capaz de computação infinita. Esta máquina hipotética, capaz de consumir quantidades infinitas de fita telegráfica, poderia computar durante toda a eternidade e era tudo de que ele necessitava para explorar suas perguntas abstratas de lógica. O que Turing não percebia era que sua mecanização imaginária de questões hipotéticas iria levar a um avanço fantástico na realização de cálculos reais em máquinas de verdade.

Apesar do início da guerra, Turing continuou suas pesquisas como membro do King's College até 4 de setembro de 1940, quando sua vida tranquila em Cambridge terminou abruptamente. Ele tinha sido convocado pela Escola de Cifras e Códigos do Governo, cuja tarefa era decifrar mensagens codificadas do inimigo. Antes da guerra os alemães tinham devotado um esforço considerável no desenvolvimento de um sistema superior de codificação e isso era motivo de grande preocupação para o Serviço Secreto Britânico, que no passado conseguira decifrar as mensagens do inimigo com relativa facilidade. A história oficial da guerra publicada pelo HMSO, o *Serviço Britânico de Informações na Segunda Guerra Mundial,* descreve a situação na década de 1930:

> Por volta de 1937 ficou estabelecido que, ao contrário dos japoneses e italianos, o Exército alemão, sua Marinha e provavelmente sua Força Aérea, junto com organizações estatais como as ferrovias e a SS, usavam para tudo, exceto as comunicações táticas, diferentes versões do mesmo sistema cifrado — a máquina Enigma tinha sido colocada no mercado na década de 1920, mas os alemães a tinham tornado mais segura através de modificações progressivas. Em 1937 a Escola de Cifras e Códigos do Governo tinha quebrado o código do modelo menos modificado e seguro desta máquina, que estava sendo usado pelos alemães, italianos e pelas forças nacionalistas espanholas. Mas, fora isso, a Enigma ainda resistia ao ataque e parecia que ia continuar assim.

A máquina Enigma consistia num teclado ligado a uma unidade codificadora. O codificador tinha três rotores separados e as posições dos rotores determinavam como cada letra no teclado seria codificada. O que tornava o código da Enigma tão difícil de quebrar era o enorme número de modos nos quais a máquina podia ser regulada. Em primeiro lugar, os três rotores na máquina eram escolhidos de uma seleção de cinco que podia ser mudada e trocada para confundir os adversários. Em segundo lugar, cada rotor podia ser posicionado em 26 modos diferentes. Isso significava que a máquina podia ser regulada em milhões de modos diferentes. E além das permutações permitidas pelos rotores, as conexões no quadro de chaveamento, na parte detrás da máquina, podiam ser mudadas manualmente para fornecer um total de 150 trilhões de regulagens possíveis. E para aumentar ainda mais a segurança, os três rotores mudavam de orientação continuamente, de modo que, cada vez que uma letra era transmitida, a regulagem da máquina, e portanto o código, iria mudar de uma letra para outra. Assim, se alguém batesse "DODO" no teclado iria gerar a mensagem "FGTB" — o "D" e o "O" eram transmitidos duas vezes, mas codificados de modo diferente a cada vez.

As máquinas Enigma foram fornecidas ao Exército, Marinha e Força Aérea da Alemanha e eram até mesmo operadas pelas ferrovias e outros departamentos do governo. Mas, como acontecia com os sistemas de código usados naquela época, a fraqueza da Enigma consistia em que o receptor tinha que conhecer a regulagem da máquina que emitira a mensagem. Para manter a segurança os ajustes da Enigma eram mudados diariamente. Um dos meios que os transmissores de mensagens tinham de mudar a regulagem diariamente enquanto mantinham os receptores informados era publicar as regulagens num livro secreto de códigos. O risco desta abordagem é que os britânicos podiam capturar um submarino e obter o livro-código com os ajustes diários da máquina para o mês seguinte. A abordagem alternativa, que foi adotada durante a maior parte da guerra, consistia em transmitir a regulagem do dia no início da mensagem principal, usando o código do dia anterior.

Quando a guerra começou, a Escola Britânica de Códigos era dominada por linguistas e filólogos. O Ministério do Exterior logo percebeu que os teóricos dos números tinham uma chance melhor de quebrar os códigos alemães. Para começar, nove dos mais brilhantes teóricos dos números da Inglaterra se reuniram na nova sede da Escola de Códigos em Bletchley Park, uma mansão vitoriana em Bletchley, Buckinghamshire. Turing teve que abandonar suas máquinas hipotéticas com fitas telegráficas infinitas e tempo de processamento interminável, para enfrentar problemas práticos, com recursos finitos e um limite de tempo muito real.

A criptografia é uma batalha intelectual entre o criador do código e aquele que tenta decifrá-lo. O desafio para o codificador é misturar a mensagem até um ponto em que ela seja indecifrável se for interceptada pelo inimigo. Contudo, existe um limite na quantidade possível de manipulação matemática devido à necessidade de enviar as mensagens de modo rápido e eficiente. A força do código alemão da Enigma consistia em que a mensagem passava por vários níveis de codificação a uma velocidade muito alta. O desafio para o decifrador do código era pegar uma mensagem interceptada e quebrar o código enquanto o conteúdo da mensagem ainda fosse relevante. Uma mensagem alemã ordenando a destruição de um navio britânico tinha que ser decodificada antes que o navio fosse afundado.

Turing liderou uma equipe de matemáticos que tentou construir réplicas da máquina Enigma. Ele incorporou nesses engenhos suas ideias abstratas anteriores à guerra. A ideia era verificar todos os ajustes possíveis da Enigma até que o código fosse descoberto. As máquinas britânicas tinham dois metros de altura e eram igualmente largas, empregando relés eletromecânicos para verificar todos os ajustes possíveis da Enigma. O constante tiquetaquear das máquinas deu-lhes o apelido de *bombas*. Apesar de sua velocidade, era impossível que as bombas verificassem cada um dos 150 trilhões de ajustes possíveis da Enigma dentro de uma quantidade razoável de tempo. Por isso a equipe de Turing teve que procurar meios de reduzir significativamente o número de permutações extraindo toda a informação que pudesse das mensagens enviadas.

Um dos grandes saltos em direção ao sucesso aconteceu quando os britânicos perceberam que a máquina Enigma não podia codificar uma letra nela mesma. Ou seja, se o emissor teclasse "R", então, dependendo do ajuste, a máquina poderia transmitir todo tipo de letra, menos "R". Este fato, aparentemente inócuo, era tudo de que necessitavam para reduzir drasticamente o tempo necessário para decifrar as mensagens. Os alemães contra-atacaram limitando o comprimento das mensagens que enviavam. Todas as mensagens, inevitavelmente, continham indícios para a equipe de decifradores do código, e quanto maior a mensagem, mais pistas ela continha. Ao limitar as mensagens a um máximo de 250 letras, os alemães esperavam compensar a relutância da Enigma em codificar uma letra como a mesma.

A fim de quebrar os códigos, Turing frequentemente tentava adivinhar palavras-chaves nas mensagens. Se acertava, isso acelerava enormemente a decodificação do resto da mensagem. Por exemplo, se os decodificadores suspeitavam de que uma mensagem continha um relatório meteorológico, um tipo frequente de relatório codificado, então eles supunham que a mensagem conteria palavras como "neblina" ou "velocidade do vento". Se estivessem certos, podiam decifrar rapidamente a mensagem e, portanto, deduzir o ajuste da Enigma para aquele dia em particular. E pelo resto do dia outras mensagens, mais valiosas, seriam decifradas facilmente.

Quando fracassavam na adivinhação de palavras ligadas ao tempo, os britânicos tentavam se colocar na posição dos operadores alemães da Enigma para deduzir outras palavras-chaves. Um operador descuidado poderia chamar o receptor pelo primeiro nome ou ele poderia desenvolver idiossincrasias conhecidas pelos decifradores. Quando tudo o mais falhava e o tráfego alemão de mensagens fluía sem ser decifrado, a Escola Britânica de Códigos podia até mesmo, dizem, recorrer ao recurso extremo de pedir à RAF (Força Aérea Britânica) que minasse um determinado porto alemão. Imediatamente o supervisor do porto atacado iria enviar uma mensagem codificada que seria interceptada pelos britânicos. Os decodificadores teriam certeza então de que a mensagem conteria palavras como "mina", "evite" e "mapa de referências". Tendo decodificado esta mensagem, Turing teria os ajustes da Enigma para aquele dia e quaisquer mensagens posteriores seriam vulneráveis à rápida decodificação.

No dia 1º de fevereiro de 1942 os alemães acrescentaram uma quarta roda às máquinas Enigma usadas para enviar mensagens particularmente importantes. Esta foi a maior escalada no nível de codificação durante a guerra, mas finalmente a equipe de Turing respondeu aumentando a eficiência das bombas. Graças à Escola de Códigos, os Aliados sabiam mais sobre seu inimigo do que os alemães poderiam suspeitar. O impacto da ação dos submarinos no Atlântico foi grandemente reduzido e os britânicos tinham um aviso prévio dos ataques da Luftwaffe. Os decodificadores também interceptavam e decifravam a posição exata dos navios de suprimentos alemães, permitindo que os destróieres britânicos os encontrassem e afundassem.

Mas o tempo todo as forças aliadas tinham que ter cuidado para que suas ações evasivas e ataques precisos não revelassem sua habilidade de decodificar as comunicações alemãs. Se os alemães suspeitassem de que o código da Enigma fora quebrado, eles iriam aumentar seu nível de codificação mandando os britânicos de volta para a estaca zero. Por isso houve ocasiões em que a Escola de Códigos informou os Aliados sobre um ataque iminente e o comando preferiu não tomar medidas extremas de defesa. Existem mesmo boatos de que Churchill sabia que Coventry seria o alvo de um bombardeio devastador mas preferiu não tomar precauções especiais para evitar que os alemães suspeitassem. Stuart Milner-Barry, que trabalhou com Turing, nega o boato. Ele diz que a mensagem relevante sobre Coventry só foi decifrada quando já era tarde demais.

Este uso contido da informação codificada funcionou perfeitamente. Mesmo quando os britânicos usavam as mensagens interceptadas para causar perdas pesadas no inimigo, os alemães não suspeitaram de que o código Enigma fora quebrado. Eles pensavam que seu nível de codificação era tão alto que seria totalmente impossível quebrar os códigos. As perdas excepcionais eram atribuídas à ação de agentes britânicos infiltrados em suas fileiras.

Devido ao segredo que cercava o trabalho realizado por Turing e sua equipe em Bletchley, a imensa contribuição que prestaram ao esforço de guerra não pôde ser reconhecida publicamente por muitos anos após o conflito. Costuma-se dizer que a Primeira Guerra Mundial foi a guerra dos químicos e a Segunda Guerra Mundial, a guerra dos físicos. De fato, a partir da informação revelada nas últimas décadas, provavelmente é verdade dizer que a Segunda Guerra Mundial também foi a guerra dos matemáticos. E no caso de uma terceira guerra mundial, sua contribuição seria ainda mais crítica.

Em toda sua carreira como decifrador de códigos, Turing nunca perdeu de vista seus objetivos matemáticos. As máquinas hipotéticas tinham sido substituídas por máquinas reais, mas as questões esotéricas permaneciam. Quando a guerra terminou, Turing tinha ajudado a construir o Colossus, uma máquina inteiramente eletrônica com 1.500 válvulas que eram muito mais rápidas do que os relés eletromecânicos usados nas bombas. Colossus era um computador no sentido moderno da palavra. Com sua sofisticação e velocidade extra, ele levou Turing a considerá-lo um cérebro primitivo. Ele tinha memória, podia processar informação, e os estados dentro do computador se assemelhavam aos estados da mente. Turing tinha transformado sua máquina imaginária no primeiro computador legítimo.

Depois da guerra, Turing continuou a construir máquinas cada vez mais complexas tais como o Automatic Computing Engine (ACE). Em 1948 ele se mudou para a Universidade de Manchester, onde construiu o primeiro computador do mundo a ter um programa gravado eletronicamente. Turing tinha fornecido à Grã-Bretanha os computadores mais avançados do mundo, mas não viveria para ver seus cálculos mais notáveis.

Nos anos posteriores à guerra, Turing passou a ser vigiado pelo Serviço Secreto Britânico, que sabia ser ele um homossexual praticante. Os agentes temiam que o homem que sabia mais do que qualquer outro sobre os códigos de segurança da Inglaterra pudesse ser vulnerável à chantagem. Assim todos os seus movimentos eram monitorados. Turing já se acostumara a ser seguido o tempo todo, mas em 1952 ele foi preso por violação das leis britânicas sobre homossexualidade. Esta humilhação tornou a vida insuportável para Turing, e seu biógrafo, Andrew Hodges, descreve os eventos que conduziram à morte do matemático:

MERGULHO NA ABSTRAÇÃO

A morte de Alan Turing foi um choque para todos aqueles que o conheciam [...]. Todos sabiam que ele era uma pessoa tensa e infeliz, que estava se consultando com um psiquiatra e que sofrera um golpe que derrubaria muitas pessoas. Mas já tinham se passado dois anos do julgamento e o tratamento com hormônios tinha terminado no ano anterior. Ele parecia ter superado tudo isso.

A investigação, no dia 10 de junho de 1954, determinou que fora suicídio. Ele fora encontrado deitado na cama. Havia uma espuma em torno de sua boca e os patologistas que fizeram o exame *post-mortem* identificaram a causa facilmente como envenenamento por cianeto [...]. Havia um vidro com cianeto de potássio na casa e outro vidro contendo uma solução de cianeto. Ao lado da cama havia metade de uma maçã, que fora mordida várias vezes. Eles não analisaram a maçã e assim nunca determinaram com certeza o que parecia tão óbvio. Que a maçã fora mergulhada no cianeto.

O legado de Turing foi uma máquina que podia iniciar um cálculo impraticavelmente longo, se realizado por um homem, completando-o em questão de horas. Os computadores de hoje fazem mais cálculos em uma fração de segundo do que Fermat realizou em toda a sua carreira. Os matemáticos que ainda lutavam com o Último Teorema de Fermat começaram a atacar o problema com os computadores, confiando numa versão computadorizada da abordagem de Kummer no século XIX.

Kummer tinha descoberto uma falha no trabalho de Cauchy e Lamé e mostrara que o maior problema para demonstrar o Último Teorema de Fermat era lidar com os casos em que n é igual a um número primo irregular — para valores de n até 100 os únicos primos irregulares são os números 37, 59 e 67. Ao mesmo tempo Kummer mostrou que, em teoria, todos os primos irregulares podem ser abordados de modo individual, o único problema sendo a enorme quantidade de cálculo necessária. E para demonstrar seu ponto de vista, Kummer e seu colega Dimitri Mirimanoff exibiram as semanas de cálculos necessárias para provar o teorema para os números primos irregulares menores do que 100. Contudo, ele e os outros matemáticos não estavam preparados para lidar com o grupo seguinte de primos irregulares que fica entre 100 e 1.000.

Algumas décadas depois os problemas dos cálculos imensos começaram a desaparecer. Com a chegada dos computadores os casos mais difíceis do Último Teorema de Fermat podiam ser enfrentados com rapidez. Depois da Segunda Guerra Mundial, equipes de matemáticos e cientistas dos computadores demonstraram o Último Teorema de Fermat para valores de n até 500, depois para valores até 1.000 e 10.000. Na década de 1980, Samuel S. Wagstaff, da Universidade de Illinois, elevou o limite para 25.000, e mais recentemente os matemáticos já podiam afirmar que o Último Teorema de Fermat é verdadeiro para todos os valores de n até 4 milhões.

Embora os leigos pudessem achar que a tecnologia moderna estava levando a melhor sobre o Último Teorema, os matemáticos sabiam que este sucesso era apenas aparente. Mesmo que os supercomputadores passassem décadas demonstrando um valor de n depois do outro, eles nunca poderiam demonstrar todos os valores de n até o infinito e, portanto, nunca poderiam demonstrar todo o teorema. Mesmo que o teorema fosse verdadeiro até um bilhão, não há motivo para garantir que fosse verdade para um bilhão e um. E se o teorema fosse demonstrado até um trilhão, ele poderia ser falso para um trilhão e um e assim por diante. Não se pode chegar ao infinito através da simples força bruta dos esmagadores de números computadorizados.

Tudo que os computadores poderiam oferecer eram evidências a favor do Último Teorema de Fermat. Para o observador casual a evidência pode parecer esmagadora, mas nenhuma quantidade de evidência é suficiente para satisfazer os matemáticos, um grupo de céticos que não aceita nada exceto a prova absoluta. Extrapolar uma teoria para cobrir uma infinidade de números baseando-se na evidência de alguns números e um jogo arriscado é inaceitável.

Há uma sequência em particular dos números primos que nos mostra como a extrapolação é uma muleta perigosa de se apoiar. No século XVII os matemáticos mostraram, através de exames detalhados, que os seguintes números são todos primos:

$$31, 331, 3.331, 33.331, 333.331, 3.333.331, 33.333.331.$$

Os próximos números da série se tornam cada vez maiores e o trabalho de verificar se eles também são primos teria exigido um esforço considerável. Naquela época os matemáticos ficaram tentados a extrapolar a partir deste padrão e presumir que todos os números da série são primos. Contudo, o número seguinte 333.333.331 revelou não ser primo:

$$333.333.331 = 17 \times 19.607.843.$$

Outro bom exemplo que demonstra por que os matemáticos se recusam a ser convencidos por alguns exemplos ou pela evidência dos computadores é o caso da conjectura de Euler. Euler afirmou que não há soluções para uma equação não muito diferente da de Fermat:

$$x^4 + y^4 + z^4 = w^4.$$

Durante duzentos anos ninguém pôde provar a conjectura de Euler, mas por outro lado ninguém podia negá-la encontrando um exemplo. Primeiro, cálculos manuais e depois anos de computação eletrônica não conseguiram encontrar uma solução. A ausência de um exemplo negativo era apontada como uma forte evidência a favor da conjectura. Então, em 1988, Naom Elkies, da Universidade de Harvard, descobriu a seguinte solução:

$$2.682.440^4 + 15.365.639^4 + 18.796.760^4 = 20.615.673^4.$$

Apesar de todas as evidências, a conjectura de Euler revelou-se falsa. De fato Elkies provou que existem infinitas soluções para a equação. A moral da história é que não se pode usar a evidência dos primeiros milhões para provar uma conjectura referente a todos os números.

Mas a natureza enganadora da conjectura de Euler não é nada comparada com a *conjectura do número primo superestimado*. Examinando-se números cada vez maiores, torna-se claro que os números primos ficam cada vez mais difíceis de ser achados. Por exemplo, entre 0 e 100 existem 25 números primos, mas entre 10.000.000 e 10.000.100 existem apenas 2 números primos. Em 1791, quando tinha apenas catorze anos, Carl Gauss previu, de modo aproximado, a frequência com que os números primos diminuiriam. A fórmula parecia bem precisa, mas parece superestimar levemente a verdadeira distribuição dos primos. Procurando-se todos os primos até um milhão, um bilhão ou um trilhão, sempre mostrava que a fórmula de Gauss era levemente generosa e os matemáticos eram tentados a acreditar que isso aconteceria para todos os números até o infinito. Daí nasceu a conjectura do número primo superestimado.

Então, em 1914, J. E. Littlewood, um colaborador de G. H. Hardy em Cambridge, mostrou que numa série suficientemente grande a fórmula de Gauss iria *subestimar* o número de primos. Em 1955 S. Skewes mostrou que isso aconteceria pouco antes de se chegar ao número

$$10^{10^{10^{10.000.000.000.000.000.000.000.000.000.000}}}$$

Este é um número além da imaginação e além de qualquer aplicação prática. Hardy chamou o número de Skewes de "o maior número que já serviu a qualquer propósito definido em matemática". Ele calculou que se alguém jogasse xadrez com todas as partículas do universo (10^{87}), em que cada movimento significasse simplesmente a troca de duas partículas, então o número possível de movimentos era aproximadamente o número de Skewes.

E não havia motivo para não se acreditar que o Último Teorema de Fermat não pudesse ser tão cruel e enganador quanto a conjectura de Euler ou a conjectura do número primo superestimado.

O ESTUDANTE DE PÓS-GRADUAÇÃO

Em 1975, Andrew Wiles começou sua carreira como estudante de pós-graduação na Universidade de Cambridge. Durante os três anos seguintes ele trabalhou em sua tese de Ph.D. e passou por seu aprendizado matemático. Cada estudante é orientado e estimulado por um supervisor, que no caso de Wiles foi o australiano John Coates, professor no Emmanuel College, originalmente de Possum Brush, Nova Gales do Sul.

Coates ainda se recorda de como adotou Wiles: "Eu lembro que um colega me disse que tinha um estudante muito bom que acabara de terminar a parte III dos exames para distinção em matemática. Ele pediu que o adotasse como aluno. E eu fui muito feliz em ter Andrew como aluno. Mesmo como estudante pesquisador, ele tinha ideias muito profundas e sempre foi claro que como matemático iria fazer grandes coisas. É evidente que naquele estágio não havia possibilidade de qualquer estudante começar a trabalhar diretamente no Último Teorema de Fermat. Era muito difícil até mesmo para um matemático experiente."

Na década passada tudo o que Wiles fizera tivera o objetivo de prepará-lo para enfrentar o desafio de Fermat, mas agora ele entrara nas fileiras dos matemáticos profissionais e tinha que ser mais pragmático. Ele se lembra de como teve que abandonar temporariamente o seu sonho: "Quando fui para Cambridge eu realmente tive que deixar Fermat de lado. Não é que o tivesse esquecido, ele estava sempre lá — mas percebi que as únicas técnicas para se lidar com o problema tinham 130 anos de idade. E não me parecia que estas técnicas estavam chegando na raiz do problema. O risco de se trabalhar com Fermat era que se poderia passar anos sem chegar a parte alguma. É ótimo trabalhar em qualquer problema desde que ele gere uma matemática interessante ao longo do caminho — mesmo que não consiga resolvê-lo no final do dia. A definição de um bom problema de matemática reside na matemática que ele produz, não no problema em si."

Seria responsabilidade de John Coates encontrar uma nova obsessão para Andrew, alguma coisa que ocupasse suas pesquisas por pelo menos

Andrew Wiles, durante seus anos como estudante.

três anos. "Eu creio que tudo que um supervisor de pesquisa pode fazer por um estudante é tentar empurrá-lo numa direção de pesquisa frutífera. É claro que é impossível ter certeza do que será uma direção frutífera em termos de pesquisa, mas talvez algo que um velho matemático pode fazer é usar seu senso prático, sua intuição do que seja uma boa área e então dependerá só do estudante decidir até onde ele pode ir naquela direção." Finalmente Coates decidiu que Wiles deveria estudar uma área da matemática conhecida como *curvas elípticas*. Esta decisão se mostraria um ponto vital na carreira de Wiles e lhe daria as técnicas necessárias para um nova abordagem do Último Teorema de Fermat.

O nome "curvas elípticas" é de certa forma enganador porque elas não são elipses e nem ao menos são curvas no sentido normal da palavra. Trata-se de equações com a forma:

$$y^2 = x^3 + ax^2 + bx + c\text{, onde } a,\ b \text{ e } c \text{ são números inteiros.}$$

Elas receberam este nome porque no passado eram usadas para medir o perímetro de elipses e os comprimentos das órbitas dos planetas. Para maior esclarecimento, eu vou me referir a elas como *equações elípticas* no lugar de curvas elípticas.

O desafio com as equações elípticas, assim como no caso do Último Teorema de Fermat, é determinar se elas possuem soluções para números inteiros e, se assim for, quantas. Por exemplo, a equação elíptica

$$y^2 = x^3 - 2\text{, onde } a = 0,\ b = 0,\ c = -2$$

tem apenas um conjunto de soluções para números inteiros, que é:

$$5^2 = 3^3 - 2,\ \text{ou } 25 = 27 - 2.$$

O que torna as equações elípticas especialmente fascinantes é que elas ocupam um lugar curioso entre outras equações mais simples, que são quase triviais e outras equações, mais complicadas, que são impossíveis de resolver. Simplesmente mudando-se os valores de *a*, *b* e *c* em uma

John Coates, que foi supervisor de Wiles na faculdade, na década de 1970, aparece aqui em 1993 com seu ex-aluno.

MERGULHO NA ABSTRAÇÃO 173

equação elíptica geral, os matemáticos podem gerar uma variedade infinita de equações, cada uma com suas características próprias, mas todas elas possíveis de serem solucionadas.

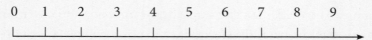

Figura 13. A aritmética convencional pode ser imaginada como movimentos ao longo da linha dos números.

As equações elípticas foram originalmente estudadas pelos antigos matemáticos gregos, incluindo Diofante, que dedicou uma grande parte de sua *Aritmética* ao estudo de suas propriedades. Provavelmente inspirado por Diofante, Fermat também aceitou o desafio das equações elípticas. Como elas tinham sido estudadas por seu herói, Wiles ficou feliz em explorá-las ainda mais. Mesmo depois de dois mil anos as equações elípticas ainda apresentavam problemas formidáveis para estudantes como Wiles. "Ainda estamos longe de entendê-las completamente. Eu poderia apresentar muitas perguntas aparentemente simples sobre equações elípticas que ainda não foram respondidas. Mesmo perguntas que o próprio Fermat considerou ainda não foram respondidas. De certo modo, toda a matemática que eu fiz tem suas origens em Fermat, se não no Último Teorema de Fermat."

Nas equações que Wiles estudou na graduação, a determinação do número exato de soluções era tão difícil que o único modo de fazer algum progresso era simplificar o problema.

Por exemplo, é quase impossível resolver diretamente a seguinte equação elíptica:

$$x^3 - x^2 = y^2 + y.$$

O desafio é calcular quantas soluções para números inteiros existem para esta equação. Uma solução razoavelmente trivial é $x = 0$ e $y = 0$:

$$0^3 - 0^2 = 0^2 + 0.$$

Uma solução um pouco mais interessante é $x = 1$ e $y = 0$:

$$1^3 - 1^2 = 0^2 + 0.$$

Podem existir outras soluções, mas, com uma quantidade infinita de números inteiros para investigar, dar uma lista completa torna-se uma tarefa impossível. Um trabalho mais simples consiste em procurar soluções dentro de um espaço finito de números, chamado de aritmética do relógio.

Anteriormente nós vimos como os números podem ser imaginados como marcas ao longo de uma linha numérica que se estende até o infinito, como é mostrado na Figura 13. Para tornar finito o espaço dos números, a aritmética do relógio envolve cortarmos a linha e curvá-la sobre si mesma, criando um anel de números no lugar de uma linha de números. A Figura 14 mostra o relógio 5 em que a linha de números foi cortada no 5 e emendada de novo no zero. O número 5 desaparece e se torna o equivalente a 0, e portanto os únicos números que existem na aritmética do relógio 5 são 0, 1, 2, 3, 4.

Figura 14. Na aritmética do relógio 5 a linha dos números foi cortada no cinco e dobrada sobre si mesma. O número 5 então coincide com o 0 e portanto é substituído por ele.

Na aritmética normal nós podemos pensar na adição como um movimento ao longo da linha, por um certo número de espaços. Por exemplo, $4 + 2 = 6$ é o mesmo que dizer que começamos no 4, avançamos duas casas e chegamos no 6.

Contudo, na aritmética do relógio 5:

$$4 + 2 = 1.$$

MERGULHO NA ABSTRAÇÃO

Isso acontece porque se começarmos no 4 e avançarmos dois espaços, então chegaremos de volta no 1. A aritmética do relógio pode parecer estranha, mas de fato, como o nome sugere, nós a usamos todo o dia quando falamos do tempo. Quatro horas depois das 11 horas (isto é, 11 + 4) nós geralmente não chamamos de 15 horas e sim de 3 horas. Isso é aritmética do relógio 12.

Como a aritmética do relógio lida apenas com espaço limitado de números, é relativamente fácil calcular todas as soluções possíveis para uma equação elíptica em uma dada aritmética de relógio. Por exemplo, trabalhando com a aritmética do relógio 5 é possível enumerar todas as soluções possíveis para a equação elíptica

$$x^3 - x^2 = y^2 + y.$$

As soluções são:

$$x = 0, \quad y = 0$$
$$x = 0, \quad y = 4$$
$$x = 1, \quad y = 0$$
$$x = 1, \quad y = 4.$$

Embora algumas dessas soluções não sejam válidas na aritmética normal, na aritmética do relógio 5 elas são aceitáveis. Por exemplo, a quarta solução ($x = 1$, $y = 4$) funciona do seguinte modo:

$$x^3 - x^2 = y^2 + y$$
$$1^3 - 1^2 = 4^2 + 4$$
$$1 - 1 = 16 + 4$$
$$0 = 20.$$

Na aritmética do relógio 5, 20 equivale a 0 porque 5 será dividido em 20 com resto 0.

Como não podiam enumerar todas as soluções de uma equação elíptica trabalhando com um espaço infinito, os matemáticos, incluindo Wiles, se conformaram em determinar o número de soluções para todas as diferentes aritméticas de relógio. Para a equação elíptica mostrada anteriormente, o número de soluções na aritmética do relógio 5 é quatro, e assim os matemáticos dizem $E_5 = 4$. O número de soluções em outras aritméticas de relógio também pode ser calculado. Por exemplo, na aritmética do relógio 7 o número de soluções é nove e assim $E_7 = 9$.

Para resumir seus resultados, os matemáticos fazem uma lista do número de soluções em cada aritmética de relógio e chamam esta lista de série L para a equação elíptica. Qual o significado do L é algo que foi esquecido há muito tempo embora algumas pessoas tenham sugerido que é o L de Gustav Lejeune-Dirichlet, que trabalhou com equações elípticas. Para mais clareza eu vou usar o termo série E — a série que é derivada de uma equação elíptica. Aqui está uma equação elíptica com sua série E:

$$\text{Equação elíptica } x^3 - x^2 = y^2 + y$$

$$\text{série } E: \quad E_1 = 1$$
$$E_2 = 4$$
$$E_3 = 4$$
$$E_4 = 8$$
$$E_5 = 4$$
$$E_6 = 16$$
$$E_7 = 9$$
$$E_8 = 16$$

e assim por diante.

Como os matemáticos não podem dizer quantas soluções algumas equações elípticas possuem no espaço numérico normal, que se estende até o infinito, a série E parece ser o melhor que podem conseguir. De fato a série E contém um bocado de informação sobre a equação elíptica que ela descreve. De mesmo modo como o DNA biológico contém toda a informação necessária para construir um organismo vivo, a série *E* contém a essência da equação elíptica. A esperança residia em que estudando este DNA matemático, a série *E*, os matemáticos seriam capazes de finalmente calcular tudo o que poderiam desejar saber sobre uma equação elíptica.

Trabalhando junto com John Coates, Wiles rapidamente estabeleceu sua reputação como um brilhante teórico dos números, uma pessoa dotada de uma compreensão profunda das equações elípticas e suas séries *E*. À medida que chegava a cada novo resultado e publicava mais um trabalho, Wiles não percebia que estava reunindo a experiência que o levaria, muitos anos depois, à beira de demonstrar o Último Teorema de Fermat.

Embora ninguém estivesse ciente disso na ocasião, a matemática japonesa do pós-guerra já tinha iniciado uma corrente de acontecimentos que ligaria as equações elípticas ao Último Teorema de Fermat. Ao encorajar Wiles a estudar as equações elípticas, Coates lhe dera as ferramentas que o capacitariam a trabalhar em seu sonho.

Yutaka Taniyama

5. Prova por contradição

Os padrões criados pelo matemático, como os do pintor ou do poeta, devem ser belos; as ideias, como as cores ou as palavras, devem se encaixar de um modo harmonioso. A beleza é o primeiro desafio: não existe lugar permanente no mundo para a matemática feia.

G. H. Hardy

Em janeiro de 1954 um jovem e talentoso matemático da Universidade de Tóquio fez uma visita rotineira à biblioteca do seu departamento. Goro Shimura procurava uma cópia do volume 24 do *Mathematische Annalen*. Ele buscava um artigo de Deuring sobre a teoria algébrica da multiplicação complexa de que necessitava para ajudá-lo em um cálculo particularmente difícil e esotérico.

Para sua surpresa e desapontamento, o volume tinha sido emprestado. Quem o levara fora Yutaka Taniyama, um conhecido ocasional de Shimura que vivia do outro lado do campus. Shimura escreveu para Taniyama explicando-lhe que precisava urgentemente da revista para completar um cálculo difícil, e educadamente perguntou quando ela seria devolvida.

Alguns dias depois chegou um cartão-postal na mesa de Shimura. Taniyama respondeu dizendo que estava trabalhando exatamente no mesmo cálculo e que ficara preso no mesmo ponto da lógica. Ele sugeria que compartilhassem suas ideias e talvez pudessem colaborar na solução

Goro Shimura

do problema. Este encontro casual em torno de um volume emprestado pela biblioteca iniciou uma parceria que mudaria o curso da história da matemática.

Taniyama nascera em 12 de novembro de 1927 em um pequeno vilarejo, alguns quilômetros ao norte de Tóquio. O caractere japonês simbolizando seu primeiro nome devia ser lido como "Toyo", mas a maioria das pessoas, fora da família, o interpretava como "Yutaka", e à medida que crescia Taniyama aceitava e adotava este título. Quando criança Taniyama teve sua educação interrompida várias vezes. Ele sofreu vários problemas de saúde e quando era adolescente teve tuberculose, o que o levou a perder dois anos do ensino médio. O início da guerra provocou uma interrupção ainda maior em seu aprendizado.

Goro Shimura era um ano mais jovem do que Taniyama e também tivera seus estudos interrompidos durante os anos da guerra. Sua escola foi fechada e no lugar de assistir às aulas Shimura precisou ajudar no esforço de guerra, trabalhando em uma fábrica que montava partes de aviões. A cada noite ele tentava recuperar seus estudos perdidos e se sentiu atraído pela matemática. "É claro que havia muitos assuntos para estudar, mas a matemática era mais fácil porque eu podia simplesmente ler os livros didáticos. Eu aprendi cálculo lendo os livros. Se tivesse desejado estudar química ou física eu teria precisado de equipamento científico e não tínhamos acesso a tais coisas. Eu nunca pensei que fosse talentoso. Eu era apenas curioso."

Alguns anos depois do fim da guerra, Shimura e Taniyama se encontraram na universidade. Na ocasião em que trocaram postais sobre o livro emprestado, a vida em Tóquio começava a voltar ao normal e os dois jovens acadêmicos podiam ter alguns luxos. Eles passavam a tarde nos cafés e de noite jantavam em um pequeno restaurante especializado em carne de baleia. Nos fins de semana passeavam pelos jardins botânicos ou pelo parque da cidade. Todos locais ideais para conversas sobre as últimas ideias matemáticas.

Embora Shimura tivesse um lado excêntrico — ainda hoje ele mantém o gosto por piadas zen —, ele era muito mais conservador e convencional do que o seu parceiro intelectual. Shimura se levantava com o raiar do dia e imediatamente começava a trabalhar, enquanto seu colega frequentemente continuava dormindo, tendo trabalhado a noite toda. As visitas que chegavam no apartamento frequentemente encontravam Taniyama dormindo no meio da tarde.

Enquanto Shimura era obstinado, Taniyama era despreocupado a ponto de ser preguiçoso. Surpreendentemente esta era uma característica que Shimura admirava. "Ele tinha uma capacidade especial de cometer muitos erros, a maioria deles na direção certa. Eu o invejava por isso e tentei imitá-lo em vão, mas descobri que era muito difícil cometer bons erros."

Taniyama era o exemplo perfeito do gênio distraído e isso se refletia em sua aparência. Ele era incapaz de dar um laço decente, e assim, no lugar de ficar amarrando os sapatos dezenas de vezes por dia, ele os deixava com os cordões soltos, desamarrados. Usava sempre o mesmo terno verde, peculiar, que tinha um estranho brilho metálico. Era feito de um tecido tão vagabundo que fora rejeitado por outros membros de sua família.

Quando se encontraram em 1954, Taniyama e Shimura estavam no começo de suas carreiras como matemáticos. A tradição mandava, e ainda manda, que os jovens pesquisadores sejam colocados sob a tutela de um professor que guiaria suas mentes inexperientes. Mas Taniyama e Shimura rejeitaram esse tipo de aprendizado. Durante a guerra a verdadeira pesquisa fora interrompida e mesmo na década de 1950 as faculdades de matemática ainda não tinham se recuperado. De acordo com Shimura, os professores estavam "cansados, estressados e desiludidos". Em comparação, os estudantes do pós-guerra estavam entusiasmados e ávidos por aprender e logo perceberam que o único caminho à frente seria o de ensinarem a si mesmos. Os estudantes passaram a organizar seminários regulares, se revezando para informar uns aos outros sobre as últimas técnicas e descobertas. Apesar de sua atitude lânguida, durante os seminários Taniyama se tornava uma força impulsionadora feroz. Ele encorajava os estudantes mais velhos a explorarem o território desconhecido e para os mais jovens agia como uma figura paterna.

Como os estudantes viviam isolados do Ocidente, os seminários ocasionalmente cobriam assuntos que eram considerados antiquados na Europa e na América. Um tópico particularmente fora de moda que fascinava Taniyama e Shimura era o estudo das *formas modulares*.

As formas modulares estão entre os objetos mais bizarros e maravilhosos da matemática. Trata-se de uma das entidades mais esotéricas do mundo matemático, e no entanto, no século XX, o teórico dos números Martin Eichler as considerou uma das cinco operações fundamentais: adição, subtração, multiplicação, divisão e formas modulares. A maioria dos matemáticos se considera mestre nas quatro primeiras operações, mas a quinta ainda os deixa um pouco confusos.

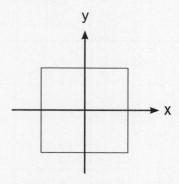

Figura 15. Um quadrado simples exibe a simetria rotacional e reflexiva.

O fator principal das formas modulares é seu nível excessivo de simetria. Embora a maioria das pessoas esteja familiarizada com o conceito normal de simetria, ele tem um significado muito especial em matemática. Significa que um objeto tem simetria se ele puder ser transformado de um modo especial e depois disso parecer o mesmo. Para que possamos apreciar a imensa simetria das formas modulares, vamos examinar primeiro a simetria de objetos mais comuns como um simples quadrado.

No caso do quadrado, uma de suas formas de simetria é a rotacional. Isso quer dizer que se imaginarmos um pino colocado no ponto onde o eixo dos x e o eixo dos y se cruzam, então o quadrado da Figura 15 poderá girar um quarto de uma volta completa e parecer imutável. Rotações semelhantes, de meia volta, três quartos e um giro completo vão deixar o quadrado com a mesma aparência.

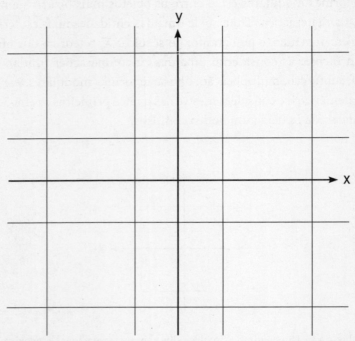

Figura 16. Uma superfície infinita, calçada com azulejos quadrados, exibe simetria rotacional e reflexiva, e além disso possui simetria translacional.

Além da simetria rotacional, o quadrado também possui simetria reflexiva. Se imaginarmos um espelho colocado ao longo do eixo dos x, então a metade superior do quadrado vai se refletir exatamente sobre a metade inferior e vice-versa, de modo que, depois da transformação, o quadrado continuaria parecendo o mesmo. De modo semelhante podemos definir outros três espelhos (ao longo do eixo dos y e ao longo das duas diagonais) para os quais cada quadrado refletido pareceria idêntico ao original.

O quadrado simples é relativamente simétrico, possuindo ambas as simetrias, rotacional e reflexiva, mas ele não possui a simetria translacional. Ela significa que, se o quadrado for empurrado em qualquer direção, um observador perceberia imediatamente por que sua posição relativa aos eixos teria mudado. Contudo, se todo o espaço fosse revestido com azulejos quadrados, como mostrado na Figura 16, esta infinita coleção de quadrados passaria a ter a simetria translacional. Se a superfície infinita de azulejos fosse movida para cima ou para baixo por um ou mais espaços, então o novo azulejo pareceria idêntico ao original. E além disso a superfície de azulejos ainda possui simetria rotacional e reflexiva.

Figura 17. Usando dois tipos diferentes de azulejos, a pipa e o dardo, Roger Penrose foi capaz de cobrir esta superfície. Contudo, os azulejos de Penrose não possuem simetria translacional.

A simetria da superfície de azulejos é uma ideia relativamente simples, mas, exatamente como acontece com outras ideias aparentemente simples, existem muitas sutilezas escondidas dentro dela. Por exemplo, na década de 1970 o físico britânico e matemático diletante Roger Penrose começou a brincar com diferentes tipos de azulejos em uma mesma superfície. Por fim, ele identificou duas formas interessantes, que chamou de pipa e dardo, as quais são mostradas na Figura 17. Sozinhas, nenhuma dessas formas poderia ser usada para cobrir uma superfície sem deixar fendas ou superposições, mas juntas elas podem ser usadas para criar uma série rica de padrões de azulejos. As pipas e os dardos podem ser combinados de um modo infinito, e embora cada padrão seja similar, todos eles variam em detalhes. Um padrão feito de pipas e dardos é mostrado na Figura 17.

Outra característica extraordinária sobre os azulejos de Penrose (os padrões gerados por peças como a pipa e o dardo) é que eles podem exibir um nível bem restrito de simetria. À primeira vista pode parecer que o padrão mostrado na Figura 17 possui simetria translacional, e no entanto qualquer tentativa de mover a figura, de modo que ela pareça imutável, termina em fracasso. Os azulejos de Penrose são enganadoramente assimétricos e é por isso que eles fascinam os matemáticos, tendo se tornado o ponto de partida para todo um novo campo de pesquisas.

Embora a característica fascinante sobre as superfícies azulejadas de Penrose seja sua simetria restrita, a propriedade mais interessante das formas modulares é que elas exibem simetria infinita. As formas modulares estudadas por Taniyama e Shimura podem ser empurradas, trocadas, refletidas e giradas de um número infinito de modos e ainda permanecerão imutáveis, o que as torna os objetos matemáticos mais simétricos que existem.

Infelizmente é impossível desenhar ou imaginar uma forma modular. No caso dos azulejos quadrados, nós temos um objeto que vive num espaço de duas dimensões definido pelo eixo dos x e o eixo dos y. Uma forma modular também é definida por dois eixos, mas ambos os eixos são complexos, ou seja, cada eixo tem uma parte real e uma parte imaginária, tornando-se, efetivamente, dois eixos. Portanto, o primeiro eixo complexo deve ser representado por dois eixos, o eixo x_r (real) e o eixo x_i (imaginário). Já o segundo eixo complexo é representado pelos eixos y_r (real) e y_i (imaginário). Para ser mais preciso, as formas modulares vivem no meio plano superior deste espaço complexo, mas o que é mais importante é notar que este é um espaço quadridimensional (com quatro dimensões, x_r, x_i, y_r, y_i).

PROVA POR CONTRADIÇÃO

Figura 18. *Círculo Limite IV*, de Mauritz Escher, transmite um pouco da simetria das formas modulares.

Este espaço quadridimensional é chamado de *espaço hiperbólico*. O universo hiperbólico é difícil de ser entendido pelos humanos, que estão presos num mundo convencional, tridimensional, mas o espaço quadridimensional é um conceito matemático válido e é esta dimensão extra que dá às formas modulares seu nível de simetria tão imenso. O artista Mauritz Escher era fascinado pelas ideias matemáticas e tentou transmitir o conceito de espaço hiperbólico em algumas de suas gravuras e pinturas. A Figura 18 mostra o *Círculo Limite IV* de Escher que encaixa o mundo hiperbólico, em uma página bidimensional. No verdadeiro espaço hiperbólico os morcegos e anjos teriam todos o mesmo tamanho e a repetição é um sinal do alto nível de simetria. Embora parte desta simetria possa ser vista em uma página bidimensional, existe uma distorção crescente em direção à borda da figura.

As formas modulares, que vivem no espaço hiperbólico, podem ter várias formas e tamanhos, mas cada uma é construída com os mesmos ingredientes básicos. O que diferencia cada forma modular é a dosagem de cada ingrediente contido nela. Os ingredientes de uma forma modular são enumerados de um ao infinito (M_1, M_2, M_3, M_4...), e assim uma determinada forma modular pode conter uma porção do ingrediente um ($M_1 = 1$), três porções do ingrediente dois ($M_2 = 3$), duas porções do ingrediente três ($M_3 = 2$) etc. Esta informação, descrevendo como uma forma modular é construída, pode ser resumida na assim chamada série modular, ou série M, uma receita com ingredientes e a quantidade necessária de cada um:

$$\text{Série } M: M_1 = 1$$
$$M_2 = 3$$
$$M_3 = 2$$
e assim por diante.

Exatamente como a série E é o DNA das equações elípticas, a série M é o DNA das formas modulares. A quantidade de cada ingrediente listado em uma série M é crítica. Dependendo de como você muda a quantidade, digamos, do primeiro ingrediente, você pode gerar uma forma modular completamente diferente, mas igualmente simétrica, ou pode destruir toda a simetria e gerar um novo objeto que não é uma forma modular. Se a quantidade de cada ingrediente for escolhida arbitrariamente, então o resultado, provavelmente, será um objeto com pouca ou nenhuma simetria.

As formas modulares são muito independentes na matemática. Na verdade, elas parecem completamente desligadas do assunto que Wiles iria estudar em Cambridge, as equações elípticas. A forma modular é terrivelmente complicada, estudada principalmente devido à sua simetria, e foi descoberta no século XIX. A equação elíptica vem da Grécia antiga e não tem relação nenhuma com a simetria. Formas modulares e equações elípticas vivem em regiões completamente diferentes do cosmos matemático e ninguém acreditaria que existisse algum elo remoto entre os dois assuntos. Contudo, Taniyama e Shimura iriam chocar a comunidade matemática ao sugerirem que as equações elípticas e as formas modulares eram na verdade uma coisa só. De acordo com esses matemáticos dissidentes seria possível unificar os mundos modulares e elípticos.

SONHANDO COM O IMPOSSÍVEL

Em setembro de 1955 realizou-se um simpósio internacional em Tóquio. Era uma oportunidade única para muitos jovens pesquisadores japoneses mostrarem ao resto do mundo o que tinham aprendido. Eles distribuíram uma coleção de 36 problemas relacionados com seu trabalho, acompanhados de uma humilde introdução — *Alguns problemas não resolvidos da matemática: nenhuma atualização foi feita, assim podem existir algumas questões triviais ou já resolvidas entre estas. Pede-se aos participantes que apresentem comentários sobre qualquer um desses problemas.*

Quatro problemas eram de Taniyama e sugeriam uma curiosa relação entre as formas modulares e as equações elípticas. Esses problemas inocentes iriam finalmente conduzir a uma revolução na teoria dos números. Taniyama estudara os primeiros termos na série M de uma determinada forma modular. Ele reconheceu o padrão e percebeu que era idêntico à lista de números de uma série E de uma bem conhecida equação elíptica. Ele calculou mais alguns termos em cada uma das séries e ainda assim a série M da forma modular e a série E da equação elíptica correspondiam perfeitamente.

Em 1955, Goro Shimura e Yutaka Taniyama participaram de um simpósio internacional em Tóquio.

Esta era uma descoberta espantosa porque, sem nenhuma razão aparente, esta forma modular poderia se relacionar com uma equação elíptica através de suas respectivas séries M e séries E — ambas as séries eram idênticas. O DNA matemático que criara essas duas entidades era o mesmo. Esta era uma descoberta duplamente profunda. Em primeiro lugar, sugeria que, lá no fundo, existia uma relação entre as formas modulares e as equações elípticas, objetos que estão em lados opostos da matemática. Em segundo lugar, sugeria que os matemáticos, que já conheciam a série M para uma forma modular, não precisariam calcular a série E para uma equação elíptica correspondente, porque ela seria idêntica à série M.

As relações entre assuntos aparentemente diferentes são importantes, criativamente, tanto na matemática quanto em qualquer outra disciplina. O relacionamento sugere alguma verdade oculta que enriquece ambos os temas. Por exemplo, originalmente os cientistas tinham estudado a eletricidade e o magnetismo como dois fenômenos completamente separados. Então, no século XIX, os teóricos e os experimentalistas perceberam que a eletricidade e o magnetismo tinham uma relação profunda. Isso resultou num melhor entendimento de ambos. As correntes elétricas geram campos magnéticos e os magnetos podem induzir correntes elétricas em fios que passem perto deles. Isso levou à invenção dos dínamos e motores elétricos e finalmente à descoberta de que a própria luz é o resultado de campos elétricos e campos magnéticos oscilando em harmonia.

Taniyama examinou mais algumas formas modulares e em cada caso a série M parecia corresponder perfeitamente com a série E de uma equação elíptica. Ele começou a imaginar se cada forma modular teria uma equação elíptica correspondente. Talvez cada forma modular tivesse o mesmo DNA de uma equação elíptica: É possível que as formas modulares sejam equações elípticas disfarçadas? As perguntas que ele distribuiu no simpósio eram relacionadas com esta hipótese.

A ideia de que cada equação elíptica tinha relação com uma forma modular era tão extraordinária que aqueles que leram as perguntas de Taniyama as trataram como nada mais do que uma observação curiosa. Com certeza Taniyama tinha demonstrado que algumas equações elípticas podiam ser relacionadas com determinadas formas modulares, mas afirmava-se que isso era apenas uma coincidência. De acordo com os céticos, a hipótese de Taniyama de que existia uma relação geral, universal, não tinha substância. A hipótese era baseada na intuição e não em qualquer evidência real.

O único aliado de Taniyama era Shimura, que acreditava na força e na profundidade das ideias de seu amigo. Depois do simpósio, ele trabalhou com Taniyama em uma tentativa para desenvolver a hipótese até um ponto em que o resto do mundo não pudesse mais ignorá-la. Shimura queria encontrar mais evidências para apoiar o relacionamento entre os mundos modulares e elípticos. A colaboração entre os dois foi interrompida, temporariamente, em 1957, quando Shimura foi convidado a estudar no Instituto de Estudos Avançados de Princeton. Depois de passar dois anos como professor visitante nos Estados Unidos, ele pretendia voltar a trabalhar com Taniyama, mas isso nunca aconteceu. No dia 17 de novembro de 1958, Yutaka Taniyama cometeu suicídio.

A MORTE DE UM GÊNIO

Shimura ainda guarda o postal que Taniyama lhe mandou quando fizeram o primeiro contato devido ao livro emprestado da biblioteca. Ele também guarda a última carta que Taniyama escreveu para ele quando estava em Princeton, mas ela não contém o menor indício do que iria acontecer, dois meses depois. Até hoje Shimura ainda não entendeu a causa do suicídio de Taniyama. "Eu estava muito intrigado. Perplexo pode ser uma palavra melhor. É claro que fiquei triste, mas foi uma coisa tão súbita. Eu recebi esta carta em setembro e ele morreu em novembro e fiquei incapaz de entender o que acontecera. É claro que depois ouvi muitas coisas e tentei me reconciliar com sua morte. Algumas pessoas dizem que ele perdera a confiança em si mesmo, mas não matematicamente."

O que era particularmente confuso para os amigos de Taniyama é que ele acabara de se apaixonar por Misako Suzuki e planejava se casar com ela no final daquele ano. Num tributo pessoal publicado no *Bulletin of the London Mathematical Society*, Goro Shimura relembra o envolvimento de Taniyama com Misako e as semanas que antecederam o seu suicídio:

> Quando fui informado do namoro entre os dois, eu fiquei um pouco surpreso, já que pensara, vagamente, que ela não era seu tipo, mas não tive nenhum pressentimento. Depois me contaram que eles tinham alugado um apartamento, aparentemente melhor, para ser seu novo lar. Saíram juntos e compraram utensílios de cozinha e estavam preparando tudo para o casamento. Tudo parecia tão promissor para eles e os amigos. E então a catástrofe os atingiu.
>
> Na manhã da segunda-feira, 17 de novembro de 1958, o síndico do apartamento o encontrou morto, com um bilhete deixado na escrivaninha. Fora escrito em três páginas de um caderno que ele usava para seus trabalhos. O primeiro parágrafo dizia:
>
> Até ontem eu não tinha intenção de me matar. Mas muitos notaram que ultimamente eu tenho me sentido cansado, física e mentalmente. Quanto à causa do meu suicídio, eu mesmo não a entendo completamente, mas não é o resultado de um incidente em particular ou de uma questão específica.

Só posso dizer que estou num estado mental em que perdi a confiança em meu futuro. Podem existir pessoas para quem meu suicídio será uma coisa perturbadora ou de certo modo um golpe. Eu sinceramente espero que este incidente não lance uma sombra sepulcral sobre o futuro desta pessoa. De qualquer modo não posso negar que isso seja uma espécie de traição, mas por favor, desculpe o que fiz como meu último ato em meu modo de vida, como sempre, vivi ao meu modo, em toda a minha vida.

Em seguida ele passava a descrever, metodicamente, o seu desejo sobre o que deveria ser feito com seus pertences e que livros e registros ele tinha tomado emprestado da biblioteca e de amigos. Especificamente ele diz: "Eu gostaria de deixar meus discos e a vitrola para Misako Suzuki, desde que ela não fique perturbada por eu deixar isto para ela." Ele também explica até onde tinha chegado no curso de cálculo e álgebra linear que estava dando para os estudantes e conclui a nota pedindo desculpas aos colegas pelo incômodo que iria causar.

Assim uma das mentes mais brilhantes e arrojadas de nossa época acabou com sua vida por sua própria vontade. Ele tinha completado 31 anos cinco dias antes.

Algumas semanas depois do suicídio, a tragédia aconteceu pela segunda vez. Sua noiva, Misako Suzuki, também se matou. Ela teria deixado um bilhete dizendo: "Nós prometemos um ao outro que, não importa aonde fôssemos, nunca nos separaríamos. E agora que ele se foi eu também devo me juntar a ele."

A FILOSOFIA DA BONDADE

Durante sua curta carreira Taniyama contribuiu com muitas ideias radicais para a matemática. Os problemas que ele distribuiu no simpósio continham suas maiores descobertas, mas ele estava tão adiante de seu tempo que não viveria para ver sua enorme influência na teoria dos números. A comunidade dos jovens cientistas japoneses sentiria muita falta de sua liderança e de sua criatividade intelectual. Shimura se lembra muito bem da influência de Taniyama: "Ele era sempre gentil com seus colegas, especialmente com os calouros, e se importava realmente com o bem-estar de todos. Era um apoio moral para muitos dos que entraram em contato com ele durante o estudo da matemática, eu inclusive. Provavelmente nunca teve noção do papel que desempenhava. Mas eu sinto sua nobre generosidade mais fortemente agora do que quando ele estava vivo. E no entanto ninguém foi capaz de apoiá-lo quando ele precisava desesperadamente. Refletindo sobre isso eu me sinto tomado pela mais profunda mágoa."

Depois da morte de Taniyama, Shimura concentrou todos os seus esforços para compreender a relação exata entre as equações elípticas e as formas modulares. À medida que os anos se passavam ele lutava para reunir mais evidências e conseguir uma ou duas peças de apoio lógico para sua teoria. Gradualmente ele se convenceu de que cada equação elíptica devia ser relacionada com uma forma modular. Os outros matemáticos ainda duvidavam e Shimura se lembra de uma conversa que teve com um eminente colega. O professor perguntou: "Ouvi dizer que você propõe que algumas equações elípticas podem ser ligadas a formas modulares."

"Não, você não entende", respondeu Shimura. "Não são apenas algumas equações elípticas, são *todas* as equações elípticas!"

Shimura não podia provar que isso era verdade, mas cada vez que ele testava sua hipótese ela parecia verdadeira e, em todo caso, ela parecia se encaixar em sua ampla filosofia matemática. "Eu tenho esta filosofia da bondade, e a matemática deve contê-la. Assim, no caso de uma equação elíptica, pode-se dizer que esta equação é boa se ela for definida por uma forma modular. Eu espero que todas as equações elípticas sejam boas. É uma filosofia meio tosca, mas sempre se pode usá-la como ponto de partida. Depois, é claro, eu tinha que desenvolver várias razões técnicas para a conjectura. Eu posso dizer que a conjectura deriva da minha filosofia da bondade. A maioria dos matemáticos faz matemática a partir de um ponto de vista estético e esta filosofia da bondade vem do meu ponto de vista estético."

Finalmente as evidências acumuladas por Shimura fizeram com que sua teoria sobre equações elípticas e formas modulares se tornasse mais aceita. Ele não podia provar para o resto do mundo que era verdade, mas pelo menos agora ela era algo mais do que uma ideia inspirada. Havia evidência suficiente para que recebesse o título de conjectura. Inicialmente foi chamada de conjectura de Taniyama-Shimura em reconhecimento ao homem que a inspirara e ao seu colega que a desenvolveu completamente.

Depois André Weil, um dos grandes nomes da teoria dos números no século XX, adotou a conjectura e a divulgou no Ocidente. Weil investigou a ideia de Shimura e Taniyama e encontrou evidências ainda mais sólidas a favor delas. Como resultado, a hipótese às vezes era chamada de conjectura Taniyama-Shimura-Weil, às vezes como conjectura Taniyama-Weil e, ocasionalmente, como conjectura Weil. De fato, houve muitos debates e controvérsias quanto ao nome oficial da conjectura. Para aqueles que se interessam por combinações, existem quinze permutações possíveis dados os três nomes envolvidos, e é bem possível que cada uma dessas combinações tenha aparecido nos livros e revistas ao longo dos anos. Contudo, eu vou me referir à conjectura pelo seu título original, de conjectura de Taniyama-Shimura.

O professor John Coates, que orientou Andrew Wiles quando ele era estudante, fora ele próprio estudante quando a conjectura começou a ser discutida no Ocidente. "Eu comecei a fazer pesquisas em 1966 quando a conjectura de Taniyama e Shimura estava se espalhando pelo mundo. Todos estavam admirados e começavam a examinar seriamente se todas as equações elípticas poderiam ser modulares. Era uma época muito excitante, o único problema é que parecia muito difícil fazer algum progresso. Eu acho que é honesto dizer que, embora bela, esta ideia parecia muito difícil de ser provada, e é isso que nos interessa como matemáticos."

No final da década de 1960, hordas de matemáticos testaram repetidamente a conjectura de Taniyama-Shimura. Começando com uma equação elíptica e sua série E, eles procuravam uma forma modular com uma série M idêntica. E, em cada caso, a equação elíptica tinha, de fato, uma forma modular associada. Embora esta fosse uma boa evidência a favor da conjectura de Taniyama-Shimura, ela não chegava a ser uma prova. Os matemáticos suspeitavam de que fosse verdade, mas até que alguém pudesse encontrar uma prova lógica ela continuaria sendo meramente uma conjectura.

Barry Mazur, professor da Universidade de Harvard, testemunhou a ascensão da conjectura de Taniyama-Shimura. "Era uma hipótese maravilhosa — a ideia de que cada equação elíptica seria associada a uma forma modular —, mas para começar foi ignorada porque estava muito à frente de seu tempo. Quando foi apresentada pela primeira vez, não foi considerada porque era espantosa demais. Num lado você tinha o mundo elíptico e, no outro, tinha o mundo modular. Estes dois ramos da matemática tinham sido estudados de modo intenso mas separado. Os matemáticos que estudavam as equações elípticas não eram bem versados em coisas modulares e vice-versa. Então chega a conjectura de Taniyama-Shimura, com sua grande hipótese de que existe uma ponte ligando esses dois mundos completamente diferentes. E os matemáticos adoram construir pontes."

O valor das pontes matemáticas é enorme. Elas permitem que as comunidades de matemáticos, que viviam em ilhas separadas, troquem ideias e explorem suas criações. A matemática consiste em ilhas de conhecimento num mar de ignorância. Por exemplo, existe uma ilha ocupada pelos geômetras, que estudam as formas, e existe a ilha dos probabilistas, que estudam o risco e o acaso. Existem dúzias de tais ilhas, cada uma com sua linguagem única, incompreensível para os habitantes das outras ilhas. A linguagem da geometria é bem diferente da linguagem da probabilidade, e a gíria do cálculo é incompreensível para aqueles que falam somente estatística.

O grande potencial da conjectura de Taniyama-Shimura era o de ligar duas ilhas, permitindo que se comunicassem pela primeira vez. Barry Mazur pensa na conjectura de Taniyama-Shimura como um artefato tradutor, semelhante à pedra de Rosetta, que continha inscrições em demótico egípcio, no antigo grego e nos hieróglifos. Como o grego e o demótico eram conhecidos, os arqueólogos puderam decifrar os hieróglifos pela primeira vez. "É como se você conhecesse uma linguagem e esta pedra de Rosetta vai lhe dar uma compreensão intensa do outro idioma", diz Mazur. "Mas a conjectura de Taniyama-Shimura é uma pedra de Rosetta com um certo poder mágico. A conjectura tem uma característica agradável no sentido de que simples intuições no mundo elíptico se traduzem em verdades profundas no mundo modular e vice-versa. E o que é ainda mais interessante, problemas profundos no mundo elíptico podem ser resolvidos, às vezes, simplesmente traduzindo-os para o mundo modular, com esta pedra de Rosetta, e descobrindo que neste mundo temos ferramentas e artefatos para enfrentar o problema traduzido. No mundo elíptico estaríamos perdidos."

Se a conjectura de Taniyama-Shimura fosse verdadeira, ela permitiria que os matemáticos solucionassem problemas que tinham passado séculos sem serem resolvidos, abordando-os através do mundo modular. A grande esperança era no sentido desta unificação dos mundos elíptico e modular. A conjectura também criou uma esperança de que pudessem existir ligações entre os vários temas da matemática.

Durante a década de 1960, Robert Langlands, do Instituto de Estudos Avançados de Princeton, ficou impressionado com o potencial da conjectura. Embora ela não tivesse sido provada, Langlands acreditava que se tratava de apenas um elemento num grande esquema de unificação. Ele estava confiante de que existiriam elos entre todos os principais assuntos da matemática e começou a buscar esta unificação. Em poucos anos começaram a surgir algumas pontes. Todas essas conjecturas de unificação eram muito mais fracas e especulativas do que a de Taniyama-Shimura, mas formavam uma rede complexa de pontes hipotéticas entre muitas áreas da matemática. O sonho de Langlands era ver cada uma dessas conjecturas provadas uma por uma, levando a uma grande matemática unificada.

Langlands discutiu seus planos para o futuro e tentou persuadir outros matemáticos a participarem do que ficou conhecido como o programa Langlands, um esforço concentrado para provar suas inúmeras conjecturas. Parecia não existir meio óbvio de provar tais elos especulativos, mas, se o sonho se tornasse realidade, então a recompensa seria enorme. Qualquer problema insolúvel em um campo da matemática poderia ser transformado num problema análogo em outra área, onde todo um novo arsenal de técnicas poderia ser colocado sobre ele. Se uma solução se tornasse difícil, o problema poderia ser transformado e transportado para outra área da matemática e assim por diante, até que fosse resolvido. Um dia, de acordo com o programa Langlands, os matemáticos seriam capazes de resolver seus problemas mais esotéricos e intratáveis, simplesmente transportando-os através das ilhas do mundo matemático.

Havia também implicações importantes para as ciências aplicadas e a engenharia. Seja modelando as interações entre quarks que colidem ou descobrindo o modo mais eficiente de organizar uma rede de telecomunicações, frequentemente a chave do problema reside em um cálculo matemático. Em algumas áreas da ciência e da tecnologia a complexidade dos cálculos é tão grande que eles não podem ser terminados e, consequentemente, o progresso nestes campos é severamente prejudicado. Se os matemáticos pudessem provar suas conjecturas de ligação, elas seriam atalhos para resolver não só os problemas abstratos, mas também os problemas do mundo real.

Na década de 1970 o programa Langlands se tornara um projeto para o futuro da matemática, mas esta rota para o paraíso dos resolvedores de problemas estava bloqueada pelo simples fato de que ninguém tinha a menor ideia de como provar as conjecturas de Langlands. A conjectura mais sólida dentro do programa era ainda a de Taniyama-Shimura, mas mesmo esta parecia fora de alcance. A prova de Taniyama-Shimura seria o primeiro passo no programa Langlands e como tal se tornara um dos maiores prêmios cobiçados pela teoria dos números.

Apesar de sua condição de conjectura não provada, Taniyama-Shimura ainda era mencionada em centenas de trabalhos de pesquisa matemática, especulando sobre o que aconteceria se ela fosse verdadeira. Os trabalhos começaram com a advertência clara: "Presumindo-se que a conjectura de Taniyama-Shimura seja verdadeira..." e então continuavam a delinear uma solução para algum problema não resolvido. É claro que esses resultados poderiam ser igualmente hipotéticos porque dependiam da conjectura ser verdadeira. Os novos resultados hipotéticos eram por sua vez incorporados em outros resultados até que existia um excesso de matemática dependendo da comprovação da conjectura de Taniyama-Shimura. Esta única conjectura era a fundação de toda uma nova arquitetura da matemática, mas até que fosse provada esta nova estrutura seria vulnerável.

Na ocasião, Andrew Wiles era um jovem pesquisador na Universidade de Cambridge, e ele lembra a inquietação que atingiu a comunidade matemática na década de 1970. "Nós construímos mais e mais conjecturas que se estendiam cada vez mais para o futuro, mas que seriam todas ridículas se a conjectura de Taniyama-Shimura não fosse verdadeira. Assim, tínhamos que provar Taniyama-Shimura para mostrar que todo este projeto que tínhamos mapeado para o futuro era possível."

Os matemáticos tinham construído um frágil castelo de cartas. Eles sonhavam que um dia poderiam dar a esta arquitetura a fundação sólida de que ela necessitava. Mas também tinham que viver com o pesadelo de que um dia alguém poderia provar que Taniyama e Shimura estavam na verdade enganados, reduzindo a pó duas décadas de trabalhos de pesquisa.

O ELO PERDIDO

No outono de 1984 um seleto grupo de teóricos dos números se reuniu para um simpósio em Oberwolfach, uma pequena cidade no coração da Floresta Negra da Alemanha. Eles tinham se reunido para discutir várias descobertas no estudo das equações elípticas, e naturalmente alguns dos palestrantes, ocasionalmente, relatavam alguns pequenos progressos feitos na direção da prova de conjectura de Taniyama-Shimura. Um dos oradores era Gerhard Frey, um matemático de Saarbrücken. Ele não tinha nenhuma ideia nova sobre como abordar a conjectura, mas fez a afirmação extraordinária de que qualquer um que pudesse provar que a conjectura de Taniyama-Shimura era verdadeira também demonstraria imediatamente o Último Teorema de Fermat.

Quando Frey se levantou para falar, ele começou escrevendo a equação de Fermat:

$$x^n + y^n = z^n, \text{ onde } n \text{ é maior do que 2.}$$

O Último Teorema de Fermat afirma que não existem soluções com números inteiros para esta equação, mas Frey explorou o que aconteceria se o Último Teorema fosse falso, ou seja, se existisse pelo menos uma solução. Frey não tinha ideia do que poderia ser esta solução hipotética e herética, assim chamou os números desconhecidos pelas letras A, B e C:

$$A^N + B^N = C^N.$$

Frey passou então a "rearrumar" a equação. Isso é um procedimento matemático rigoroso que muda a aparência de uma equação sem alterar sua integridade. Através de uma série hábil de complicadas manobras, Frey modelou a equação original de Fermat com sua solução hipotética para criar

$$y^2 = x^3 + (A^N - B^N)x^2 - A^N B^N.$$

Embora este arranjo pareça muito diferente da equação original, ele é uma consequência direta da solução hipotética. Queremos dizer que se, e este é um grande "se", existe uma solução para a equação de Fermat e o Último Teorema de Fermat é falso, então esta equação rearrumada também deve existir. Inicialmente a audiência de Frey não ficou muito impressionada com a rearrumação, mas então ele chamou a atenção para o fato de que esta nova equação é de fato uma elíptica, se bem que exótica e enrolada. As equações elípticas possuem a forma

$$y^2 = x^3 + ax^2 + bx + c,$$

mas se fizermos

$$a = A^N - B^N, \ b = 0 \ \text{e} \ c = -A^N B^N,$$

então torna-se fácil apreciar a natureza elíptica da equação de Frey.

Ao transformar a equação de Fermat em uma equação elíptica, Frey tinha ligado o Último Teorema de Fermat à conjectura de Taniyama-Shimura. Frey então mostrou para sua audiência que esta equação elíptica, criada da solução da equação de Fermat, é verdadeiramente bizarra. De fato, Frey afirmou que sua equação elíptica era tão estranha que as repercussões de sua existência seriam devastadoras para a conjectura de Taniyama-Shimura.

Quando Frey chamou sua equação elíptica de "estranha", este era seu modo de expressar a natureza única de sua série E. A série E continha uma sequência tão estranha de números que seria inconcebível uma forma modular possuir uma série M idêntica. Daí se dizia que a equação elíptica de Frey não poderia ser modular. Mas lembre-se de que ela é apenas uma equação fantasma. Sua existência está condicionada à hipótese de o Último Teorema de Fermat ser falso. Contudo, se a equação elíptica de Frey de fato existe, então ela é tão estranha que seria impossível que fosse relacionada com uma forma modular. Todavia, a conjectura de Taniyama-Shimura afirma que *toda* equação elíptica deve ser relacionada com uma forma modular. Portanto, a existência da estranha equação elíptica de Frey desafia a conjectura de Taniyama-Shimura.

Em outras palavras, o argumento de Frey é o seguinte:

(1) Se (e somente se) o Último Teorema de Fermat está errado, então a equação elíptica de Frey existe.
(2) A equação elíptica de Frey é tão estranha que nunca poderia ser modular.
(3) A conjectura de Taniyama-Shimura afirma que toda equação elíptica deve ser modular.
(4) Portanto, a conjectura de Taniyama-Shimura é falsa!

Alternativamente, e mais importante, Frey podia inverter este argumento.

(1) Se for verdade a conjectura de Taniyama-Shimura, então toda equação elíptica deve ser modular.
(2) Se toda equação elíptica deve ser modelar, então a equação de Frey não pode existir.
(3) Se a equação elíptica de Frey não existe, então não podem existir soluções para a equação de Fermat.
(4) Portanto, o Último Teorema de Fermat é verdadeiro!

Gerhard Frey chegara à dramática conclusão de que a veracidade do Último Teorema de Fermat teria como consequência imediata a prova de que a conjectura de Taniyama-Shimura era real. Frey afirmava que se os matemáticos pudessem demonstrar a conjectura de Taniyama-Shimura, então eles automaticamente provariam que o Último Teorema de Fermat estava certo. Pela primeira vez em cem anos o problema de matemática mais difícil do mundo parecia vulnerável. De acordo com Frey, demonstrar a conjectura de Taniyama-Shimura era o único obstáculo a vencer para obter a prova do Último Teorema de Fermat.

Embora a audiência ficasse impressionada pela visão brilhante de Frey, ela percebeu um erro elementar em sua lógica. Quase todo mundo no auditório, exceto Frey, a percebera. O erro não parecia ser sério, entretanto, tornava o trabalho de Frey incompleto. Quem quer que conseguisse corrigir o erro receberia o crédito por ligar Fermat a Taniyama-Shimura.

A plateia de Frey correu do auditório para a sala de xerox. Frequentemente, a importância de uma palestra pode ser medida pelo comprimento da fila esperando para obter cópias da transcrição do que foi dito. Depois de obter uma versão por escrito das ideias de Frey, os espectadores retornaram aos seus respectivos institutos e começaram a tentar a correção do erro.

O argumento de Frey dependia do fato de que sua equação elíptica, derivada da equação de Fermat, era tão estranha que não poderia ser modular. Seu trabalho estava incompleto porque ele não demonstrara inteiramente que sua equação elíptica era suficientemente bizarra. Somente quando alguém pudesse provar a *absoluta* estranheza da equação elíptica de Frey é que uma demonstração da conjectura de Taniyama-Shimura implicaria a prova do Último Teorema de Fermat.

Inicialmente os matemáticos acreditavam que provar a estranheza da equação elíptica de Frey seria um processo razoavelmente rotineiro. À primeira vista, o erro de Frey parecia elementar e todos os presentes em Oberwolfach acharam que tudo se resumia a uma corrida para ver quem misturava a álgebra mais rapidamente. A expectativa é que alguém enviaria um e-mail em questão de dias descrevendo como estabelecera a verdadeira estranheza da equação elíptica de Frey.

Uma semana se passou e tal e-mail não chegou. Meses se passaram e o que parecia uma louca corrida matemática se transformou em uma maratona. Era como se Fermat continuasse a zombar e atormentar seus descendentes. Frey tinha delineado uma estratégia fascinante para demonstrar o Último Teorema de Fermat, mas mesmo o primeiro passo elementar, ou seja, provar que a equação elíptica hipotética de Frey não era modular, estava frustrando os matemáticos do mundo inteiro.

Para provar que a equação elíptica não era modular, os matemáticos estavam procurando por uma invariante semelhante àquelas descritas no capítulo 4. A invariante do nó mostrava que um nó não poderia ser transformado em outro e a invariante do enigma de Loyd mostrara que seu enigma 14-15 não poderia ser transformado no arranjo correto. Se os teóricos dos números pudessem descobrir uma invariante apropriada para descrever a equação elíptica de Frey, então eles poderiam provar que, não importava o que fosse feito, ela nunca poderia ser transformada em uma forma modular. De certo modo, a invariante seria a medida de sua estranheza.

Um dos matemáticos que tentavam completar a ligação entre a conjectura de Taniyama-Shimura e o Último Teorema de Fermat era Ken Ribet, um professor da Universidade da Califórnia em Berkeley. Desde a palestra em Oberwolfach, Ribet ficara obcecado em provar que a equação elíptica de Frey era estranha demais para ser modular.

Ken Ribet

Depois de dezoito meses de esforços, ele e todos os outros não chegaram a parte alguma. Então, no verão de 1986, um colega de Ribet, o professor Barry Mazur, estava visitando Berkeley para participar do Congresso Internacional de Matemática. Os dois amigos foram tomar um cappuccino no Café Strada e começaram a trocar histórias de má sorte, resmungando a respeito do estado da matemática.

Até que eles começaram a conversar sobre as últimas novidades nas várias tentativas para provar a estranheza da equação elíptica de Frey. Ribet começou a explicar a estratégia que estivera explorando. A abordagem parecera vagamente promissora, mas só conseguira demonstrar uma pequena parte. "Eu estava sentado diante de Barry contando para ele o que estivera fazendo. Eu mencionei que tinha conseguido demonstrar um caso muito especial, mas não sabia o que fazer para generalizar e conseguir toda a demonstração."

O professor Mazur tomou um gole do seu café e ouviu a ideia de Ribet. Então ele parou e olhou para Ken, incrédulo. "Mas você não percebe? Tudo que precisa fazer é somar alguns gama-zero de estrutura (M) e prosseguir com seu argumento, que vai funcionar. Vai lhe dar tudo de que precisa."

Ribet olhou para Mazur, olhou para seu cappuccino e olhou de novo para Mazur. Era o momento mais importante da carreira de Ribet, e ele o relembra nos mínimos detalhes. "Eu disse: você está absolutamente certo — é claro! —, como não percebi isso? Eu estava totalmente perplexo porque nunca me ocorrera somar os gama-zero da estrutura (M), embora pareça simples."

Deve ser notado que, embora *somar gama-zero da estrutura (M)* possa parecer simples para Ken Ribet, trata-se de um passo esotérico de lógica que somente um punhado de matemáticos no mundo inteiro teria bolado durante um café casual.

"Era um ingrediente crucial que eu deixara passar e estivera o tempo todo ali, na minha cara. Eu voltei para o meu apartamento, andando no ar, pensando: Meu Deus, será que isso está correto? Eu estava completamente fascinado, me sentei e comecei a escrever num bloco de papel. Depois de uma hora ou duas já tinha tudo pronto e verificado. Eu conhecia os passos-chave e tudo se encaixava. Revisei meus argumentos e disse, sim, isso realmente tem que funcionar. É claro que havia milhares de matemáticos no Congresso Internacional, e eu mencionei casualmente para algumas pessoas que tinha conseguido demonstrar que a conjectura de Taniyama-Shimura implica o Último Teorema de Fermat. A coisa se espalhou como fogo no mato seco e logo muita gente sabia e vinha me perguntar: *É realmente verdade que você provou que a equação elíptica de Frey não é modular?* E eu pensava por um minuto e dizia repentinamente: *Sim, eu provei.*"

O Último Teorema de Fermat estava agora inseparavelmente ligado à conjectura de Taniyama-Shimura. Se alguém pudesse provar que toda equação elíptica é modular, então isso implicaria que a equação de Fermat não teria solução e o Último Teorema estaria automaticamente demonstrado.

Por três séculos e meio o Último Teorema de Fermat fora um problema isolado, um enigma curioso e impossível na fronteira da matemática. Agora Ken Ribet, inspirado por Gerhard Frey, o trouxera para o centro das atenções. O problema mais importante do século XVII fora ligado ao problema mais significativo do século XX. Um enigma de enorme importância histórica e emocional estava ligado agora a uma conjectura que poderia revolucionar a matemática moderna.

De fato, os matemáticos agora poderiam atacar o Último Teorema de Fermat adotando a estratégia da prova por contradição. Para provar que o Último Teorema é verdadeiro, os matemáticos começariam presumindo que ele é falso, o que implicaria ser falsa a conjectura de Taniyama-Shimura. Contudo, se Taniyama-Shimura fosse demonstrada como sendo verdadeira, então isso seria incompatível com a falsidade do Último Teorema de Fermat e, portanto, o Último Teorema teria que ser verdadeiro. Frey tinha definido claramente a tarefa a ser cumprida. Os matemáticos demonstrariam automaticamente o Último Teorema se eles pudessem provar primeiro que a conjectura de Taniyama-Shimura era verdadeira.

Inicialmente houve grandes esperanças, mas então a realidade da situação foi percebida. Havia trinta anos que os matemáticos tentavam provar

Taniyama-Shimura e fracassavam. Por que iriam fazer progresso logo agora? Os céticos acreditavam que o resto de esperança que ainda havia, quanto a provar Taniyama-Shimura, tinha desaparecido. Sua lógica era a de que qualquer coisa que pudesse levar a uma solução do Último Teorema de Fermat deveria, por definição, ser impossível.

Mesmo Ken Ribet, que fizera a descoberta crucial, era pessimista: "Eu fazia parte da grande maioria de pessoas que acreditavam que a conjectura de Taniyama-Shimura era completamente inacessível. Nem me importei de tentar prová-la. Nem mesmo pensei nisso. Andrew Wiles era provavelmente uma das poucas pessoas na terra que tinha a audácia de sonhar que poderia realmente ir em frente e provar esta conjectura."

6. Os cálculos secretos

Um especialista em resolver problemas deve ser dotado de duas qualidades incompatíveis — uma imaginação inquieta e uma paciente obstinação.

Howard W. Eves

"Foi numa tarde, no final do verão de 1986, quando eu estava tomando chá na casa de um amigo", lembra-se Wiles. "Casualmente, no meio da conversa, ele me disse que Ken Ribet tinha demonstrado a ligação entre Taniyama-Shimura e o Último Teorema de Fermat. Eu fiquei eletrizado. Eu sabia naquele momento que o rumo de minha vida estava mudando, porque isso significava que para demonstrar o Último Teorema de Fermat eu só precisaria provar a conjectura de Taniyama-Shimura. Aquilo significava que meu sonho de infância era agora uma coisa respeitável para se trabalhar e sabia que nunca a deixaria escapar. Sabia que iria para casa e começaria a trabalhar na conjectura de Taniyama-Shimura."

Duas décadas tinham se passado desde que Andrew Wiles descobrira na biblioteca o livro que o inspirara a aceitar o desafio de Fermat, mas agora, pela primeira vez, ele podia vislumbrar o caminho em direção ao sonho da sua infância. Wiles diz que sua atitude em relação a Taniyama--Shimura mudou da noite para o dia. "Eu me lembrei de um matemático que escrevera sobre a conjectura de Taniyama-Shimura e descaradamente

Em 1986, Andrew Wiles percebeu que poderia ser possível demonstrar o Último Teorema de Fermat através da conjectura de Taniyama-Shimura.

a sugerira como um exercício para o leitor interessado. Bom, eu suponho que agora eu estava interessado."

Desde que completara seu Ph.D. com o professor John Coates, em Cambridge, Wiles atravessara o Atlântico e fora para a Universidade de Princeton, onde agora era professor. Graças à orientação de Coates, Wiles provavelmente sabia mais sobre equações elípticas do que qualquer outra pessoa no mundo. Mas estava ciente de que mesmo com seu enorme conhecimento e habilidades matemáticas a tarefa que o aguardava era imensa.

A maioria dos outros matemáticos acreditava que tentar uma demonstração seria um exercício fútil. John Coates disse: "Eu mesmo era totalmente cético de que a bela ligação entre o Último Teorema de Fermat e a conjectura de Taniyama-Shimura fosse levar a alguma coisa. Devo confessar que não acreditava que a conjectura fosse acessível à demonstração. Bonito como era, este problema parecia impossível de ser provado. Achava que provavelmente não viveria para vê-lo demonstrado."

Wiles estava bem ciente das probabilidades que existiam contra ele, mas, mesmo que finalmente fracassasse em demonstrar o Último Teorema de Fermat, sentia que seus esforços não seriam desperdiçados: "É claro que a conjectura de Taniyama-Shimura estivera aberta por muitos anos. Ninguém tinha ideia de como abordá-la, mas pelo menos estava no foco da matemática. Eu podia tentar e, mesmo que não conseguisse uma demonstração completa, estaria criando matemática útil. Não achava que ia desperdiçar meu tempo. E assim o romance de Fermat, que me fascinara por toda a minha vida, estava agora ligado a um problema que era profissionalmente aceitável."

O REFÚGIO NO SÓTÃO

Na virada do século perguntaram ao grande lógico David Hilbert por que ele nunca tentara demonstrar o Último Teorema de Fermat. Ele respondeu: "Antes de começar eu teria que passar três anos estudando o assunto intensamente, e eu não tenho tanto tempo para desperdiçar num provável fracasso." Wiles sabia que para ter alguma esperança de encontrar uma prova ele teria que primeiro mergulhar completamente no problema, mas, ao contrário de Hilbert, ele estava preparado para correr o risco. Leu os trabalhos mais recentes e então exercitou-se nas últimas técnicas, repetidas vezes, até que elas se tornaram naturais para ele. De modo a reunir as armas necessárias para a batalha à frente, Wiles teve que passar dezoito meses se familiarizando com cada elemento da matemática que fora usado ou que derivara das equações elípticas e das formas modulares. Este era um investimento comparativamente pequeno, tendo em mente que ele esperava que qualquer tentativa séria de obter uma demonstração iria exigir dez anos de esforço solitário.

Assim, Wiles abandonou todos os trabalhos que não fossem relevantes para a demonstração do Último Teorema de Fermat e deixou de participar do interminável circuito de conferências e colóquios. Mas, como ainda tinha responsabilidades para com o departamento de matemática de Princeton, ele continuou a participar dos seminários e dar aulas para os estudantes de graduação. Sempre que possível evitava as distrações da faculdade trabalhando em casa, onde se refugiava em seu estúdio no sótão. Lá ele procurava expandir o poder das técnicas estabelecidas, esperando desenvolver uma estratégia para seu ataque sobre a conjectura de Taniyama-Shimura.

"Eu costumava ir para meu estúdio e começava a tentar encontrar padrões. Tentava fazer cálculos que explicassem um pequeno fragmento da matemática. Depois procurava encaixar o resultado em alguma ampla concepção de alguma parte da matemática que pudesse esclarecer o problema no qual pensava. Às vezes isso envolvia procurar num livro o que já fora feito. Às vezes era uma questão de modificar as coisas um pouquinho, fazendo um pequeno cálculo extra. E às vezes eu concluía que nada do que fora feito anteriormente tinha qualquer utilidade. Então eu tinha que encontrar alguma coisa totalmente nova, e de onde ela vinha é um mistério.

"Basicamente é apenas uma questão de pensar no assunto. Frequentemente você escreve alguma coisa para clarear seus pensamentos, mas não necessariamente. Em especial quando você chegou num verdadeiro impasse, quando existe um verdadeiro problema que precisa superar, então a rotina do pensamento matemático não tem utilidade nenhuma. Para alcançar esse tipo de ideia nova é necessário um longo período de atenção ao problema sem qualquer distração. É preciso realmente pensar só no problema e em nada mais — só se concentrar nele. Depois você para. Então parece ocorrer uma espécie de relaxamento durante o qual o subconsciente aparentemente assume o controle. E é aí que surgem as ideias novas."

A partir do momento em que embarcou na busca pela demonstração, Wiles tomou a decisão extraordinária de trabalhar em completo isolamento e segredo. Os matemáticos modernos desenvolveram uma cultura de cooperação e colaboração e assim a decisão de Wiles parecia remontar a uma época anterior. Era como se ele estivesse imitando a abordagem do próprio Fermat, um dos mais famosos eremitas matemáticos. Wiles explica que parte do motivo de querer trabalhar em segredo estava em seu desejo de não ser distraído. "Eu percebi que qualquer coisa relacionada com o Último Teorema de Fermat gera muito interesse. E eu não poderia me concentrar durante anos com um monte de espectadores me observando."

Outro motivo para o isolamento de Wiles deve ter sido o seu desejo de glória. Ele temia se ver em uma situação em que tivesse completado o grosso dos cálculos, mas a demonstração ainda não estivesse completa. Nesse ponto, se os detalhes do seu trabalho vazassem, nada impediria um matemático rival de completar a demonstração e roubar-lhe o prêmio.

Nos anos seguintes, Wiles faria uma série de descobertas extraordinárias, mas não publicou nem discutiu nenhuma delas até que sua demonstração estivesse completa. Até mesmo os colegas mais chegados não conheciam sua pesquisa. John Coates se lembra de conversas com Wiles durante as quais ele não deu nenhuma indicação do que estava acontecendo. "Até me lembro de ter falado com ele, em algumas ocasiões, que achava muito boa esta ligação com o Último Teorema de Fermat, mas que não havia esperanças de provar Taniyama-Shimura. Acho que ele apenas sorriu."

Ken Ribet, que completara a ligação entre Fermat e Taniyama-Shimura, também não tinha consciência nenhuma das atividades clandestinas de Wiles. "Este é provavelmente o único caso que eu conheço de alguém que trabalhou por tanto tempo sem divulgar o que estava fazendo, nem comentar os progressos que estava conseguindo. É completamente sem precedentes em minha experiência. Em nossa comunidade, as pessoas sempre compartilham suas ideias. Os matemáticos se reúnem nas conferências, visitam uns aos outros, dão seminários, se comunicam por e-mails. Frequentemente conversam pelo telefone, pedem esclarecimentos e comentários — os matemáticos estão sempre se comunicando. Quando você conversa com outras pessoas, você recebe aquele tapinha nas costas, elas lhe dizem que o que você fez é importante, lhe dão ideias. Nós nos nutrimos destas coisas e se você se desliga de tudo isso, então está fazendo algo que provavelmente é muito estranho do ponto de vista da psicologia."

De modo a não levantar suspeitas, Wiles bolou uma estratégia para tirar os colegas do seu rastro. No início dos anos 1980 ele estivera trabalhando em uma grande pesquisa sobre um tipo especial de equações elípticas. Estava a ponto de publicar todo este trabalho quando as descobertas de Ribet e Frey o fizeram mudar de ideia. Wiles decidiu ir publicando este trabalho aos poucos, liberando pequenos artigos a cada seis meses. Esta aparente produtividade convenceria seus colegas de que ele ainda continuava com suas pesquisas usuais. E, enquanto pudesse manter esta farsa, Wiles poderia trabalhar em sua verdadeira obsessão, sem revelar qualquer uma de suas descobertas.

A única pessoa que conhecia o segredo de Wiles era sua esposa, Nada. Eles se casaram logo depois que Wiles começou a trabalhar na prova e à medida que os cálculos progrediam ele contava somente para ela. Nos anos seguintes sua família seria sua única distração. "Minha mulher me conheceu já na época em que eu estava trabalhando com Fermat. Eu contei para ela em nossa lua de mel, alguns dias depois de nos casarmos. Ela já ouvira falar no Último Teorema de Fermat, mas na ocasião não tinha ideia do significado romântico que ele tinha para os matemáticos, que fora um espinho em nosso pé por tantos anos."

DUELANDO COM O INFINITO

Para demonstrar o Último Teorema de Fermat, Wiles tinha que provar a conjectura de Taniyama-Shimura. Cada equação elíptica teria que ser relacionada com uma forma modular. Antes mesmo da ligação com o Último Teorema, os matemáticos tinham tentado desesperadamente demonstrar a conjectura, mas cada tentativa terminara em fracasso. Wiles conhecia bem os fracassos do passado. "Em última análise o que as pessoas tinham tentado fazer, ingenuamente, era contar as equações elípticas e as formas modulares e mostrar que havia o mesmo número de cada uma delas. Só que ninguém nunca encontrara um modo simples de fazer isso. O primeiro problema é que existe um número infinito de cada uma e você não pode contar um número infinito. Simplesmente não existe meio de fazer isso."

De modo a encontrar uma solução, Wiles adotou sua abordagem costumeira para resolver problemas difíceis. "Às vezes eu fico rabiscando o papel. Não são rabiscos importantes, apenas rabiscos subconscientes. E nunca uso o computador." Neste caso, como em muitos outros problemas da teoria dos números, os computadores seriam inúteis, de qualquer modo. A conjectura de Taniyama-Shimura se aplica a um número infinito de equações elípticas e embora um computador possa verificar os casos individuais em alguns segundos, ele jamais poderia verificar todos os casos. O que era necessário era um argumento lógico, passo a passo, que efetivamente apresentasse uma razão e explicasse por que cada equação elíptica teria que ser modular. Para encontrar a demonstração, Wiles só usava lápis, papel e sua mente. "Eu fiz tudo isso em minha cabeça, praticamente todo o tempo. Acordava com o problema de manhã e passava o dia todo pensando nele e depois ia dormir com o problema na cabeça. Sem distrações, a coisa ficava o tempo todo rodando em minha mente."

Depois de um ano de contemplação, Wiles decidiu adotar uma estratégia conhecida como *indução* como base para sua demonstração. A prova por indução é uma forma poderosa de demonstração porque permite ao matemático provar que uma declaração é válida para um número infinito de casos demonstrando apenas um único caso. Por exemplo, imagine que um matemático quer provar que uma declaração é verdadeira para todos os números naturais até o infinito. O primeiro passo é mostrar que a declaração é verdadeira para o número 1, o que presumivelmente é uma tarefa simples. Depois é preciso demonstrar que, se a declaração é verdadeira para o número 1, então ela deve ser verdadeira para o número 2. E se for verdadeira para o número 2, será para o número 3. Se for para o 3, também será para o número 4 e assim por diante. De um modo geral o matemático tem que demonstrar que se a declaração é verdadeira para qualquer número n, então ela deve ser verdadeira para o número seguinte, $n + 1$.

A prova por indução é essencialmente um processo em duas etapas:

(1) Prove que a declaração é verdadeira para o primeiro caso.
(2) Prove que se a declaração é verdadeira para qualquer um dos casos, então deve ser verdadeira para o próximo caso.

Outro modo de pensar na prova por indução é imaginar o número infinito de casos como uma fileira de dominós. Para provar cada um dos casos é preciso derrubar todos os dominós. Derrubar um por um levaria uma quantidade infinita de tempo e esforço, mas a prova por indução permite que os matemáticos derrubem todos os dominós derrubando apenas o primeiro. Se os dominós forem arrumados cuidadosamente, então ao derrubar o primeiro dominó derrubaremos o segundo, que derrubará o terceiro, e assim até o infinito.

Esta forma de brincadeira matemática com os dominós permite provar um número infinito de casos, provando apenas o primeiro. O Apêndice 10 mostra como a prova por indução pode ser usada para demonstrar uma declaração matemática relativamente simples sobre todos os números.

O desafio para Wiles era construir um argumento indutivo, mostrando que cada uma das infinitas equações elípticas podia ser relacionada com uma das infinitas formas modulares. De algum modo ele tinha que dividir a demonstração num infinito número de casos individuais e então provar que o primeiro caso era verdadeiro. Em seguida era preciso mostrar que feita a prova para o primeiro caso, todos os outros cairiam. Finalmente ele descobriu o primeiro passo para sua prova indutiva oculto no trabalho de um gênio trágico da França do século XIX.

Évariste Galois nasceu em Bourg-la-Reine, um vilarejo ao sul de Paris, no dia 25 de outubro de 1811, apenas 22 anos depois da Revolução Francesa. Napoleão Bonaparte estava no auge do seu poderio, mas o ano seguinte testemunhou sua desastrosa campanha na Rússia e em 1814 ele foi mandado para o exílio e substituído pelo rei Luís XVIII. Em 1815 Napoleão escapou de Elba, entrou em Paris e retomou o poder. Cem dias depois era derrotado em Waterloo e forçado a abdicar novamente em favor de Luís XVIII. Galois, como Sophie Germain, cresceu durante um período de tremenda agitação política, mas enquanto Germain se isolava dos tumultos da Revolução Francesa e se concentrava na matemática, Galois repetidamente se colocou no centro da controvérsia política, o que não apenas o afastou de sua brilhante carreira, como também acabou levando-o a uma morte prematura.

Além da agitação geral, que atingiu a vida de todos, o interesse de Galois na política foi inspirado por seu pai, Nicolas-Gabriel Galois. Quando Évariste tinha apenas quatro anos, seu pai foi eleito prefeito de Bourg-la-Reine. Isso aconteceu durante o retorno triunfante de Napoleão ao poder, um período em que os fortes valores liberais de seu pai estavam de acordo com o clima no país. Nicolas-Gabriel era um homem culto e cortês e durante seu mandato como prefeito conquistou o respeito da comunidade. Mesmo depois que Luís XVIII retornou ao poder, ele manteve seu posto. Fora da política, seu maior interesse parece ter sido a composição de versos satíricos que ele lia nas reuniões da cidade, para a alegria de seus eleitores. Muitos anos depois, este seu talento para a sátira levaria a sua queda.

Aos doze anos, Évariste Galois foi para a escola no Liceu de Louis-le--Grand. Era uma instituição de prestígio mas também muito autoritária. Para começar, ele não encontrou nenhum curso de matemática e seu registro acadêmico era respeitável mas não teve nada de extraordinário. Contudo, houve um acontecimento, durante seu primeiro período na escola, que influenciaria os rumos de sua vida. O Liceu fora um colégio dos jesuítas e havia rumores de que estava a ponto de voltar para o controle

Évariste Galois

dos sacerdotes. Durante este período, havia uma luta contínua entre os republicanos e os monarquistas que afetava o equilíbrio do poder entre Luís XVIII e os representantes do povo. A influência crescente do clero era um sinal da mudança do poder em direção do rei. A maioria dos estudantes do Liceu simpatizava com os republicanos e eles planejaram uma rebelião. Mas o diretor da escola, Monsieur Berthod, descobriu a trama e imediatamente expulsou uma dúzia de líderes da turma. No dia seguinte, quando Berthod exigiu uma demonstração de fidelidade dos veteranos restantes, eles se recusaram a fazer um brinde a Luís XVIII. O resultado foi que mais cem alunos foram expulsos. Galois era muito jovem para se envolver na fracassada rebelião e assim continuou no Liceu. Mas ver seus colegas serem humilhados deste modo só serviu para aumentar suas tendências republicanas.

Foi somente aos dezesseis anos que Galois pôde fazer seu primeiro curso de matemática, o que iria, aos olhos de seus professores, transformá-lo de um aluno escrupuloso num estudante rebelde. Seus boletins escolares mostram que ele passou a negligenciar todas as outras matérias concentrando-se apenas em sua nova paixão:

> Este aluno só se preocupa com os altos campos da matemática. A loucura matemática domina este garoto. Eu acho que seria melhor para ele se seus pais o deixassem estudar apenas isso. De outro modo ele está perdendo tempo aqui e não faz nada senão atormentar seus professores e se sobrecarregar de punições.

A ânsia de Galois pela matemática logo superou a capacidade do seu professor, e assim ele passou a estudar diretamente dos livros escritos pelos gênios de sua época. Rapidamente ele absorveu os conceitos mais modernos e com dezessete anos publicou seu primeiro trabalho nos *Annales de Gergonne*. Havia um caminho claro para o jovem prodígio, todavia seu brilho seria o maior obstáculo ao seu progresso. Embora soubesse mais matemática do que seria necessário para passar nas provas do Liceu, as soluções de Galois eram frequentemente tão sofisticadas e inovadoras que seus professores não conseguiam julgá-las corretamente. E para tornar as coisas piores, Galois fazia tantos cálculos de cabeça que não se incomodava de delinear claramente seus argumentos no papel, deixando os professores ainda mais frustrados e perplexos.

E o jovem gênio não melhorava a situação com seu temperamento explosivo e uma precipitação que só conquistava a inimizade de seus tutores e de todos os que cruzavam seu caminho. Quando Galois prestou exame para a École Polytechnique, o mais prestigiado colégio de seu país, os seus modos rudes e a falta de explicações na prova oral fizeram com que sua admissão fosse recusada. Galois desejava desesperadamente frequentar a Polytechnique, não só por sua excelência como centro acadêmico, mas por sua reputação de ser um centro do ativismo republicano. Um ano depois ele tentou de novo e mais uma vez seus saltos lógicos na prova oral só confundiram o examinador, Monsieur Dinet. Sentindo que estava a ponto de ser reprovado pela segunda vez, e frustrado por sua inteligência não estar sendo reconhecida, Galois perdeu a calma e jogou um apagador em Dinet, acertando-o em cheio. Nunca mais ele voltaria a entrar nas famosas salas da Polytechnique.

Sem se deixar abalar pelas reprovações, Galois continuou confiante em seu talento matemático. Ele prosseguiu com suas pesquisas, seu principal interesse sendo a busca de soluções para certas equações, como a equação quadrática. As equações quadráticas possuem a forma

$$ax^2 + bx + c = 0, \text{ onde } a, b \text{ e } c \text{ podem ter qualquer valor.}$$

O desafio é encontrar os valores de x para os quais a equação quadrática é verdadeira. No lugar de usar um processo de tentativa e erro, os matemáticos preferem usar uma receita para encontrar a resposta e felizmente esta receita, ou fórmula, existe:

$$x = \frac{-b \pm \sqrt{(b^2 - 4ac)}}{2a}$$

Basta simplesmente substituir os valores de a, b e c nessa receita para calcular os valores corretos de x. Por exemplo, nós podemos aplicar a receita para resolver a seguinte equação:

$$2x^2 - 6x + 4 = 0, \text{ onde } a = 2, b = -6 \text{ e } c = 4.$$

Colocando os valores de a, b e c na receita, a solução é $x = 1$ ou $= 2$.
A equação quadrática é um tipo de equação que pertence a uma classe muito maior conhecida como equações polinomiais. Um tipo mais complicado de equação polinomial é a equação cúbica:

$$ax^3 + bx^2 + cx + d = 0.$$

A complicação extra vem do termo adicional x^3. Acrescentando mais um termo x^4, chegamos ao nível seguinte de equação polinomial, conhecido como quártica:

$$ax^4 + bx^3 + cx^2 + dx + e = 0.$$

No século XIX os matemáticos já tinham fórmulas que poderiam ser usadas para encontrar as soluções das equações cúbicas e das quárticas, mas não havia método conhecido para achar as soluções da equação de quinto grau:

$$ax^5 + bx^4 + cx^3 + dx^2 + ex + f = 0.$$

Galois ficou obcecado com a ideia de encontrar uma receita para resolver as equações de quinto grau, um dos grandes desafios de sua época. Com dezessete anos, ele fizera progressos suficientes para submeter dois trabalhos de pesquisa à Academia de Ciências. A pessoa apontada para julgar os trabalhos foi Augustin-Louis Cauchy, o mesmo que muitos anos depois disputaria com Lamé na criação de uma demonstração para o Último Teorema de Fermat que se mostraria equivocada. Cauchy ficou muito impressionado com o trabalho do jovem e o julgou capaz de participar na competição pelo Grande Prêmio de Matemática da Academia. De modo a se qualificarem para a competição, os dois trabalhos teriam que ser reapresentados na forma de uma única memória, e assim Cauchy os mandou de volta para Galois e aguardou que ele se inscrevesse.

Tendo sobrevivido às críticas de seus professores e à rejeição pela École Polytechnique, o gênio de Galois estava à beira de ser reconhecido. Infelizmente, nos três anos seguintes uma série de tragédias pessoais e profissionais iria destruir suas ambições. Em julho de 1829 um novo sacerdote jesuíta chegou no vilarejo de Bourg-la-Reine, onde o pai de Galois ainda era prefeito. O padre não gostou das simpatias republicanas do prefeito e começou uma campanha para depô-lo, espalhando boatos destinados a desacreditá-lo. Em especial as tramas do padre exploraram a fama de Nicolas-Gabriel Galois de escrever versos satíricos. Ele escreveu uma série de versos vulgares ridicularizando membros da comunidade e os assinou com o nome do prefeito. O velho Galois não pôde suportar a vergonha e o embaraço resultantes e se suicidou.

Évariste Galois voltou para assistir ao enterro do pai e viu pessoalmente as divisões que o sacerdote tinha criado em sua vila. Quando o caixão estava sendo baixado à sepultura, começou uma discussão entre o padre jesuíta, que dirigia a cerimônia, e os partidários do prefeito, que perceberam ter sido tudo uma trama para depô-lo. O padre foi agredido e recebeu um corte na testa e logo a briga virou um tumulto com o caixão caindo sem cerimônia dentro da cova. Ver o sistema francês humilhar e destruir seu pai só serviu para consolidar o apoio fervoroso de Galois para a causa republicana.

Voltando para Paris, Galois juntou seus dois trabalhos num só e os enviou para o secretário da Academia, Joseph Fourier, bem antes do prazo limite. Fourier por sua vez devia entregá-lo para o comitê avaliador. O trabalho de Galois não apresentava uma solução para os problemas do quinto grau, mas oferecia uma visão tão brilhante que muitos matemáticos, incluindo Cauchy, o consideravam o provável vencedor. Para espanto de Cauchy e seus amigos, o trabalho não ganhou o prêmio nem foi oficialmente inscrito. Fourier morrera algumas semanas antes da data da decisão dos juízes, e embora um maço de trabalhos tivesse sido entregue ao comitê, o de Galois não estava entre eles. O trabalho nunca foi encontrado, e a injustiça foi registrada por um jornalista francês.

> No ano passado, antes do 1º de março, Monsieur Galois entregou ao secretário do Instituto um trabalho sobre a solução de equações numéricas. Este trabalho deveria ter entrado na competição pelo Grande Prêmio de Matemática. Ele merecia o prêmio, pois resolvia algumas dificuldades que Lagrange não conseguiu superar. Monsieur Cauchy fizera os maiores elogios ao autor. E o que aconteceu? O trabalho foi perdido e o prêmio entregue sem a participação do jovem sábio.
>
> *Le Globe*, 1831

Galois achou que seu trabalho fora propositalmente perdido devido às orientações políticas da Academia. Uma crença que foi reforçada no ano seguinte, quando a Academia rejeitou seu manuscrito seguinte, alegando que "seus argumentos não eram suficientemente claros nem suficientemente desenvolvidos para que possamos julgar sua exatidão". Galois decidiu que havia uma conspiração para excluí-lo da comunidade matemática. Em consequência disso ele passou a negligenciar suas pesquisas em favor da luta pela causa republicana. A essa altura ele era aluno da École Normale Supérieure, um colégio um pouco menos consagrado do que a École Polytechnique. Na École Normale a fama de Galois como criador de casos estava se tornando mais forte do que sua reputação como matemático. Isso chegou ao auge durante a revolução de julho de 1830, quando Carlos X fugiu da França e as facções políticas lutaram pelo controle nas ruas de Paris. O diretor da École, Monsieur Guigniault, um monarquista, estava ciente de que a maioria dos seus alunos eram radicais republicanos, assim os confinou aos seus dormitórios e trancou os portões. Galois estava sendo impedido de lutar com seus companheiros, e seu ódio e frustração dobraram quando os republicanos foram derrotados. Quando surgiu a oportunidade, ele publicou um ataque sarcástico contra o diretor do colégio, acusando-o de covardia. Sem causar surpresa, Guigniault expulsou o estudante insubordinado e a carreira matemática formal de Galois chegou ao seu fim.

No dia 4 de dezembro, o gênio contrariado tentou se tornar um rebelde profissional alistando-se na Artilharia da Guarda Nacional. Tratava-se de um ramo da milícia conhecido também como "Amigos do Povo". Antes do fim do mês o novo rei, Louis-Phillipe, ansioso em evitar novas rebeliões, extinguiu a Artilharia da Guarda Nacional e Galois se viu desamparado e sem lar. O jovem mais talentoso de Paris estava sendo perseguido sem tréguas e alguns de seus antigos colegas matemáticos começaram a se preocupar com o seu destino. Sophie Germain, que na ocasião era uma tímida e idosa representante da matemática francesa, expressou suas preocupações aos seus amigos da família do conde Libri-Carrucci:

> Decididamente há uma maldição atingindo tudo o que se relaciona com a matemática. A morte de Monsieur Fourier foi o golpe final sobre o estudante Galois, que, apesar de sua impertinência, mostrava sinais de um grande talento. Ele foi expulso da École Normale, está sem dinheiro, sua mãe também está pobre e ele continua com seus insultos. Dizem que ele vai acabar maluco e eu temo que isso seja verdade.

Enquanto a paixão de Galois pela política continuava, era inevitável que sua sorte deteriorasse ainda mais, um fato documentado pelo grande escritor francês Alexandre Dumas. Dumas estava no restaurante Vendanges des Bourgogne quando houve um banquete em homenagem a dezenove republicanos acusados de conspiração:

> Subitamente, no meio de uma conversa particular que eu estava tendo com a pessoa à minha esquerda, ouvi o nome Louis-Phillipe seguido de cinco ou seis assovios. Virei-me para olhar e presenciei uma cena muito agitada acontecendo a umas quinze ou vinte cadeiras do lugar onde eu estava. Seria difícil encontrar em toda Paris duzentas pessoas mais hostis ao governo do que aquelas reunidas ali, às cinco horas de uma tarde, no grande salão do andar térreo, acima do jardim.
>
> Um jovem que erguera seu cálice em saudação segurava um punhal e estava tentando se fazer ouvir — era Évariste Galois, um dos mais arden-

tes republicanos. Mas a balbúrdia era tão grande que o motivo de tanto tumulto se tornara incompreensível. Tudo que consegui entender foi uma ameaça e o nome de Louis-Phillipe sendo mencionado: o punhal na mão do rapaz tornava tudo claro.

Isso estava muito além das minhas opiniões republicanas. Cedi às pressões do meu amigo do assento esquerdo. Ele era um dos comediantes do rei e não queria se comprometer. Assim nós pulamos a janela e saímos para o jardim. Fui para casa preocupado. Estava claro que o episódio teria sérias consequências. De fato, dois ou três dias depois Évariste Galois foi preso.

Depois de ficar detido na prisão de Sainte-Pélagie durante um mês, Galois foi acusado de ameaçar a vida do rei e levado a julgamento. Embora houvesse pouca dúvida de que Galois fosse culpado, a natureza agitada do banquete significava que ninguém poderia realmente confirmar tê-lo ouvido fazer qualquer ameaça direta. Um júri simpático e a idade do rapaz — ainda com apenas vinte anos — levaram à sua absolvição. Mas no mês seguinte ele foi preso de novo.

No Dia da Bastilha, 14 de julho de 1831, Galois marchou através de Paris vestido com o uniforme da proscrita Guarda da Artilharia. Embora fosse meramente um gesto de desafio, Galois foi sentenciado a seis meses de prisão e voltou para Sainte-Pélagie. Nos meses seguintes o jovem abstêmio passou a beber, influenciado pelos malandros que o cercavam.

Uma semana depois um franco-atirador, num sótão, do lado oposto à prisão, disparou um tiro contra a cela, ferindo um homem que estava ao lado de Galois. Galois ficou convencido de que a bala era para ele e concluiu que existia um complô do governo para assassiná-lo. O medo da perseguição política o aterrorizava. O isolamento dos amigos e da família e a rejeição de suas ideias matemáticas o mergulharam num estado de depressão. Bêbado e delirante, ele tentou se matar com uma faca, mas seus colegas republicanos conseguiram dominá-lo e desarmá-lo.

Em março de 1822, um mês antes do final da sentença, irrompeu uma epidemia de cólera em Paris e os prisioneiros de Sainte-Pélagie foram libertados. O que aconteceu com Galois nas semanas seguintes tem motivado muita especulação, mas o que se sabe com certeza é que a tragédia foi o resultado de um romance com uma mulher misteriosa, chamada Stéphanie-Félicie Poterine du Motel, filha de um respeitado médico parisiense. Embora ninguém saiba como o caso começou, os detalhes de seu trágico fim estão bem documentados.

Stéphanie já estava comprometida com um cidadão chamado Pescheux d'Herbinville, que descobriu a infidelidade de sua noiva. D'Herbinville ficou furioso e sendo um dos melhores atiradores da França não hesitou em desafiar Galois para um duelo ao raiar do dia. Galois conhecia muito bem a perícia de seu desafiante com a pistola. Na noite anterior ao confronto, que ele acreditava ser a última oportunidade que teria para registrar suas ideias no papel, ele escreveu cartas para os amigos explicando as circunstâncias.

> Eu peço aos patriotas, meus amigos, que não me censurem por morrer por outro motivo que não pelo meu país. Eu morri vítima de uma infame namoradeira e dos dois idiotas que ela envolveu. Minha vida termina em consequência de uma miserável calúnia. Ah! Por que tenho que morrer por uma coisa tão insignificante e desprezível? Eu peço aos céus que testemunhem que foi apenas pela força e a coação que eu cedi à provocação que tentei evitar por todos os meios.

Apesar de sua devoção à causa republicana e seu envolvimento romântico, Galois mantivera sua paixão pela matemática. Um de seus maiores temores era de que sua pesquisa, que já fora rejeitada pela Academia, se perdesse para sempre. Em uma tentativa desesperada de conseguir um reconhecimento, ele trabalhou a noite toda, escrevendo o teorema que acreditava explicar o enigma da equação de quinto grau. A Figura 19 mostra uma das últimas páginas escritas por Galois. As páginas eram, na maior parte, uma transcrição das ideias que ele já enviara a Cauchy e Fourier, mas ocultas em meio à complexa álgebra havia referências ocasionais a "Stéphanie", ou "une femme", e exclamações de desespero — "Eu não tenho tempo, eu não tenho tempo!" No final da noite, quando seus cálculos estavam completos, ele escreveu uma carta explicativa ao seu amigo Auguste Chevalier, pedindo que, caso morresse, aquelas páginas fossem enviadas aos grandes matemáticos da Europa:

Figura 19. Na noite anterior ao duelo, Galois tentou colocar no papel todas as suas ideias matemáticas. Outros comentários, contudo, também aparecem nas notas. Nesta página, abaixo e à esquerda do centro, estão as palavras "une femme", com a segunda palavra rabiscada, presumivelmente uma referência à mulher que motivou o duelo.

Meu querido amigo

Eu fiz algumas novas descobertas em análise. A primeira se refere à teoria das equações do quinto grau, e as outras, às funções integrais.

Na teoria das equações eu pesquisei as condições para a solução de equações por radicais. Isso me deu a oportunidade de aprofundar esta teoria e descrever todas as transformações possíveis em uma equação, mesmo que ela não seja resolvida pelos radicais. Está tudo aqui nesses três artigos...

Em minha vida eu frequentemente me atrevi a apresentar ideias sobre as quais não tinha certeza. Mas tudo que escrevi aqui estava claro em minha mente durante um ano e não seria de meu interesse deixar suspeitas de que anunciei teoremas dos quais não tenho a demonstração completa.

Faça um pedido público a Jacobi ou Gauss para que deem suas opiniões, não pela verdade, mas devido à importância desses teoremas. Afinal, eu espero que alguns homens achem valioso analisar esta confusão.

Um abraço caloroso

E. Galois

Na manhã seguinte, quarta-feira, 30 de maio de 1832, num campo isolado, Galois e d'Herbinville se enfrentaram a uma distância de vinte e cinco passos, armados com pistolas. D'Herbinville viera acompanhado de dois assistentes. Galois estava sozinho. Ele não contara a ninguém sobre seu drama. Um mensageiro que enviara ao seu irmão, Alfred, só entregaria a notícia depois do duelo terminado. E as cartas que escrevera na noite anterior só chegariam aos seus amigos vários dias depois.

As pistolas foram erguidas e disparadas. D'Herbinville continuou de pé. Galois foi atingido no estômago. Ficou agonizando no chão. Não havia nenhum cirurgião por perto e o vencedor foi embora calmamente, deixando seu oponente ferido para morrer. Algumas horas depois Alfred chegou ao local e levou seu irmão para o hospital Cochin. Era muito tarde, já ocorrera uma peritonite e no dia seguinte Galois faleceu.

Seu funeral foi quase uma réplica do que acontecera com seu pai. A polícia acreditava que a cerimônia seria o foco de uma manifestação política e prendeu trinta amigos de Galois na noite anterior. Ainda assim dois mil republicanos se reuniram para o enterro e houve brigas inevitáveis entre os colegas de Galois e os representantes do governo que chegaram para vigiar os acontecimentos.

Os colegas de Galois estavam furiosos devido à crença cada vez mais forte de que d'Herbinville não era um noivo traído e sim um agente do governo. E Stéphanie não fora apenas uma mulher volúvel, mas uma sedutora usada para levar o falecido a uma armadilha.

Os historiadores ainda discutem se o duelo foi o resultado de um trágico caso de amor, ou se teve motivos políticos, mas, de qualquer modo, um dos maiores matemáticos do mundo morrera com vinte anos, tendo estudado matemática por apenas cinco.

Antes de distribuir os trabalhos de Galois, seu irmão e Auguste Chevalier os reescreveram de modo a esclarecer e expandir as explicações. Galois tinha o hábito de expor suas ideias apressadamente e de modo inadequado. O que sem dúvida fora exacerbado pelo fato de que ele só tinha uma noite para resumir anos de pesquisas. Embora as cópias fossem enviadas a Carl Gauss, Carl Jacobi e outros, como fora pedido, passou-se uma década sem que o trabalho de Galois fosse reconhecido. Então uma cópia chegou às mãos de Joseph Liouville em 1846. Liouville reconheceu a centelha do gênio naqueles cálculos e passou meses tentando interpretar seu significado. Finalmente ele editou os artigos e os publicou no prestigioso *Journal de Mathématiques pures et appliquées*. A resposta dos outros matemáticos foi imediata e impressionante. Galois tinha de fato formulado uma completa explicação de como se poderia obter soluções para equações do quinto grau. Primeiro Galois classificara todas as equações em dois tipos: as que podiam ser solucionadas e as que não podiam. Então, para aquelas que eram solucionáveis, ele deduziu uma fórmula para encontrar as soluções das equações. Além disso, Galois examinou as equações de grau mais alto do que cinco, aquelas que continham x^6, x^7 e assim por diante, podendo identificar as que tinham soluções. Era uma das obras-primas da matemática do século XIX, criada por um de seus mais trágicos heróis.

Em sua introdução ao trabalho, Liouville refletiu sobre os motivos que teriam levado o jovem matemático a ser rejeitado por seus mestres e como seus próprios esforços tinham ressuscitado o trabalho de Galois:

Como Descartes dizia, "Quando questões transcendentais são discutidas, seja transcendentalmente claro." Galois negligenciava frequentemente esta norma e assim podemos entender como ilustres matemáticos podem ter julgado adequado, no rigor de sua sabedoria, colocar um principiante, cheio de genialidade, mas inexperiente, de volta no caminho certo. O autor que eles censuraram estava lá, diante deles, ardente, ativo, podia ter se beneficiado de seus conselhos.

Mas agora tudo mudou, Galois não está mais aqui! Não vamos perder tempo com críticas inúteis, vamos deixar de lado os defeitos e olhar para os méritos...

Meus cuidados foram bem recompensados e experimentei um intenso prazer no momento em que, depois de ter preenchido umas pequenas brechas, vi a exatidão completa do método que Galois demonstrou, este lindo teorema.

DERRUBANDO O PRIMEIRO DOMINÓ

No coração dos cálculos de Galois havia um conceito conhecido como *teoria dos grupos*, uma ideia que ele transformara em uma poderosa ferramenta, capaz de resolver problemas anteriormente insolúveis. Matematicamente falando, um grupo é um conjunto de elementos que podem ser combinados usando-se algumas operações, tais como a adição ou a multiplicação, e que satisfazem certas condições. Uma propriedade definidora importante de um grupo é que, quando dois de seus elementos são combinados, usando a operação, o resultado é outro elemento do grupo. Diz-se que o grupo é *fechado* sob aquela operação.

Por exemplo, os números inteiros formam um grupo sob a operação de "adição". Combinando um número inteiro com outro, sob a operação de adição, produzimos um terceiro número inteiro. Por exemplo:

$$4 + 12 = 16.$$

Todos os resultados da operação de adição estão dentro do campo dos números inteiros e assim os matemáticos declaram que "os números inteiros estão fechados sob a adição" ou então que "os números inteiros formam um grupo sob a adição". Por outro lado, os números inteiros não formam um grupo sob a operação da "divisão", porque quando dividimos um número inteiro por outro não teremos necessariamente outro número inteiro. Por exemplo:

$$4 \div por\ 12 = \tfrac{1}{3}$$

A fração $\tfrac{1}{3}$ não é um número inteiro e está fora do grupo original. Contudo, se considerarmos um grupo maior que inclua as frações, os chamados números racionais, podemos restabelecer o fechamento: "Os números racionais estão fechados sob a operação de divisão." Tendo dito isso, precisamos ser cautelosos porque a divisão de um elemento por zero resultará no infinito, o que leva a vários pesadelos matemáticos. Por esta razão é mais preciso afirmar que "os números racionais (excluindo zero) estão fechados sob a operação da divisão". De muitos modos o fechamento é semelhante ao conceito de totalidade descrito em capítulos anteriores.

Os números inteiros e as frações formam grupos infinitamente grandes e pode-se presumir que, quanto maior o grupo, mais interessante será a matemática que ele irá produzir. Contudo, Galois tinha uma filosofia do "menos é mais" e demonstrou que grupos pequenos, cuidadosamente construídos, podiam exibir uma riqueza especial. No lugar de usar grupos infinitos, Galois começou com uma equação especial e construiu seu grupo a partir do punhado de soluções daquela equação. Foram os grupos formados pelas soluções da equação de quinto grau que permitiram a Galois derivar suas conclusões sobre estas equações. Um século e meio depois, Wiles usaria o trabalho de Galois como o alicerce para sua demonstração da conjectura de Taniyama-Shimura.

O que torna a conjectura de Taniyama-Shimura tão difícil de demonstrar é que não se trata meramente de um problema infinito, e sim um número infinito de problemas infinitos. Em primeiro lugar, para demonstrar que uma determinada equação elíptica tem uma forma modular equivalente, temos que demonstrar que cada um dos elementos da série E ($E_1, E_2, E_3, \ldots$) tem que ser igual a cada elemento da série M ($M_1, M_2, M_3, \ldots$). Um matemático poderia tentar lidar com este problema infinito empregando uma prova por indução, isto é, cada par da infinita série E e M seria imaginado como um dominó em uma infinita fileira de dominós. O trabalho seria derrubar o primeiro dominó (provar que $E_1 = M_1$), e então mostrar que, se um dominó cair, também vai derrubar o seguinte.

Só esta tarefa já seria bem difícil, mas para demonstrar a conjectura de Taniyama-Shimura ela teria que ser repetida um número infinito de vezes, porque existe um número infinito de equações elípticas e equações modulares para serem comparadas. Isso é o equivalente a um número infinito de filas de dominós, cada fila infinita em seu comprimento.

Enfrentando o infinito em cima de infinito, Wiles percebeu que poderia atacar o problema usando o poder da teoria dos grupos. Enquanto os grupos originais de Galois eram construídos a partir das soluções das equações de quinto grau, Wiles construiu seus grupos usando um punhado de soluções para cada equação elíptica. Depois de meses de estudos Wiles usou esses grupos elípticos para tentar igualar cada equação elíptica com sua forma modular. Além disso, como parte deste processo, Wiles podia demonstrar que cada primeiro elemento de cada série E de fato correspondia ao primeiro elemento da série M associada ($E_1 = M_1$).

Graças a Galois, Wiles fora efetivamente capaz de construir um infinito número de fileiras de dominós, infinitamente compridas, e também derrubara o primeiro dominó no início de cada fila. Agora o desafio era demonstrar que se o primeiro dominó caísse, em todas as filas, todos os demais cairiam. Em outras palavras, para todos os pares de equações elípticas Wiles tinha que demonstrar que, se um elemento da série E igualasse o elemento correspondente da série M, então os elementos seguintes seriam iguais.

Foram necessários dois anos para chegar até este ponto e não havia nenhum indício de quanto tempo seria necessário para estender a demonstração. Wiles apreciava a tarefa a ser enfrentada. "Você pode me perguntar como eu podia devotar uma quantidade ilimitada de tempo a um problema que poderia ser insolúvel. A resposta é que eu simplesmente adorava trabalhar neste problema e estava obcecado. Eu gostava de testar meus talentos contra ele. Além disso, eu sempre sabia que a matemática que estava criando, mesmo que não fosse suficientemente forte para provar Taniyama-Shimura, e portanto Fermat, iria provar alguma coisa. Eu não mergulhara num caminho secundário; esta era certamente boa matemática e isto era verdadeiro o tempo todo. Certamente era possível que eu nunca chegasse em Fermat, mas não havia possibilidade de que estivesse desperdiçando meu tempo."

"RESOLVIDO O ÚLTIMO TEOREMA DE FERMAT?"

Embora fosse apenas o primeiro passo para demonstrar a conjectura de Taniyama-Shimura, a estratégia de Wiles, usando Galois, era uma conquista brilhante, digna de ser publicada. Mas como resultado de seu exílio autoimposto, ele não poderia anunciar seus resultados ao resto do mundo. E além disso não tinha ideia de quem poderia estar fazendo descobertas semelhantes.

Wiles lembra sua atitude com relação a qualquer rival em potencial. "Bem, obviamente ninguém quer passar anos tentando resolver alguma coisa e então descobrir que outro a solucionou semanas antes de você. Mas, curiosamente, eu estava enfrentando um problema que era considerado impossível e não tinha muito medo da competição. Simplesmente não achava que eu ou alguém mais tivesse uma ideia certa de como fazê-lo."

No dia 8 de março de 1988, Wiles ficou chocado ao ler as manchetes na primeira página dos jornais anunciando que o Último Teorema de Fermat fora resolvido. O *Washington Post* e o *New York Times* afirmavam que Yoichi Miyaoka, de trinta e oito anos, da Universidade Metropolitana de Tóquio, tinha descoberto uma solução para o problema mais difícil do mundo. Na ocasião Miyaoka ainda não publicara sua demonstração e só descrevera seu esboço num seminário no Instituto Max Planck de Matemática em Bonn. O matemático britânico Don Zagier, que estivera na plateia, resumiu o otimismo da comunidade. "A demonstração de Miyaoka é muito interessante e algumas pessoas acham que existe uma boa chance de que funcione. Isso ainda não é definitivo, mas até agora parece ótimo."

Em Bonn, Miyaoka tinha descrito como ele abordara o problema de um ângulo completamente novo, ou seja, a geometria diferencial. Durante décadas a geometria diferencial desenvolvera uma rica compreensão das formas matemáticas e em particular das propriedades de suas superfícies. Então, na década de 1970, uma equipe russa liderada pelo professor S. Arakelov tentara estabelecer paralelos entre os problemas da geometria diferencial e os problemas da teoria dos números. Este era outro aspecto do programa Langlands, e a esperança era de que problemas ainda não solucionados da teoria dos números poderiam ser resolvidos, examinando-se questões correspondentes, que já tinham sido respondidas na geometria diferencial. O que era conhecido como *a filosofia do paralelismo*.

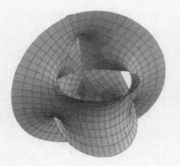 

Figura 20. Estas superfícies foram criadas usando o programa *Mathematica*, para computadores. Elas são representações geométricas da equação $x^n + y^n = 1$, onde $n = 3$ para a primeira imagem e $n = 5$ para a segunda. Aqui, x e y são considerados variáveis complexas.

Os geômetras diferenciais que tentavam abordar problemas da teoria dos números ficaram conhecidos como "geômetras aritméticos algébricos", e em 1983 eles conseguiram sua primeira vitória significativa quando Gerd Faltings, do Instituto de Estudos Avançados de Princeton, fez uma grande contribuição ao entendimento do Último Teorema de Fermat. Lembre-se de que Fermat afirmou que não existiam soluções com números inteiros para a equação:

$$x^n + y^n = z^n, \text{ para } n \text{ maior do que 2}.$$

Faltings acreditava que poderia fazer algum progresso na demonstração do Último Teorema estudando as formas geométricas associadas com diferentes valores de n. As formas correspondentes a cada uma das equações eram todas diferentes, mas todas tinham algo em comum — eram perfuradas por buracos. As formas são quadridimensionais, mais ou menos como as formas modulares, e a visualização bidimensional de duas delas é mostrada na Figura 20. Todas as formas são como rosquinhas, com vários buracos em vez de apenas um. Quanto maior o valor de n na equação, mais buracos existem na forma correspondente.

Faltings conseguiu demonstrar que, como essas formas sempre apresentam mais de um buraco, a equação de Fermat associada com elas só poderia ter um número finito de soluções numéricas. Um número finito de soluções poderia ser qualquer coisa entre zero, que era a afirmação de Fermat, a um milhão ou um bilhão. Deste modo Faltings não demonstrara o Último Teorema, mas fora capaz de eliminar a possibilidade de um número infinito de soluções.

Cinco anos depois Miyaoka afirmava que poderia avançar mais um passo. Ainda com vinte e poucos anos ele criara uma conjectura relacionada com a denominada desigualdade de Miyaoka. Tornou-se claro que a demonstração de sua própria conjectura geométrica demonstraria também que o número de soluções para a equação de Fermat não era apenas finito, mas igual a zero. A abordagem de Miyaoka era igual à de Wiles no sentido de que ambos tentavam demonstrar o Último Teorema de Fermat ligando-o a uma conjectura fundamental de um ramo diferente da matemática. No caso de Miyaoka era a geometria diferencial, enquanto para Wiles, a prova seria via equações elípticas e formas modulares. Infelizmente para Wiles, ele ainda estava lutando para demonstrar a conjectura de Taniyama-Shimura, enquanto Miyaoka anunciava uma demonstração completa, ligando sua própria conjectura ao Último Teorema de Fermat.

Duas semanas depois do anúncio em Bonn, Miyaoka divulgou as cinco páginas de álgebra que detalhavam sua demonstração e o exame escrupuloso começou. Teóricos dos números e geômetras diferenciais do mundo inteiro examinaram a demonstração, linha por linha, buscando a menor brecha na lógica ou o mais leve indício de uma pressuposição falsa. Em poucos dias vários matemáticos destacaram o que parecia uma preocupante contradição dentro da prova. Parte do trabalho de Miyaoka levava a uma conclusão particular, na teoria dos números, que, traduzida para a geometria diferencial, entrava em conflito com o que já fora provado nos anos anteriores. Embora isso não invalidasse, necessariamente, toda a demonstração, entrava em choque com a filosofia do paralelismo entre a teoria dos números e a geometria diferencial.

Mais duas semanas se passaram e então Gerd Faltings, cujo trabalho abrira caminho para Miyaoka, anunciou ter localizado a razão exata para a aparente quebra no paralelismo — um erro na lógica de Miyaoka. O matemático japonês era principalmente um geômetra e não fora absolutamente rigoroso ao traduzir suas ideias para o território menos familiar da teoria dos números. Um exército de teóricos dos números tentou ajudar Miyaoka a consertar o erro, mas seus esforços terminaram em fracasso. Dois meses depois do anúncio inicial o consenso geral era de que a demonstração original fracassara.

Como no caso de várias outras demonstrações frustradas do passado, Miyaoka criara uma matemática nova e interessante. Fragmentos de sua demonstração eram válidos e permaneciam como engenhosas aplicações da geometria diferencial na teoria dos números. Nos anos posteriores eles seriam usados por outros matemáticos para demonstrar outros teoremas, mas nunca o Último Teorema de Fermat.

A agitação em torno de Fermat logo morreu e os jornais publicaram notas curtas explicando que o enigma de 300 anos continuava insolúvel. Sem dúvida inspirada por toda a agitação da mídia, uma nova pichação apareceu na estação do metrô da 8th Street, em Nova York:

$x^n + y^n = z^n$: não tem solução

Eu descobri uma demonstração realmente extraordinária para isso, mas não tenho tempo de escrevê-la porque meu trem está chegando.

A MANSÃO ESCURA

Desconhecido pelo resto do mundo, Wiles respirou aliviado. O Último Teorema de Fermat continuava incólume e ele podia prosseguir em sua batalha para demonstrá-lo, via conjectura de Taniyama-Shimura. "A maior parte do tempo eu ficava sentado escrevendo em minha mesa, mas algumas vezes eu conseguia reduzir o problema a alguma coisa muito específica — um indício, alguma coisa que me parecia estranha, algo abaixo do que estava no papel que eu não podia tocar. Se havia alguma coisa em especial zumbindo em minha mente, eu não precisava escrever nada, nem precisava de mesa para trabalhar. Assim eu saía para caminhar até o lago. Quando estou caminhando eu posso concentrar minha mente em um aspecto bem particular do problema, focalizando nele completamente. Sempre carrego um papel e um lápis, assim, se tenho uma ideia, posso sentar num banco e começar a escrever."

Depois de três anos de esforços contínuos, Wiles fizera uma série de avanços. Ele aplicara os grupos de Galois nas equações elípticas e as dividira num número infinito de peças. Então demonstrara que cada primeira peça, de cada equação elíptica, tinha que ser modular. Derrubara o primeiro dominó e agora estava explorando técnicas que pudessem levar à queda de todos os outros. À primeira vista, isso parecia o caminho natural para a demonstração, mas para chegar até este ponto fora necessária uma imensa determinação para superar os períodos de insegurança. Wiles descreve esta experiência matemática como uma jornada através de uma mansão escura e inexplorada. "Entramos na primeira sala da mansão e está escuro. Completamente escuro. Caminhamos com cuidado, esbarrando na mobília, mas gradualmente aprendemos a posição de cada móvel. Finalmente, depois de seis meses de exploração, você encontra o interruptor da luz, acende as lâmpadas e tudo é iluminado. Você pode ver exatamente onde está. Então você avança para o aposento seguinte e passa outros seis meses no escuro. Assim, cada um desses períodos de iluminação, embora às vezes sejam momentâneos, às vezes durem um período de um dia ou dois, representa o clímax dos esforços e não poderia existir sem os muitos meses de tropeços na escuridão que os antecede."

Em 1990 Wiles entrou no que parecia a sala mais escura de todas. Ele a estivera explorando por quase dois anos. E ainda não encontrara um meio de provar que se um elemento da equação elíptica era modular, então o elemento seguinte também seria. Depois de tentar todas as ferramentas e técnicas já publicadas, ele descobriu que eram todas inadequadas. "Eu realmente acreditava estar no caminho certo, mas isso não queria dizer que alcançaria meu objetivo. Poderia acontecer de os métodos necessários para resolver este problema estarem além da matemática atual. Talvez os métodos de que eu precisava para completar a demonstração só fossem inventados daqui a cem anos. Assim, mesmo que estivesse no caminho certo, eu poderia estar vivendo no século errado."

Wiles insistiu por mais um ano. Ele começou a trabalhar em uma técnica denominada teoria Iwasawa. A teoria de Iwasawa era um método para analisar equações elípticas que ele aprendera como estudante em Cambridge, sob a tutela de John Coates. Embora o método fosse a princípio inadequado, Wiles esperava poder modificá-lo para que ficasse suficientemente poderoso para gerar o efeito dominó.

O MÉTODO DE KOLYVAGIN-FLACH

Desde seu avanço inicial com os grupos de Galois, Wiles se tornara cada vez mais frustrado. Quando a pressão se tornava demasiado grande, ele se voltava para sua família. Desde o começo de seu trabalho com o Último Teorema de Fermat, em 1986, ele se tornara pai duas vezes. "O único modo que eu tinha para relaxar era quando estava com meus filhos. As crianças não estão interessadas em Fermat, elas só querem ouvir uma história e não deixam você fazer nada mais."

No verão de 1991 Wiles sentiu que perdera a batalha para adaptar a teoria de Iwasawa. Ele tinha que provar que cada dominó, ao ser derrubado, derrubaria o próximo — se um elemento na série E de uma equação elíptica fosse igual a um elemento da série M de uma forma modular, o mesmo aconteceria com os elementos seguintes. E precisava também se certificar de que isso seria verdade para todas as equações elípticas e todas as formas modulares. A teoria de Iwasawa não pudera lhe dar a garantia necessária. Wiles completou mais uma pesquisa exaustiva na literatura e continuou incapaz de encontrar uma técnica alternativa que pudesse lhe dar a abertura tão necessária. Tendo vivido como um recluso em Princeton, pelos últimos cinco anos, ele decidiu que era hora de voltar a circular de modo a ouvir os últimos boatos do mundo matemático. Talvez alguém, em algum lugar, estivesse trabalhando em uma nova técnica, que, por algum motivo, ainda não fora publicada. Wiles foi para Boston, ao norte, para participar de uma grande conferência sobre equações elípticas, onde certamente se encontraria com os maiores pesquisadores do assunto.

Wiles recebeu as boas-vindas de colegas do mundo inteiro. Eles ficaram contentes em vê-lo voltar ao circuito de conferência depois de uma ausência tão longa. Ninguém sabia no que ele estivera trabalhando, e Wiles foi cuidadoso em não deixar escapar nenhuma pista. Ninguém suspeitou quando ele solicitou as últimas novidades sobre equações elípticas. Inicialmente as respostas não foram relevantes para seu problema, mas um encontro com seu antigo professor, John Coates, foi mais frutífero: "Coates mencionou que um estudante chamado Matheus Flach estava escrevendo um belo trabalho de análise das equações elípticas. Ele estava aperfeiçoando um método recente, criado por Kolyvagin, e parecia que este método era perfeito para o meu problema. Parecia ser exatamente do que eu precisava, embora eu soubesse que teria que desenvolver ainda mais este método de Kolyvagin-Flach. Deixei de lado a minha antiga abordagem, e me dediquei, noite e dia, ao desenvolvimento de Kolyvagin-Flach."

Nick Katz

Em teoria este método poderia estender o argumento de Wiles, do primeiro elemento da equação elíptica para todos os elementos, e tinha o potencial de funcionar para cada equação elíptica. O professor Kolyvagin tinha desenvolvido um método matemático poderoso e Matheus Flach o aperfeiçoara para ser ainda mais potente. Nenhum dos dois sabia que Wiles pretendia incorporar seu trabalho na demonstração mais importante do mundo.

Wiles voltou para Princeton e passou vários meses se familiarizando com esta técnica recém-descoberta. Depois iniciou a gigantesca tarefa de adaptá-la e implementá-la. Logo ele era capaz de fazer a prova indutiva funcionar para uma equação elíptica — conseguia derrubar todos os dominós. Infelizmente o método Kolyvagin-Flach, que funcionava para uma equação em particular, não funcionava necessariamente para outras equações elípticas. Wiles percebeu que as equações elípticas podiam ser classificadas em várias famílias. Uma vez que fosse modificado para funcionar em uma equação elíptica, o método Kolyvagin-Flach funcionaria para todas as outras elípticas daquela família. O desafio era adaptar o método para funcionar para cada família. E embora algumas famílias de equações fossem mais difíceis de conquistar do que outras, Wiles estava confiante de que poderia dominá-las, uma por uma.

Depois de seis anos de esforço intenso, Wiles acreditava que o fim estava próximo. Semana após semana ele estava fazendo progresso, provando que famílias novas e maiores de curvas elípticas deviam ser modulares. Parecia ser apenas uma questão de tempo para que ele vencesse as equações elípticas restantes. Nesta fase final de sua demonstração, Wiles começou a perceber que toda a sua prova dependia da exploração de uma técnica que ele descobrira havia apenas alguns meses. Ele começou a questionar se estava usando o método Kolyvagin-Flach de modo completamente rigoroso.

"Durante aquele ano eu trabalhei muito duramente tentando fazer o método Kolyvagin-Flach funcionar, mas isso envolvia ferramentas sofisticadas com as quais eu não estava familiarizado. Havia um bocado de álgebra complexa que exigia que eu aprendesse muita matemática nova. Então, em janeiro de 1993, eu decidi que precisava do conselho de alguém que fosse especialista no tipo de técnicas geométricas que eu estava invocando na demonstração. Eu tinha que escolher com cuidado para quem contaria meu segredo, porque ele teria que ser mantido em sigilo. Resolvi falar com Nick Katz."

O professor Nick Katz trabalhava no departamento de matemática de Princeton e conhecia Wiles havia vários anos. Apesar da proximidade, Katz desconhecia o que estava acontecendo, literalmente, na sala ao lado. Ele lembra em detalhe o momento em que Wiles revelou seu segredo: "Um dia Andrew me procurou na hora do chá e pediu que eu fosse ao seu escritório — havia alguma coisa que ele queria me contar. Eu não tinha ideia do que poderia ser. Entrei no escritório e ele fechou a porta. Então me disse que achava que poderia provar a conjectura de Taniyama-Shimura. Eu estava surpreso, perplexo — era fantástico.

"Ele me explicou que uma grande parte da demonstração dependia de sua extensão do trabalho de Flach e Kolyvagin, mas era muito técnico. Ele realmente se sentia inseguro nesta parte altamente técnica da demonstração e queria verificá-la com alguém, porque desejava ter certeza de que estava correta. Achava que eu era a pessoa certa para ajudá-lo, mas acho que havia outra razão por que ele me procurou em particular. Ele estava certo de que eu manteria a boca fechada e não falaria a outras pessoas sobre a demonstração."

Depois de seis anos de isolamento Wiles partilhara seu segredo. Agora era trabalho de Katz enfrentar a montanha de cálculos fantásticos baseados no método Kolyvagin-Flach. Praticamente tudo que Wiles fizera era revolucionário, e Katz pensou muito sobre qual seria o melhor modo de examiná-lo rigorosamente. "O que Andrew tinha que me explicar era tão grande e longo que não daria certo tentar mostrar-me em seu escritório, durante conversas informais. Para algo tão grandioso nós precisávamos montar uma estrutura formal de aulas semanais, de outro modo a coisa ia degenerar. E assim decidimos criar um curso com várias aulas."

Eles combinaram que a melhor estratégia seria anunciar uma série de palestras abertas aos estudantes graduados do departamento. Wiles daria o curso e Katz estaria na plateia. O curso cobriria a parte da demonstração que precisava ser verificada, mas os estudantes graduados não saberiam disso. O interessante em disfarçar a verificação da prova deste modo é que forçaria Wiles a explicar tudo passo a passo e, no entanto, não levantaria suspeitas dentro do departamento. No que dizia respeito aos outros, era apenas mais um curso de graduação.

"E assim Andrew anunciou seu curso chamado 'Cálculos em Curvas Elípticas'", relembra Katz com um sorriso matreiro, "o que é um título completamente inócuo, poderia significar qualquer coisa. Ele não mencionou Fermat nem Taniyama-Shimura, apenas mergulhou direto nos cálculos. Não havia meio de alguém adivinhar o que estava acontecendo. Era feito de um modo que a menos que você soubesse para o que era tudo aquilo, os cálculos pareceriam incrivelmente tediosos e complexos. E quando você não sabe para que é uma determinada matemática, é impossível seguir o raciocínio. Já é difícil de acompanhar mesmo quando você conhece o objetivo. De qualquer modo, um por um os estudantes graduados foram abandonando as aulas e depois de algumas semanas eu era a única pessoa que restara na sala."

Katz ficou sentado na sala e ouvia cuidadosamente cada passo dos cálculos de Wiles. No final parecia não haver dúvida de que o Kolyvagin-Flach funcionava perfeitamente. Ninguém mais no departamento percebera o que estava acontecendo. Ninguém desconfiou de que Wiles estava à beira de conquistar o prêmio mais importante da matemática. O plano fora um sucesso.

Terminada a série de aulas, Wiles devotou todos os seus esforços para completar a demonstração. Ele tivera sucesso em aplicar o método Kolyvagin-Flach a família após família de equações elípticas e apenas uma família ainda se recusava a se submeter à técnica. Wiles descreve como ele tentou completar o último elemento da demonstração: "Uma manhã, no final de maio, Nada tinha saído com as crianças e eu estava sentado a minha mesa pensando sobre a família de equações elípticas que restara. Olhava casualmente para um trabalho de Barry Mazur e havia uma frase ali que chamou a minha atenção. Ele mencionava um cálculo do século XIX, e subitamente eu percebi que poderia usar aquilo para fazer o método de Kolyvagin-Flach funcionar na última família de elípticas. O trabalho se estendeu pela tarde, e eu esqueci de ir almoçar. Por volta das três ou quatro da tarde, eu estava realmente convencido de que isso resolveria o último problema. Era hora do chá, e eu desci para a parte inferior da casa. Nada ficou surpresa de me ver chegar tão tarde. Então eu contei a ela: resolvi o Último Teorema de Fermat."

A PALESTRA DO SÉCULO

Depois de sete anos de esforços Wiles tinha completado a demonstração da conjectura de Taniyama-Shimura. E como consequência disso, depois de sonhar trinta anos, ele também demonstrara o Último Teorema de Fermat. Agora era hora de anunciar ao resto do mundo.

"Assim, por volta de maio de 1993, eu estava convencido de que tinha todo o Último Teorema de Fermat em minhas mãos", lembra Wiles. "Eu ainda queria verificar a demonstração mais um pouco, mas havia uma conferência em Cambridge no final de junho, e achei que seria um lugar maravilhoso para anunciar a prova — Cambridge é minha velha cidade natal, e eu fiz pós-graduação lá."

A conferência seria realizada no Instituto Isaac Newton. O instituto tinha planejado uma série de palestras sobre teoria dos números com o título obscuro de "Funções *L* e Aritmética". Um dos organizadores era o supervisor de Ph.D. de Wiles, John Coates. "Nós reunimos pessoas de todo o mundo que estavam trabalhando nesta área geral de problemas, e, é claro, Andrew foi uma das pessoas que convidamos. Nós planejamos uma semana de palestras concentradas, e, originalmente, como havia uma grande demanda de horários para palestras, eu dei a Andrew dois horários para duas palestras. Mas então percebi que ele precisaria de um espaço para uma terceira palestra e assim arranjei para cancelar uma de minhas palestras e ceder o horário para ele. Eu sabia que ele tinha uma coisa grande para anunciar, mas não tinha ideia do que era."

Quando Wiles chegou em Cambridge ele tinha duas semanas e meia antes do dia marcado para suas palestras e queria aproveitar ao máximo a oportunidade. "Eu resolvi que verificaria a demonstração com um ou dois especialistas, em especial a parte de Kolyvagin-Flach. A primeira pessoa para quem dei o manuscrito foi Barry Mazur. Creio que disse a ele: 'Eu tenho um manuscrito aqui com uma demonstração de um certo teorema.' Ele me olhou muito surpreso por um momento e então disse: 'Bem, darei uma olhada nele.' Eu acho que levou algum tempo para ele perceber. Então me pareceu perplexo. De qualquer modo, eu disse que esperava falar sobre aquele assunto na conferência e que realmente gostaria que ele tentasse verificá-lo."

Uma por uma, as mais eminentes personalidades da teoria dos números começaram a chegar ao Instituto Newton, incluindo Ken Ribet, cujos cálculos, em 1986, tinham inspirado os sete anos de trabalho duro de Wiles. "Eu cheguei nesta conferência sobre funções L e curvas elípticas e não parecia haver nada fora do comum até que as pessoas começaram a me falar sobre os boatos em torno das palestras de Andrew Wiles. O boato era de que ele tinha demonstrado o Último Teorema de Fermat, e eu achei que isso era totalmente louco. Pensei que não podia ser verdade. Houve muitas ocasiões em que boatos começaram a circular no meio matemático, especialmente através do correio eletrônico, e a experiência mostra que não se deve acreditar muito nesse tipo de coisa. Mas os rumores eram muito persistentes e Andrew se recusava a responder perguntas sobre eles. Ele estava se comportando de um modo muitíssimo esquisito. John Coates disse para ele: 'Andrew, o que você demonstrou? Devemos chamar a imprensa?' Andrew apenas sacudiu a cabeça e manteve a boca fechada. Ele realmente estava criando um suspense.

"Então, uma tarde, Andrew me procurou e começou a fazer perguntas sobre o que eu tinha feito em 1986 e sobre a história das ideias de Frey. Pensei comigo, isso é incrível, ele deve ter demonstrado a conjectura de Taniyama-Shimura e o Último Teorema de Fermat, de outro modo ele não estaria me perguntando isso. Eu não lhe perguntei diretamente se era verdade porque ele estava agindo de um modo muito tímido e eu sabia que não teria uma resposta direta. Assim, apenas disse: 'Bem, Andrew, se você tiver oportunidade de falar sobre este trabalho, foi assim que aconteceu...'. Olhei para ele como se soubesse de alguma coisa, mas não tinha ideia do que estava acontecendo. Apenas supunha."

A reação de Wiles aos boatos e à pressão crescente era simples. "As pessoas me perguntavam o que, exatamente, eu ia dizer. E eu respondia: venha à minha palestra e veja."

O título das palestras de Wiles era "Formas Modulares, Curvas Elípticas e Representações de Galois". Novamente, como no caso das aulas que ele dera no início do ano, para benefício de Nick Katz, o título era vago, não dando pistas sobre o objetivo final. A primeira palestra de Wiles foi aparentemente simples, estabelecendo apenas as bases para o seu ataque contra a conjectura de Taniyama-Shimura na segunda e terceira palestras. A maioria das pessoas na plateia não ouvira os boatos, não percebeu o objetivo da palestra e deu pouca atenção aos detalhes. Os que sabiam estavam buscando o menor indício que pudesse apoiar os rumores.

Logo depois que a palestra terminou, o boato voltou a circular com renovado vigor e as mensagens voaram ao redor do mundo através do correio eletrônico. O professor Karl Rubin, um ex-aluno de Wiles, informou aos seus colegas na América:

> Data: Seg, 21 jun 1993 13:33:06
> Assunto: Wiles
>
> Oi. Andrew deu sua primeira palestra hoje. Ele não anunciou a demonstração de Taniyama-Shimura mas está se movendo nesta direção e ainda tem mais duas palestras. Ele está fazendo um grande segredo sobre o resultado final.
>
> Meu melhor palpite é que ele vai provar que se E é uma curva elíptica sobre Q e se a representação de Galois sobre os pontos de ordem 3 em E satisfaz certas hipóteses, então E é modular. Do que ele disse até agora parece que ele não vai demonstrar toda a conjectura.

O que eu não sei é se isso vai se aplicar à curva de Frey e, portanto, dizer alguma coisa sobre Fermat. Manterei vocês informados.

Karl Rubin
Universidade Estadual de Ohio

Naquela tarde um dos estudantes pós-graduados, que assistira à palestra de Wiles, correu para a loja de apostas tentando apostar dez libras como o Último Teorema de Fermat seria resolvido em uma semana. Contudo, o *bookmaker* pressentiu o que estava acontecendo e recusou-se a aceitar a aposta. Aquele era o terceiro matemático que o procurava naquele dia tentando fazer uma aposta semelhante. Apesar do fato de que o Último Teorema de Fermat tinha confundido as maiores mentes do planeta durante três séculos, até mesmo os *bookmakers* estavam começando a suspeitar de que o teorema estivesse à beira de ser demonstrado.

No dia seguinte mais pessoas tinham ouvido os boatos e assim a plateia na segunda palestra era bem maior. Wiles provocou a audiência com um cálculo intermediário, que mostrava que ele estava claramente tentando dominar a conjectura de Taniyama-Shimura. Mas a plateia continuava em dúvida se ele tinha o suficiente para demonstrá-la e, em consequência, conquistar o Último Teorema de Fermat. Uma nova carga de e-mails se refletiu dos satélites de comunicação orbitando o mundo.

> Data: Ter, 22 jun 1993 13:10:39
> Assunto: Wiles
>
> Não houve grande novidade na palestra de hoje. Andrew começou um teorema geral sobre o uso das representações de Galois ao longo das linhas que eu sugeri ontem. Ele não parece se aplicar a todas as curvas elípticas, mas o golpe final virá amanhã.
>
> Eu não sei realmente o que ele vai fazer ao longo deste caminho. Mas está claro que ele sabe o que vai dizer. Este é

um trabalho realmente longo no qual ele esteve trabalhando durante anos e ele parece confiante. Contarei a vocês o que acontecer amanhã.

Karl Rubin
Universidade Estadual de Ohio

"No dia 23 de junho, Andrew começou sua terceira e última palestra", relembra John Coates. "O mais extraordinário é que todas as pessoas que contribuíram para as ideias por trás de sua demonstração estavam naquela sala: Mazur, Ribet, Kolyvagin e muitos, muitos outros."

A essa altura os boatos eram tão persistentes que todos na comunidade matemática de Cambridge apareceram para a última palestra. Os mais felizardos estavam espremidos no auditório, enquanto os outros esperavam no corredor, ficando na ponta dos pés e olhando pelas janelas. Ken Ribet se certificara de que não perderia a mais importante declaração matemática do século. "Eu cheguei bem cedo e me sentei na primeira fila com Barry Mazur. Trouxera uma câmera comigo para registrar o evento. Havia uma atmosfera carregada e as pessoas estavam muito empolgadas. Certamente sentíamos estar participando de um momento histórico. As pessoas exibiam sorrisos antes e durante a palestra. A tensão estivera crescendo nos últimos dias. E então chegara aquele momento maravilhoso em que nos aproximávamos da demonstração do Último Teorema de Fermat."

Barry Mazur já recebera uma cópia da demonstração de Wiles, mas assim mesmo ficou assombrado com a performance. "Eu nunca tinha visto uma palestra tão gloriosa, cheia de ideias tão maravilhosas, com uma tensão tão dramática e tamanha expectativa. E só havia uma conclusão possível."

Depois de sete anos de esforços intensos, Wiles estava a ponto de anunciar ao mundo sua demonstração. Curiosamente ele não consegue lembrar os momentos finais da palestra em grande detalhe, mas se lembra do clima na sala: "Embora a imprensa já tivesse sido notificada do que estava acontecendo, não havia comparecido à palestra. Mas havia um bocado de gente na plateia que estava tirando fotos perto do final e o diretor do Instituto viera bem preparado, com uma garrafa de champanhe. Houve um silêncio respeitoso enquanto eu terminava a demonstração e encerrava com a declaração do Último Teorema de Fermat. Eu disse: 'Acho que vou parar por aqui', e então houve um aplauso contínuo."

AS REPERCUSSÕES

Estranhamente, Wiles tinha sentimentos opostos sobre a palestra. "Era obviamente uma grande ocasião, mas meus sentimentos eram ambivalentes. Isso fora uma parte de mim durante sete anos. Ocupara toda a minha vida profissional. Eu me envolvera com o problema de um modo que realmente sentia que ele era meu, mas agora o estava entregando aos outros. Sentia como se estivesse dando uma parte de mim."

O colega de Wiles, Ken Ribet, não tinha tais objeções. "Foi um acontecimento realmente extraordinário. Eu quero dizer, você vai a uma conferência e assiste a palestras rotineiras, vê algumas boas palestras, mas só uma vez em sua vida você assiste a uma palestra em que alguém afirma ter solucionado um problema que durou 350 anos. As pessoas estavam se olhando e dizendo: 'Meu Deus, sabe que acabamos de testemunhar um acontecimento histórico.' Depois as pessoas fizeram algumas perguntas sobre os aspectos técnicos da demonstração e de suas possíveis aplicações para outras equações. Então houve um novo silêncio e depois novos aplausos. A palestra seguinte foi dada por seu amigo Ken Ribet. Eu dei a palestra, algumas pessoas tomaram notas, outras aplaudiram, e nenhum dos presentes, nem mesmo eu, tem ideia do que eu disse naquela palestra."

250   O ÚLTIMO TEOREMA DE FERMAT

No dia 23 de junho de 1993, Wiles deu sua palestra no Instituto Isaac Newton em Cambridge. Este foi o momento imediatamente após ele anunciar sua demonstração do Último Teorema de Fermat. Wiles, e todas as pessoas na sala, não tinham ideia do pesadelo que os esperava.

Enquanto os matemáticos espalhavam as boas-novas via e-mail, o resto do mundo teve que aguardar os noticiários da TV durante a noite ou os jornais do dia seguinte. Equipes de televisão e jornalistas científicos desceram sobre o Instituto Isaac Newton, todos pedindo para entrevistar "o maior matemático do século". O *Guardian* exclamou: "Fim do Último Enigma da Matemática", enquanto a primeira página do *Le Monde* dizia: "*Le théorème de Fermat enfin résolu.*" Jornalistas em toda a parte pediam aos matemáticos que dessem suas opiniões de especialistas, e os professores, ainda se recuperando do choque, deviam explicar, resumidamente, a mais complicada demonstração matemática que já existira ou dar uma declaração que esclarecesse o que era a conjectura de Taniyama-Shimura.

A primeira vez que o professor Shimura ouviu falar da demonstração de sua própria conjectura foi quando ele leu a primeira página do *New York*

Times — "Afinal um Grito de *Eureka* no Antigo Mistério da Matemática". Trinta e cinco anos depois do suicídio de seu amigo Yutaka Taniyama, a conjectura que eles tinham criado juntos havia sido provada. Para muitos matemáticos profissionais, a demonstração de Taniyama-Shimura era uma realização muito mais importante do que a solução do Último Teorema de Fermat, porque tinha imensas consequências para muitos outros teoremas matemáticos. Os jornalistas que cobriam a matéria tendiam a se concentrar em Fermat, e quando mencionavam Taniyama-Shimura, era apenas de passagem.

Shimura, um homem modesto e gentil, não ficou muito aborrecido pela falta de atenção dada ao seu papel na demonstração do Último Teorema de Fermat, mas comentou que ele e Taniyama tinham sido rebaixados de pessoas para rótulos. "É curioso que as pessoas escrevam sobre a conjectura de Taniyama-Shimura mas ninguém escreve sobre Taniyama e Shimura."

Esta era a primeira vez que a matemática chegava nas primeiras páginas dos jornais desde que Yoichi Miyaoka anunciara sua demonstração em 1988. A única diferença é que desta vez houvera o dobro de cobertura e ninguém expressara a menor dúvida quanto aos cálculos. Do dia para a noite Wiles se tornou o mais famoso, de fato o único matemático famoso do mundo, e a revista *People* até mesmo o colocou na lista das "25 pessoas mais interessantes do ano", ao lado da princesa Diana e Oprah Winfrey. E a consagração final veio quando uma grife internacional convidou o gênio de maneiras suaves para fazer propaganda de uma nova linha de roupas para homens.

Enquanto o circo dos meios de comunicação continuava, e os matemáticos aproveitavam a luz dos refletores, o trabalho sério de verificação da demonstração já começara. Como em todas as disciplinas científicas, cada nova descoberta tinha que ser examinada minuciosamente antes que pudesse ser aceita como correta e precisa. A demonstração de Wiles tinha que ser submetida a um exame de avaliação. Embora as palestras de Wiles no Instituto Isaac Newton tivessem dado ao mundo um resumo dos seus cálculos, isso não se qualificava como uma análise oficial por especialistas.

Depois da palestra de Wiles, os jornais de todo o mundo relataram sua demonstração do Último Teorema de Fermat.

O protocolo acadêmico exige que todo matemático submeta um manuscrito completo para exame por uma revista respeitada. O editor então escolhe uma equipe de examinadores para verificar a demonstração linha por linha. Wiles teria que passar o verão esperando ansiosamente pela opinião dos avaliadores e esperando receber sua aprovação.

Andrew Wiles e Ken Ribet logo depois da histórica palestra no Instituto Isaac Newton.

7. Um pequeno problema

Um problema que vale a pena ser atacado
Prova seu valor contra-atacando.

Piet Hein

Assim que terminou a palestra em Cambridge, o comitê Wolfskehl foi informado da demonstração de Wiles. O prêmio, instituído pelo industrial alemão em 1908, não podia ser entregue imediatamente porque as regras do concurso exigiam a verificação do trabalho por outros matemáticos e a publicação da demonstração:

> O *Königliche Gesellschaft der Wissenschaften* em Göttingen [...] só levará em consideração os trabalhos que aparecerem na forma de monografia nos periódicos, ou que estiverem à venda nas livrarias [...]. A entrega do Prêmio pela Sociedade não acontecerá antes de dois anos depois da publicação do trabalho vencedor. O intervalo de tempo é necessário para que matemáticos da Alemanha e do exterior possam emitir suas opiniões sobre a validade da solução publicada.

Wiles submeteu seu trabalho à revista *Inventiones Mathematicae*, e seu editor, Barry Mazur, começou o processo de selecionar os juízes para julgarem o trabalho. A demonstração de Wiles envolvia uma variedade tão grande de técnicas matemáticas, antigas e modernas, que Mazur tomou a decisão fora do comum de nomear não apenas dois ou três examinadores, como é normal, mas seis. A cada ano, trinta mil artigos são publicados nas revistas técnicas de todo o mundo, mas o tamanho e a importância do manuscrito de Wiles significavam que ele seria submetido a um nível sem precedentes de exame minucioso. Para simplificar a tarefa, as duzentas páginas da demonstração foram divididas em seis seções e cada um dos juízes assumiu a responsabilidade por um desses capítulos.

O capítulo 3 era responsabilidade de Nick Katz, que já examinara a demonstração de Wiles no início do ano: "Aconteceu de eu estar em Paris para passar o verão trabalhando no Institut des Hautes Études Scientifiques, e levara comigo as duzentas páginas da demonstração completa — o meu capítulo em especial tinha setenta páginas. Quando cheguei lá eu decidi que precisava de uma ajuda séria e assim insisti para que Luc Illusie, que também estava em Paris, se tornasse um avaliador adjunto daquele capítulo. Nós nos reuniríamos algumas vezes por semana, durante o verão, explicando um para o outro aquele material de modo a tentar entender o capítulo. Não fizemos nada senão ler este manuscrito linha por linha e nos certificarmos de que não havia erros. Às vezes ficávamos confusos e assim, todo o dia, ou até duas vezes por dia, eu enviaria um e-mail para Andrew com uma pergunta — eu não entendo o que você diz nesta página ou esta linha me parece errada. Tipicamente eu receberia uma resposta naquele dia, ou no dia seguinte, que esclarecia o assunto e então passávamos para o problema seguinte."

A demonstração era um argumento gigantesco, construído de um modo intrincado a partir de centenas de cálculos matemáticos grudados por milhares de elos lógicos. Se apenas um desses cálculos estivesse incorreto ou se uma das ligações lógicas se soltasse, toda a prova poderia se tornar inútil. Wiles, que voltara para Princeton, esperava que os avaliadores completassem sua tarefa. "Eu não queria festejar antes de ter a demonstração completamente fora de minhas mãos. E enquanto isso eu tinha meu trabalho interrompido para lidar com as perguntas que os juízes enviavam por e-mail. Eu ainda estava bem confiante de que nenhuma daquelas perguntas iria me dar muito trabalho." Ele já tinha verificado e reverificado a demonstração antes de entregá-la ao comitê de avaliação e esperava nada mais do que o equivalente matemático de erros de gramática e tipografia, problemas triviais que poderiam ser corrigidos imediatamente.

"Essas perguntas continuaram sem problemas até agosto", relembra Katz, "até que eu topei com o que parecia pouco mais do que um pequeno problema. Aí por volta de 23 de agosto eu mandei um e-mail para Andrew, era uma coisa um pouco mais complicada, e ele me mandou de volta um fax. Mas o fax não parecia responder a pergunta e assim eu mandei outra mensagem pelo computador para ele e recebi outro fax que também não me satisfez."

Wiles presumiu que fosse um pequeno erro, como os outros, mas a persistência de Katz o forçou a levá-lo a sério. "Eu não podia resolver imediatamente esta questão de aparência inocente. Por um momento pareceu que era do mesmo tipo dos outros problemas, mas lá por volta de setembro eu comecei a perceber que esta não era apenas uma pequena dificuldade mas uma falha fundamental. Era um erro em uma parte crucial do argumento envolvendo o método Kolyvagin-Flach, mas algo tão sutil que eu não percebera até este momento. O erro era tão abstrato que não pode ser descrito em termos simples. Mesmo explicá-lo para um matemático exigiria que o matemático passasse dois ou três meses estudando aquela parte do manuscrito em detalhe."

Em essência, o problema consistia em que não havia garantia de que o método de Kolyvagin-Flach funcionaria do modo como Wiles pretendera. Ele devia estender a demonstração do primeiro elemento de todas as equações elípticas e formas modulares para cobrir todos os elementos. Era o mecanismo que faria todos os dominós tombarem. Originalmente o método Kolyvagin-Flach funcionara somente sob condições especiais, mas Wiles acreditava que o adaptara e reforçara suficientemente para funcionar em todos os casos. De acordo com Katz isso não era necessariamente verdadeiro, e os efeitos foram dramáticos e devastadores.

O erro não significava, necessariamente, que o trabalho de Wiles não pudesse ser salvo, mas significava que ele teria que reforçar sua demonstração. O absolutismo da matemática exigia que Wiles demonstrasse, além de toda a dúvida, que seu método funcionaria para cada elemento de cada série E e de cada série M.

O AJUSTADOR DE TAPETES

Quando Katz percebeu a importância do erro que tinha localizado, ele começou a se perguntar como deixara de percebê-lo na primavera, quando Wiles lhe dera aulas sobre a demonstração com o único propósito de identificar erros. "Eu acho que a resposta consiste em que existe uma verdadeira tensão quando se assiste a uma aula, entre entender tudo e deixar o professor prosseguir. Se você interrompe todo o tempo, eu não entendi isso, eu não entendi aquilo, então o sujeito nunca consegue explicar coisa alguma e você não chega a lugar nenhum. Por outro lado, se você nunca interrompe acaba se perdendo. Fica lá acenando com a cabeça educadamente mas não está verificando nada. Este é o problema entre fazer perguntas demais ou de menos, e obviamente, lá pelo final daquelas aulas, que foi quando o problema nos escapou, eu tinha pecado por fazer poucas perguntas."

Há apenas algumas semanas os jornais de todo o mundo tinham chamado Wiles de "o matemático mais brilhante do mundo". Depois de 350 anos de frustração, os teóricos dos números acreditaram ter vencido Pierre de Fermat. Agora Wiles tinha que enfrentar a humilhação de admitir que cometera um erro. Mas antes de confessar o erro ele decidiu fazer um esforço concentrado para consertar a falha. "Eu não desisti, eu estava obcecado com o problema e ainda acreditava que o método Kolyvagin-Flach só precisava de uns pequenos ajustes. Só precisava modificá-lo de um modo sutil e então funcionaria. Resolvi voltar à minha velha rotina e me desligar completamente do mundo. Tinha que me concentrar de novo, mas desta vez sob circunstâncias muito mais difíceis. Por um longo tempo achei que a solução estava bem próxima, que eu só estava deixando escapar uma coisa simples e que tudo se encaixaria no dia seguinte. Podia ter acontecido deste modo, mas à medida que o tempo passava o problema só se tornava mais intransigente."

A esperança era de que ele pudesse corrigir o erro antes que a comunidade matemática percebesse que o erro tinha existido. A esposa de Wiles, que testemunhara os sete anos de esforços consumidos na demonstração, tinha que observar agora a luta agonizante de seu marido com um erro que poderia destruir todo o seu trabalho. Wiles lembra seu otimismo. "Em setembro, Nada me disse que o único presente que ela queria em seu aniversário era a demonstração correta. O aniversário dela é em 6 de outubro. Eu só tinha duas semanas para completar a prova e fracassei."

Para Nick Katz aquele, também, foi um período tenso: "Por volta de outubro as únicas pessoas que sabiam a respeito do erro era eu, Illusie, os avaliadores dos outros capítulos e Andrew — em princípio isso era tudo. Minha atitude como juiz era agir confidencialmente. Certamente não era da minha conta discutir o assunto com ninguém, exceto Andrew, e assim eu não disse uma palavra. Eu creio que externamente ele parecia normal, mas neste ponto ele estava guardando um segredo do resto do mundo e ele deve ter se sentido muito desconfortável. A atitude de Andrew era de que em alguns dias ele resolveria o problema, mas o outono passou e nenhum manuscrito foi produzido. Os boatos começaram a circular e isso era um problema."

Ken Ribet em especial, que era outro dos juízes, começou a sentir a pressão de guardar o segredo. "Por um motivo totalmente acidental eu fiquei conhecido como o Serviço de Informações Fermat. Saiu uma matéria inicial no *New York Times*, em que Andrew pedia que eu falasse com os repórteres em seu lugar, e a matéria dizia: "Ribet, que atua como porta-voz de Andrew Wiles..." ou coisa parecida. Depois disso eu me tornei um magneto, atraindo todos os tipos de interessados no Último Teorema de Fermat, dentro e fora da comunidade matemática. As pessoas me telefonavam da imprensa, de todos os lugares do mundo, e eu também dei um grande número de palestras por um período de dois ou três meses. Nessas palestras eu dizia que realização magnífica fora o teorema, delineava a prova e falava sobre os trechos que eu mais conhecia. Depois de um certo tempo as pessoas começaram a ficar impacientes e a fazer perguntas embaraçosas.

"Wiles tinha feito este anúncio público, mas ninguém fora de um pequeno grupo de juízes tinha visto uma cópia do trabalho. Os matemáticos estavam esperando pelo manuscrito que Andrew prometera para dentro de algumas semanas após o anúncio, em junho. As pessoas diziam: 'Muito bem, este teorema foi anunciado, nós gostaríamos de ver o que está acontecendo. O que ele está fazendo? Por que não temos notícia nenhuma?' Todos pareciam um pouco aborrecidos por estarem sendo deixados no escuro, e simplesmente queriam saber o que ocorria. Então as coisas começaram a piorar e esta nuvem negra se formou sobre a prova. As pessoas começaram a me indagar sobre os boatos de que um erro fora encontrado no capítulo 3. Eles me perguntavam o que eu sabia, e eu não sabia o que dizer."

Com Wiles e os juízes negando qualquer conhecimento de um erro, ou pelo menos se recusando a fazer comentários, as especulações correram desenfreadas. Em desespero os matemáticos começaram a mandar e-mails uns para os outros esperando chegar ao fundo do mistério.

> Assunto: Brecha na prova de Wiles?
> Data: 18 nov 1993 21:04:49 GMT
>
> Estão circulando boatos sobre uma ou mais brechas na demonstração de Wiles. Isso quer dizer uma rachadura, uma brecha, uma fenda, um buraco ou um abismo? Será que alguém tem alguma informação confiável?
>
> Joseph Lipman
> Universidade de Purdue

Em cada sala de chá, em cada departamento de matemática, os rumores sobre a demonstração de Wiles aumentavam a cada dia. Em resposta aos boatos e às especulações no correio eletrônico, alguns matemáticos tentaram tranquilizar a comunidade.

Assunto: Resposta: Brecha na prova de Wiles?
Data: 19 nov 1993 15:42:20 GMT

Eu não tenho nenhuma informação de primeira mão e não acho que deva discutir informações de segunda mão. Eu creio que o melhor conselho para todos é ficarmos calmos e deixar que os juízes competentes, que estão examinando cuidadosamente o trabalho de Wiles, façam o seu trabalho. Eles vão relatar suas descobertas quando tiverem alguma coisa definitiva para dizer. Qualquer um que tenha escrito um trabalho ou julgado um trabalho estará familiarizado com o fato de que frequentemente surgem dúvidas no processo de verificação das provas. Seria espantoso se isso não acontecesse para um resultado tão importante de uma demonstração tão longa e difícil.

Leonard Evens
Universidade Northwestern

Apesar dos pedidos de calma, as mensagens continuaram. Além de debater o possível erro, os matemáticos começaram a discutir a ética de antecipar o resultado dos juízes:

Assunto: Mais mexericos sobre Fermat
Data: 24 nov 93 12:00:34 GMT

Eu acho que está claro que eu discordo daqueles que dizem que não deveríamos discutir se a demonstração de Wiles, para o Último Teorema de Fermat, possui erros ou não. Sou totalmente a favor desse debate desde que ele não seja levado demasiado a sério. Não acho que seja uma coisa maliciosa. Principalmente porque, esteja a prova de Wiles incorreta ou não, eu tenho certeza de que ele criou matemática de primeira classe.
Assim, aqui está o que recebi hoje...

Bob Silverman

> Assunto: Resp.: Buraco em Fermat
> Data: Seg, 22 nov 93 20:16 GMT
>
> Em uma palestra no Instituto Newton, na semana passada, Coates disse que, em sua opinião, há um erro na parte da demonstração com os "sistemas geométricos de Euler". Esse erro pode "levar uma semana ou dois anos para consertar". Falei com ele várias vezes mas ainda não sei em que base ele fez esta declaração, já que ele não tem uma cópia do manuscrito.
>
> Até onde eu sei a única cópia em Cambridge está com Richard Taylor, que é um dos avaliadores do trabalho para a *Inventiones*. E ele tem se recusado a comentar até que toda a banca examinadora chegue a uma conclusão comum. Assim, a situação é confusa. Eu não vejo como a opinião de Coates possa ser considerada válida neste ponto e vou esperar a opinião de Richard Taylor.
>
> Richard Pinch

Enquanto aumentava a agitação sobre a enganosa prova, Wiles fazia o melhor que podia para ignorar a controvérsia e as especulações. "Eu realmente tinha que me desligar de tudo isso porque não queria saber o que as pessoas estavam dizendo a meu respeito. Eu me isolei, mas periodicamente meu colega Peter Sarnak me dizia: 'Sabe que há uma tempestade lá fora?' E eu ouvia, mas por mim mesmo queria me desligar de tudo e me concentrar no problema."

Peter Sarnak entrara para o Departamento de Matemática de Princeton ao mesmo tempo que Wiles e ao longo dos anos eles tinham se tornado amigos. Durante este período de agitação intensa, Sarnak era uma das poucas pessoas com quem Wiles desabafava. "Bem, eu nunca soube os detalhes exatos, mas estava claro que ele tentava superar um problema sério. Mas cada vez que ele consertava uma parte dos cálculos, isso provocava um problema em outra parte da demonstração. Era como tentar colocar um tapete em uma sala onde o tapete é maior do que a sala. Assim, Andrew encaixava o tapete em um canto, somente para descobrir que ele ficara sobrando em outro. Se você poderia ou não ajustar o tapete na sala, não era algo que ele pudesse decidir. Mesmo com o erro Andrew dera um grande passo. Antes dele ninguém conseguira abordar a conjectura de Taniyama-Shimura e mesmo agora todos estavam empolgados porque ele nos mostrara tantas ideias novas. Havia coisas novas, fundamentais, que ninguém tinha considerado antes. Mesmo que a demonstração não pudesse ser consertada, ela era um grande avanço — mas é claro que Fermat continuaria sem solução."

Finalmente Wiles chegou à conclusão de que não poderia manter o silêncio para sempre. A solução para o erro não estava logo ali. Era hora de acabar com as especulações. Depois de um outono de fracasso desanimador, ele enviou o seguinte e-mail para o quadro de informações do Departamento de Matemática:

> Assunto: Situação de Fermat
> Data: 4 dez 93 01:36:50 GMT
>
> Em vista das especulações sobre o estado de meu trabalho com a conjectura de Taniyama-Shimura e o Último Teorema de Fermat eu vou fazer um breve resumo da situação. Durante o processo de avaliação surgiram alguns problemas. A maioria foi resolvida logo, mas um problema em particular ainda não foi solucionado. A redução-chave da (em sua maioria dos casos) conjectura de Taniyama-Shimura para o cálculo do grupo Selmer está correta. Contudo, o cálculo final de uma fronteira superior precisa para o grupo Selmer no caso semiestável (da representação do quadrado simétrico associado com a forma modular) ainda não está completa. Eu acredito que serei capaz de terminar isso no futuro próximo, usando as ideias explicadas em minhas palestras de Cambridge.
>
> O fato de que ainda resta um bocado de trabalho a ser feito no manuscrito o torna inadequado para impressão. Em meu curso em Princeton, que vai começar em fevereiro, eu farei um relato completo deste trabalho.
>
> Andrew Wiles

Poucos acreditaram no otimismo de Wiles. Quase seis meses já tinham se passado sem que o erro fosse corrigido. E não havia motivo para pensar que algo fosse mudar nos próximos seis meses. De qualquer modo, se ele realmente pudesse "terminar isto no futuro próximo", então por que se preocupar em enviar o e-mail? Por que não manter o silêncio por mais algumas semanas e então divulgar o manuscrito completo? O curso em fevereiro, que mencionou sua mensagem, não forneceu os detalhes prometidos. A comunidade matemática suspeitava de que ele estava tentando ganhar tempo.

Os jornais avançaram na história de novo e os matemáticos se lembraram da fracassada demonstração de Miyaoka em 1988. A história estava se repetindo. Os teóricos dos números esperavam agora o próximo e-mail, que explicaria por que a demonstração era irreparavelmente errada. Um punhado de matemáticos expressara dúvidas quanto à demonstração no verão passado e agora seu pessimismo parecia justificado. Uma história diz que o professor Alan Baker, da Universidade de Cambridge, quisera apostar cem garrafas de vinho contra uma que a demonstração seria invalidada em um ano. Baker nega a história mas admite, orgulhosamente, que expressou seu "ceticismo saudável".

Menos de seis meses depois da palestra no Instituto Newton, a demonstração de Wiles estava em frangalhos. O prazer, a paixão e a esperança que o carregaram durante os anos de cálculos secretos estavam sendo substituídos pelo embaraço e o desespero. Ele se lembra como seu sonho de infância se tornou um pesadelo. "Nos sete anos em que trabalhei no problema eu desfrutara de um combate na privacidade. Não importa o quão difícil fora, não importa o quão insuperáveis parecessem certas coisas, eu estava trabalhando no meu problema favorito. Era a paixão da minha infância, eu não podia abandoná-la. Não queria deixá-la nem por um momento. E então eu falei sobre ela publicamente e ao falar houve um sentimento de perda. Era uma emoção muito confusa. Fora maravilhoso ver outras pessoas reagirem à demonstração, ver como os argumentos poderiam mudar completamente toda a direção da matemática, mas ao mesmo tempo eu perdera minha busca pessoal. Ela estava aberta para o mundo agora, e eu não tinha mais este sonho particular para conquistar. E então, depois que descobri o problema com ele, havia dúzias, centenas, milhares de pessoas que queriam tirar minha atenção. Fazer matemática de qualquer tipo, superexposto à curiosidade pública, não é meu estilo e eu não aprecio este modo público de fazer as coisas."

Os teóricos dos números de todo o mundo simpatizavam com a posição de Wiles. Ken Ribet passara pelo mesmo pesadelo, oito anos antes, quando tentara provar que existia uma ligação entre a conjectura de Taniyama--Shimura e o Último Teorema de Fermat. "Eu estava dando uma aula sobre a demonstração no Instituto de Pesquisa em Ciências Matemáticas de Berkeley e alguém, na plateia, disse: "Espere um instante, como você sabe que isto e aquilo é verdade?" Eu respondi imediatamente dando minha razão e ele disse: "Mas isto não se aplica a esta situação." Eu senti um pavor imediato. Comecei a suar frio e fiquei muito perturbado. Então percebi que só havia uma possibilidade de justificar aquilo, que era olhar de novo o trabalho fundamental sobre aquele assunto e ver o que fora feito em uma situação semelhante. Olhei para o artigo relevante e vi que o método de fato se aplicava em meu caso. Em um dia ou dois eu tinha consertado tudo. E em minha aula seguinte pude dar uma justificativa. Mas você sempre vive com o medo de que, se anunciar alguma coisa importante, um erro fundamental vai ser descoberto.

"Quando se encontra um erro em um manuscrito, podem acontecer duas coisas. Às vezes existe uma confiança imediata e a prova pode ser reparada com pouca dificuldade. E às vezes acontece o oposto. É muito perturbador, você se sente afundando quando percebe que cometeu um erro fundamental e que não existe meio de consertá-lo. É possível que aparecendo um buraco o teorema desmorone completamente, e quanto mais você tenta consertá-lo, pior ele fica. Mas no caso da demonstração de Wiles, cada capítulo era um trabalho significativo e se sustentava sozinho. Era o resultado de sete anos de trabalho, basicamente vários trabalhos importantes reunidos e cada um daqueles artigos era de grande interesse. O erro ocorrera em um dos capítulos, o capítulo 3, mas mesmo que você retirasse o capítulo 3, o que permanecia era absolutamente maravilhoso."

Mas sem o capítulo 3 não havia prova da conjectura de Taniyama-Shimura e sem ela não existia demonstração do Último Teorema de Fermat. Havia um sentimento de frustração na comunidade matemática de que a demonstração, enfrentando dois grandes problemas, corria perigo. Além disso, depois de seis meses de espera, ninguém, além de Wiles e os juízes, tivera acesso ao manuscrito. Crescia o clamor por uma divulgação de modo que todos pudessem ver os detalhes do erro. Esperava-se que alguém, em algum lugar, pudesse ver alguma coisa que Wiles deixara passar, criando um cálculo capaz de fechar a brecha na demonstração. Alguns matemáticos diziam que a demonstração era demasiado valiosa para ser deixada nas mãos de um único homem. Os teóricos dos números tinham se tornado motivo de piadas para os outros matemáticos, que perguntavam sarcasticamente se eles entendiam realmente o conceito de demonstração. O que deveria ser o momento de maior orgulho na história da matemática estava virando uma piada.

Apesar da pressão, Wiles se recusava a divulgar o manuscrito. Depois de sete anos de esforço dedicado, ele não estava disposto a ficar sentado vendo outra pessoa completar a demonstração e roubar-lhe a glória. A pessoa que demonstrasse Fermat não seria aquela que fizesse a maior parte do trabalho e sim aquela que entregasse a demonstração completa. Wiles sabia que assim que seu manuscrito fosse publicado, com o erro, haveria uma torrente de perguntas e pedidos de esclarecimento de pessoas querendo consertar a falha, e essas distrações destruiriam todas as suas esperanças de consertar a prova, além de dar aos outros pistas vitais.

Wiles tentava recriar o mesmo estado de isolamento que o permitira montar a demonstração original, e retomou ao seu hábito de estudar intensamente no sótão. Ocasionalmente ele ia passear em torno do lago de Princeton, como tinha feito no passado. Os ciclistas, remadores e as pessoas fazendo caminhadas, que anteriormente passavam por ele, apenas acenando, agora paravam para perguntar se tivera algum sucesso em remendar a prova. Wiles tinha aparecido nas primeiras páginas de jornais do mundo inteiro, mereceu reportagem de destaque na revista *People* e até mesmo fora entrevistado pela CNN. No verão anterior ele se tornara a primeira celebridade da matemática e sua imagem já estava abalada.

Enquanto isso, no Departamento de Matemática, os mexericos continuavam. O professor John H. Conway, matemático de Princeton, relembra o clima na sala de chá do departamento. "Nós nos reuníamos para o chá às três horas e avançávamos nos biscoitos. Às vezes conversávamos sobre problemas de matemática, às vezes falávamos no julgamento de O. J. Simpson e às vezes conversávamos sobre os progressos de Andrew. Como ninguém queria lhe perguntar como ele estava se saindo com a demonstração, estávamos nos comportando um pouco como aqueles especialistas no Kremlin. Alguém dizia: 'Eu vi o Andrew hoje de manhã.' 'Ele sorriu?' 'Bom, sorriu, mas não parecia feliz.' Só podíamos avaliar seus sentimentos pela expressão em seu rosto."

O PESADELO DO E-MAIL

O inverno chegou e as esperanças de uma notificação desapareceram. Mais matemáticos diziam que era dever de Wiles liberar o manuscrito. Os boatos continuaram e um jornal publicou que Wiles desistira e que a demonstração já desmoronara irremediavelmente. Embora isso fosse um exagero, era certamente verdade que Wiles tinha esgotado dúzias de abordagens que poderiam ter reparado o erro e não enxergava mais nenhum caminho potencial para a solução.

Wiles admitiu para Peter Sarnak que a situação estava ficando desesperadora e que ele estava a ponto de aceitar a derrota. Sarnak sugeriu que parte da dificuldade era que Wiles não tinha ninguém em quem pudesse confiar no dia a dia, ninguém que pudesse avaliar suas ideias ou que o inspirasse a explorar abordagens paralelas do problema. Ele sugeriu que Wiles conseguisse um auxiliar de confiança e tentasse uma vez mais consertar a demonstração. Wiles precisava de alguém que fosse especialista em manipular o método Kolyvagin-Flach e que mantivesse em segredo os detalhes do problema. Depois de pensar longamente no assunto, ele

Richard Taylor

decidiu convidar Richard Taylor, um professor de Cambridge, para vir a Princeton trabalhar com ele.

Taylor era um dos avaliadores da demonstração e um ex-aluno de Wiles, sendo portanto de confiança. No ano anterior ele estivera na plateia do Instituto Isaac Newton vendo seu supervisor apresentar a demonstração do século. Agora era seu trabalho ajudar a resgatar a demonstração defeituosa.

Por volta de janeiro, Wiles, com a ajuda de Taylor, tinha mais uma vez explorado incansavelmente o método Kolyvagin-Flach tentando encontrar um meio de sanar o problema. Ocasionalmente, depois de dias de esforços, eles entravam em território novo, mas, inevitavelmente, se viam de volta ao ponto em que tinham começado. Tendo se aventurado mais longe do que antes e fracassado seguidamente, eles perceberam que estavam no coração de um labirinto inimaginavelmente vasto. Seu medo mais profundo era de que o labirinto fosse infinito e sem saída, condenando-os a vaguearem sem fim e sem direção.

E então, na primavera de 1994, quando parecia que as coisas não poderiam ficar piores, o seguinte correio eletrônico apareceu nas telas dos computadores de todo o mundo:

Data: 03 abril 94
Assunto: Fermat de novo!

Hoje houve uma novidade realmente espantosa sobre o Último Teorema de Fermat.

Noam Elkies anunciou uma contraprova de que o Último Teorema de Fermat não é verdadeiro afinal! Ele falou sobre isso hoje no Instituto. A solução para Fermat, que ele construiu, envolve um expoente primo incrivelmente grande (maior do que 10^{20}) mas é construtivo. A ideia principal parece ser um tipo de construção de ponto Heegner, combinada com uma descida realmente engenhosa para passar das curvas modulares para a curva de Fermat. A parte mais difícil do argumento parece ser demonstrar que o campo de definição

> da solução (que, *a priori*, é algum tipo de anel de um campo imaginário quadrático) realmente se reduza até Q.
>
> Eu não consegui obter os detalhes, que são muito complicados...
>
> Assim, parece que a conjectura de Taniyama-Shimura não é verdadeira. Os especialistas acham que ela ainda pode ser salva, estendendo-se o conceito de representação automórfica e introduzindo-se a noção das "curvas anômalas" que dariam origem a uma representação "quase automórfica".
>
> Henri Darmon
Universidade de Princeton

Noam Elkies era o professor de Harvard que, em 1988, tinha encontrado uma contraprova da conjectura de Euler, provando portanto que ela era falsa:

$$2.682.440^4 + 15.365.639^4 + 18.796.760^4 = 20.615.673^4.$$

Agora, aparentemente, ele tinha descoberto uma contraprova para o Último Teorema de Fermat, mostrando que ele também era falso. Isso era um golpe terrível em Wiles — a razão para que ele não tivesse conseguido arrumar a demonstração seria que o assim chamado erro era um resultado direto da falsidade do Último Teorema. Era um golpe ainda maior para a comunidade matemática, porque se o Último Teorema de Fermat era falso, então Frey já tinha mostrado que isso levaria a uma equação elíptica que não seria modular, uma contradição direta da conjectura de Taniyama--Shimura. Elkies não apenas encontrara uma contraprova para Fermat, ele indiretamente encontrara uma contraprova para Taniyama-Shimura.

A morte da conjectura de Taniyama-Shimura teria repercussões devastadoras na teoria dos números, porque, por duas décadas, os matemáticos tinham presumido que ela era verdadeira. Como foi explicado no capítulo 5, os matemáticos tinham escrito dúzias de demonstrações que começavam com "Presumindo que a conjectura de Taniyama-Shimura seja verdadeira", mas agora Elkies tinha demonstrado que esta suposição estava errada e todas aquelas demonstrações iam desmoronar simultaneamente. Os matemáticos imediatamente começaram a exigir mais informações e bombardearam Elkies com perguntas. Mas não houve resposta e nenhuma explicação sobre por que ele estava se mantendo de boca fechada. Ninguém conseguia encontrar os detalhes exatos da contraprova.

Depois de um ou dois dias de agitação, alguns matemáticos deram uma segunda olhada no e-mail e perceberam que, embora fosse datado de 2 ou 3 de abril, isso era o resultado de ter sido recebido de segunda ou terceira mão. A mensagem original fora datada de 1º de abril. A mensagem era uma mentira-de-primeiro-de-abril perpetrada pelo teórico canadense dos números Henri Darmon. O falso e-mail serviu de lição para os boateiros de Fermat e por algum tempo o Último Teorema, Wiles e Taylor foram deixados em paz.

Naquele verão Wiles e Taylor não fizeram progresso. Depois de oito anos de esforços contínuos e a obsessão de uma vida inteira, Wiles estava preparado para admitir a derrota. Ele disse a Taylor que não via motivos para continuar com suas tentativas de consertar a demonstração. Taylor já planejara passar o mês de setembro em Princeton antes de retornar a Cambridge e assim, apesar do desânimo de Wiles, ele sugeriu que continuassem por mais um mês. Se não houvesse sinal de uma solução no final de setembro, eles desistiriam, reconhecendo publicamente o fracasso. A prova defeituosa seria então publicada para permitir que outros tivessem a oportunidade de examiná-la.

O PRESENTE DE ANIVERSÁRIO

Embora a batalha de Wiles com o problema mais difícil do mundo parecesse condenada a terminar em fracasso, ele podia olhar para os últimos sete anos e se consolar de que o conhecimento formando o bojo do seu trabalho ainda era válido. Para começar, o uso que Wiles fizera dos grupos de Galois dera a todos uma nova visão do problema. Ele tinha mostrado que o primeiro elemento de cada equação elíptica podia ser igualado ao primeiro elemento de uma forma modular. O desafio agora era demonstrar que, se um elemento da equação elíptica era modular, então o próximo deveria ser modular, e todos seriam modulares.

Durante anos Wiles lutara com o conceito de extensão da prova. Ele estava tentando completar uma abordagem indutiva e se debatera com a teoria de Iwasawa na esperança de que ela pudesse demonstrar que se um dominó caísse então todos cairiam. Inicialmente a teoria de Iwasawa parecera suficientemente poderosa para causar o efeito dominó necessário, mas no final não correspondera a suas expectativas. Ele dedicara dois anos de esforços num beco sem saída.

No verão de 1991, depois de um ano de frustração, Wiles encontrou o método Kolyvagin-Flach e abandonara a teoria de Iwasawa em favor desta nova técnica. No ano seguinte a demonstração foi anunciada em Cambridge e ele fora proclamado herói. Mas em apenas dois meses o método Kolyvagin-Flach se revelara defeituoso, e desde então a situação só piorara. Cada tentativa de consertar Kolyvagin-Flach fracassara.

Todo o trabalho de Wiles, tirando o passo final envolvendo o método Kolyvagin-Flach, ainda era válido. A conjectura de Taniyama-Shimura e o Último Teorema de Fermat podiam não ter sido demonstrados, mas, de qualquer modo, ele tinha fornecido aos matemáticos uma nova série de técnicas e estratégias que eles podiam usar para provar outros teoremas. O fracasso de Wiles não fora vergonhoso e ele estava começando a aceitar a ideia de ter sido derrotado.

Como consolo ele queria pelo menos entender por que tinha fracassado. Enquanto Taylor reexplorava e reexaminava métodos alternativos, Wiles decidiu passar o mês de setembro examinando uma última vez a estrutura do método Kolyvagin-Flach, para tentar determinar exatamente por que ele não estava funcionando. Ele se lembra, vividamente, daqueles últimos dias fatídicos. "Eu estava sentado diante de minha escrivaninha, na manhã de segunda-feira, 19 de setembro, examinando o método Kolyvagin-Flach. Não é que eu achasse que poderia fazê-lo funcionar, mas achava que pelo menos poderia explicar por que não funcionava. Achava que estava me agarrando nos últimos fios de esperança, mas queria me tranquilizar. Subitamente, de um modo totalmente inesperado, eu tive esta incrível revelação. Eu percebi que, embora o método Kolyvagin-Flach não estivesse funcionando completamente, ele era tudo de que eu precisava para fazer a minha teoria original Iwasawa funcionar. Percebi que tinha o suficiente do método Kolyvagin-Flach para construir minha abordagem original do problema nos primeiros três anos de trabalho. Assim, das cinzas de Kolyvagin-Flach, parecia surgir a verdadeira resposta para o problema."

A teoria de Iwasawa sozinha fora inadequada. O método Kolyvagin-Flach sozinho também fora inadequado. Mas juntos eles se completavam perfeitamente. Foi um momento de inspiração que Wiles nunca iria esquecer. Enquanto lembrava esses momentos, a memória era tão poderosa que ele se comoveu até as lágrimas. "Era tão indescritivelmente belo, tão simples e excelente. Eu não podia entender como deixara de perceber aquilo e fiquei olhando, descrente, por vinte minutos. Então, durante o dia, eu caminhei pelo departamento e ficava voltando para minha mesa para ver se a solução ainda estava lá. Não podia me conter, estava tão empolgado. Era o momento mais importante de minha vida profissional. Nada nunca mais significaria tanto."

Não era apenas a realização de um sonho de infância e o clímax de oito anos de esforços concentrados, mas, tendo sido levado à beira da derrota, Wiles reagira para mostrar sua genialidade ao mundo. Os últimos catorze meses tinham sido os mais dolorosos, mais humilhantes, o período mais deprimente de sua carreira como matemático. E agora, uma revelação brilhante trouxera um fim para seu sofrimento.

"Assim, na primeira noite eu voltei para casa e dormi. Verifiquei tudo de novo na manhã seguinte e por volta das 11 horas fiquei satisfeito, desci e contei para minha mulher. 'Consegui! Acho que encontrei!' E foi tão inesperado que ela pensou que eu estava falando sobre um brinquedo das crianças ou alguma coisa, e ela disse: 'Descobriu o quê?' E eu disse: 'Eu consertei minha demonstração.'"

No mês seguinte Wiles pôde cumprir a promessa que não conseguira manter no ano anterior. "Estava chegando novamente o aniversário de Nada e eu me lembrei que da última vez eu não pudera lhe dar o presente que ela queria. Desta vez, com um atraso de meio minuto para o nosso jantar, na noite do aniversário dela, eu pude lhe dar o manuscrito completo. Eu acho que ela gostou mais desse presente do que de qualquer outro que eu lhe dera."

Assunto: Atualização do Último Teorema de Fermat
Data: 25 out 1994 11:04:11

Nesta manhã dois manuscritos foram divulgados:

Curvas Elípticas Modulares e o Último Teorema de Fermat, por Andrew Wiles
Propriedades teóricas de anel em certas álgebras de Hecke, por Richard Taylor e Andrew Wiles

O primeiro trabalho, mais longo, anuncia uma demonstração para, entre outras coisas, o Último Teorema de Fermat, usando o segundo trabalho para um passo crucial.

Como a maioria de vocês sabe, o argumento descrito por Wiles em suas palestras em Cambridge revelou um sério erro na construção do sistema de Euler. Depois de tentar, sem sucesso, consertar esta construção, Wiles voltou-se para uma abordagem diferente, que ele tinha tentado anteriormente, mas abandonado em favor da ideia do sistema de Euler. Ele conseguiu completar a demonstração sob a hipótese de que certas álgebras de Hecke são interseções locais completas. Isso, e o resto das ideias descritas nas palestras de Wiles em Cambridge, está escrito no primeiro manuscrito. Conjuntamente, Taylor e Wiles estabeleceram a propriedade necessária das álgebras de Hecke no segundo trabalho.

O argumento geral é semelhante ao que Wiles descreveu em Cambridge. A nova abordagem se revelou significativamente mais simples e curta do que a original, devido à retirada do sistema de Euler. (De fato, depois de ver esses manuscritos, Faltings aparentemente conseguiu uma nova simplificação desta parte do argumento.)

Versões destes manuscritos já estavam nas mãos de um pequeno número de pessoas (em alguns casos) havia algumas semanas. Embora seja prudente manter cautela por um pouco mais, há razões para otimismo.

Karl Rubin
Universidade Estadual de Ohio

Andrew Wiles

Epílogo

Um jovem temerário de Burma
Encontrou provas para o Último Teorema de Fermat
Ele viveu com o terror
De encontrar um erro
A prova de Wiles, ele suspeitava, era firme!

Fernando Gouvea

A GRANDE MATEMÁTICA UNIFICADA

Desta vez não havia dúvidas quanto à demonstração. Os dois trabalhos, de 130 páginas ao todo, eram os manuscritos matemáticos mais minuciosamente examinados em toda a história e foram publicados no *Annals of Mathematics* (maio de 1995).

Novamente Wiles foi parar na primeira página do *New York Times*. Mas desta vez a manchete "Matemático Diz que Enigma Clássico Foi Resolvido" foi eclipsada por outra matéria de ciência — "Descoberta da Idade do Universo Cria Novo Enigma Cósmico". Enquanto os jornalistas estavam menos entusiasmados com o Último Teorema de Fermat, desta vez, os matemáticos não tinham perdido a noção do verdadeiro significado da prova. "Em termos matemáticos a demonstração final é o equivalente a dividir o átomo ou encontrar a estrutura do DNA", anunciou John Coates. "Uma demonstração de Fermat é um grande triunfo intelectual e não se deve perder de vista o fato de que ela revolucionou a teoria dos números de um só golpe. Para mim, o charme e a beleza do trabalho de Andrew é que ele foi um tremendo passo na teoria dos números."

Os oito anos de suplício de Wiles ligaram praticamente todas as conquistas da teoria dos números do século XX e as incorporaram em uma poderosa demonstração. Ele criou técnicas matemáticas completamente novas e as combinou com técnicas tradicionais de um modo que nunca fora considerado possível. E ao fazer isso ele criou novas linhas de ataque para todo um conjunto de outros problemas. De acordo com Ken Ribet, a prova é a síntese perfeita da matemática moderna e uma inspiração para o futuro. "Acho que se você estivesse perdido em uma ilha deserta e só tivesse este manuscrito, ainda assim teria muita coisa para estudar. Veria todas as ideias atuais sobre a teoria dos números. Virando uma página veria a breve aparição de um teorema fundamental de Deligne e então, ao virar outra página, casualmente, lá estaria outro teorema de Hellegouarch — todas essas coisas apenas invocadas para desempenhar uma função momentânea, antes de se passar para a ideia seguinte."

Embora os jornalistas científicos elogiassem a demonstração de Wiles para o Último Teorema de Fermat, poucos comentaram a prova da conjectura de Taniyama-Shimura que estava indissoluvelmente ligada a ela. Alguns se incomodaram de mencionar a contribuição de Yutaka Taniyama e Goro Shimura, os dois matemáticos japoneses que, na década de 1950, tinham estabelecido as sementes do trabalho de Wiles. E embora Taniyama tivesse cometido suicídio trinta anos antes, seu colega Shimura estava lá para ver sua conjectura ser provada. Quando lhe perguntaram sobre sua reação, ante a demonstração, Shimura sorriu suavemente e de um modo contido e digno disse: "Eu tinha falado para vocês."

Como muitos de seus colegas, Ken Ribet acha que a demonstração de Taniyama-Shimura transformou a matemática: "Existe uma importante repercussão psicológica no sentido de que as pessoas agora serão capazes de avançar em outros problemas que as intimidavam antes. O panorama

Chapter 1

This chapter is devoted to the study of certain Galois representations. In the first section we introduce and study Mazur's deformation theory and discuss various refinements of it. These refinements will be needed later to make precise the correspondence between the universal deformation rings and the Hecke rings in Chapter 2. The main results needed are Proposition 1.2 which is used to interpret various generalized cotangent spaces as Selmer groups and (1.7) which later will be used to study them. At the end of the section we relate these Selmer groups to ones used in the Bloch-Kato conjecture, but this connection is not needed for the proofs of our main results.

In the second section we extract from the results of Poitou and Tate on Galois cohomology certain general relations between Selmer groups as Σ varies, as well as between Selmer groups and their duals. The most important observation of the third section is Lemma 1.10(i) which guarantees the existence of the special primes used in Chapter 3 and [TW].

1. Deformations of Galois representations

Let p be an odd prime. Let Σ be a finite set of primes including p and let $\mathbf{Q}_\Sigma$ be the maximal extension of $\mathbf{Q}$ unramified outside this set and ∞. Throughout we fix an embedding of $\overline{\mathbf{Q}}$, and so also of $\mathbf{Q}_\Sigma$, in $\mathbf{C}$. We will also fix a choice of decomposition group D_q for all primes q in $\mathbf{Z}$. Suppose that k is a finite field of characteristic p and that

(1.1) $$\rho_0\colon \mathrm{Gal}(\mathbf{Q}_\Sigma/\mathbf{Q}) \to \mathrm{GL}_2(k)$$

is an irreducible representation. In contrast to the introduction we will assume in the rest of the paper that ρ_0 comes with its field of definition k. Suppose further that $\det \rho_0$ is odd. In particular this implies that the smallest field of definition for ρ_0 is given by the field k_0 generated by the traces but we will not assume that $k = k_0$. It also implies that ρ_0 is absolutely irreducible. We consider the deformations $[\rho]$ to $\mathrm{GL}_2(A)$ of ρ_0 in the sense of Mazur [Ma1]. Thus if $W(k)$ is the ring of Witt vectors of k, A is to be a complete Noetherian local $W(k)$-algebra with residue field k and maximal ideal m, and a deformation $[\rho]$ is just a strict equivalence class of homomorphisms $\rho\colon \mathrm{Gal}(\mathbf{Q}_\Sigma/\mathbf{Q}) \to \mathrm{GL}_2(A)$ such that $\rho \bmod m = \rho_0$, two such homomorphisms being called strictly equivalent if one can be brought to the other by conjugation by an element of $\ker : \mathrm{GL}_2(A) \to \mathrm{GL}_2(k)$. We often simply write ρ instead of $[\rho]$ for the equivalence class.

mudou, agora sabemos que todas as equações elípticas são modulares e, portanto, quando você provar um teorema para uma equação elíptica também estará atacando uma forma modular e vice-versa. Temos uma perspectiva diferente do que está acontecendo e nos sentimos menos intimidados com a ideia de trabalhar com formas modulares porque, agora, basicamente estaremos trabalhando com equações elípticas. E, é claro, quando você escreve um artigo sobre equações elípticas, no lugar de dizer que não sabe nada e que tem que presumir a verdade da conjectura de Taniyama-Shimura e ver o que pode fazer com ela, agora pode dizer que sabemos que Taniyama-Shimura é verdadeira, e por isso, tal e tal tem que ser verdade. É uma experiência muito mais agradável."

Através da conjectura de Taniyama-Shimura, Wiles unificara os mundos elípticos e modulares e ao fazê-lo dera à matemática um atalho para muitas outras provas — problemas de um domínio podiam ser resolvidos por analogia com problemas de um domínio paralelo. Problemas clássicos de elípticas, não resolvidos desde a Grécia antiga, podem agora ser reexaminados com todas as técnicas modulares disponíveis.

E ainda mais importante, Wiles dera o primeiro passo em direção ao grande esquema de unificação de Langlands. Agora existe um esforço renovado para demonstrar outras conjecturas de unificação entre campos da matemática. Em março de 1996 Wiles dividiu os cem mil dólares do Prêmio Wolf (não confundir com o Prêmio Wolfskehl) com Langlands. O Comitê Wolf reconheceu que, embora a demonstração de Wiles fosse uma realização espantosa por si só, ela dera nova vida ao ambicioso projeto de Langlands. Aqui estava uma descoberta que poderia levar a matemática para a próxima idade de ouro da solução de problemas.

Depois de um ano de incerteza e embaraço, a comunidade matemática podia afinal comemorar. Cada simpósio, colóquio e conferência tinha uma seção devotada à demonstração de Wiles, e em Boston os matemáticos lançaram um concurso de versos para comemorar o grande acontecimento. Um dos trabalhos escritos foi este:

… EPÍLOGO

> "Garçom, minha manteiga está toda escrita!"
> Ouviu-se o grito durante o jantar,
> "Eu tive que escrever nela",
> Exclamou o garçom Pierre,
> "Não havia espaço na margarina."
>
> E. Howe, H. Lenstra, D. Moulton

O PRÊMIO

A demonstração de Wiles para o Último Teorema depende da verificação de uma conjectura criada na década de 1950. O argumento explora uma série de técnicas matemáticas desenvolvidas na última década, algumas inventadas pelo próprio Wiles. A demonstração é uma obra-prima da matemática moderna, o que leva à conclusão inevitável de que a demonstração de Wiles para o Último Teorema não é a mesma de Fermat. Fermat escreveu que sua demonstração não caberia na margem de sua cópia da *Arithmetica* de Diofante, e as cem páginas de cálculos de Wiles certamente preenchem este critério, mas seguramente o francês não inventou as formas modulares, a conjectura de Taniyama-Shimura, os grupos de Galois e o método Kolyvagin-Flach séculos antes de todo mundo.

E se Fermat não tinha a demonstração de Wiles, o que é que ele tinha? Os matemáticos se dividem em dois grupos. Os céticos acreditam que o Último Teorema de Fermat foi o resultado de um raro momento de fraqueza do gênio do século XVII. Eles afirmam que, embora Fermat tenha escrito "eu descobri uma prova maravilhosa", ele de fato só tinha uma demonstração equivocada. A natureza exata desta prova defeituosa está aberta ao debate, mas é bem possível que fosse um trabalho na mesma linha dos de Cauchy e Lamé.

Outros matemáticos, os otimistas românticos, acreditam que Fermat teria uma prova genuína. O que quer que tenha sido esta prova, ela teria sido baseada na matemática do século XVII e teria um argumento tão astucioso que escapou a todos, de Euler a Wiles. Apesar da publicação da solução de Wiles para o problema, existem muitos matemáticos que acreditam que ainda podem ficar famosos descobrindo a demonstração original de Fermat.

Embora Wiles tenha recorrido a métodos do século XX para resolver o enigma do século XVII, ele conquistara o desafio de acordo com as regras do comitê Wolfskehl. No dia 27 de junho de 1997, Andrew Wiles recebeu o Prêmio Wolfskehl no valor de 50 mil dólares. O Último Teorema de Fermat fora oficialmente provado.

Wiles compreende que para dar à matemática uma de suas maiores demonstrações, ele teve que privá-la de seu maior enigma. "As pessoas me dizem que eu lhes tirei seu problema e me pedem que lhes dê alguma outra coisa. Há um sentimento de melancolia. Perdemos algo que estava conosco há muito tempo e uma coisa que atraiu muitos de nós para a matemática. Talvez seja sempre assim com os problemas da matemática. Temos que encontrar novos para capturar nossa atenção."

Mas o que vai capturar a atenção de Wiles agora? Para um homem que trabalhou em completo segredo durante sete anos, não é surpreendente que ele se recuse a comentar sua pesquisa atual, mas o que quer que seja, não há dúvida de que nunca vai substituir o Último Teorema de Fermat. "Não existe outro problema que signifique o mesmo para mim. Esta foi a paixão da minha infância. Não há nada que possa substituí-la. Eu resolvi o problema, vou tentar outros, com certeza. Alguns deles serão bem difíceis e eu terei de novo o sentimento de realização, mas não existe outro problema na matemática que possa me envolver do modo como Fermat o fez.

"Eu tive o raro privilégio de conquistar, em minha vida adulta, o que fora o sonho da minha infância. Sei que este é um privilégio raro, mas se você puder trabalhar, como adulto, com algo que significa tanto para você, isso será mais compensador do que qualquer coisa imaginável. Tendo resolvido este problema, existe um certo sentimento de perda, mas ao mesmo tempo há uma tremenda sensação de liberdade. Eu fiquei tão obcecado por este problema durante oito anos, pensava nele o tempo todo — quando acordava de manhã e quando ia dormir de noite. É um tempo muito longo pensando só em uma coisa. Esta odisseia particular agora acabou. Minha mente pode repousar."

Apêndices

APÊNDICE 1:
A DEMONSTRAÇÃO DO TEOREMA DE PITÁGORAS

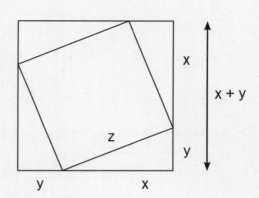

O objetivo da demonstração é mostrar que o teorema de Pitágoras é verdadeiro para todos os triângulos retângulos. O triângulo mostrado acima pode ser qualquer triângulo retângulo porque o comprimento de seus lados não é especificado, sendo representado pelas letras x, y e z.

Também na figura acima, quatro triângulos retângulos idênticos são combinados com um quadrado inclinado de modo a construir um quadrado grande. É a área deste quadrado grande que se tornará a chave da demonstração.

A área do quadrado grande pode ser calculada de duas maneiras.

Método 1: Medindo a área do quadrado grande como um todo. O comprimento de cada lado é $x + y$. Portanto, a área do quadrado grande = $(x + y)^2$.

Método 2: Medindo a área de cada elemento do quadrado grande. A área de cada triângulo é $\frac{1}{2}xy$, ou seja, $\frac{1}{2} \times$ base $\times$ altura. A área do quadrado inclinado é z^2. Portanto, área do quadrado grande = 4 × (área de cada triângulo) + área do quadrado inclinado = $4(\frac{1}{2}xy) + z^2$

Os métodos 1 e 2 produzem expressões diferentes. Contudo, estas duas expressões devem ser equivalentes, porque elas representam a mesma área. Portanto,

a área do Método 1 = a área do Método 2

$$(x + y)^2 = 4(\tfrac{1}{2}xy) + z^2.$$

Os parênteses podem ser expandidos e simplificados. Portanto,

$$x^2 + y^2 + 2xy = 2xy + z^2.$$

Os $2xy$ podem ser cancelados em ambos os lados. E assim temos:

$$x^2 + y^2 = z^2,$$

que é o teorema de Pitágoras!

O argumento é baseado no fato de que a área do quadrado grande deve ser a mesma, não importa que método possa ser usado para calculá-la. Quando derivamos logicamente duas expressões para a mesma área, e as tornamos equivalentes, a conclusão inevitável é que $x^2 + y^2 = z^2$, ou seja, o quadrado da hipotenusa z^2 é igual à soma dos quadrados dos catetos, $x^2 + y^2$.

Este argumento se mantém verdadeiro para todos os triângulos retângulos. Os lados do triângulo em nosso argumento foram representados por x, y e z, e portanto podem representar os lados de qualquer triângulo retângulo.

APÊNDICE 2:
A DEMONSTRAÇÃO DE EUCLIDES
DE QUE A $\sqrt{2}$ É IRRACIONAL

O objetivo de Euclides era mostrar que a $\sqrt{2}$ não poderia ser escrita como uma fração. Como ele estava usando o método da prova por contradição, seu primeiro passo era presumir que o oposto fosse verdade, ou seja, que a $\sqrt{2}$ pudesse ser escrita como alguma fração desconhecida. Esta fração hipotética é representada por p/q, onde p e q são dois números inteiros.

Antes de começarmos a demonstração propriamente dita, tudo de que precisamos é um entendimento básico de algumas propriedades das frações e dos número pares.

(1) Se você pegar qualquer número e multiplicá-lo por 2, então o novo número deverá ser par. Esta é praticamente a definição de um número par.
(2) Se você sabe que o quadrado de um número é par, então o próprio número também deve ser par.
(3) Finalmente, as frações podem ser simplificadas: $\frac{16}{24}$ é a mesma coisa que $\frac{8}{12}$, basta dividir a parte de cima e a parte de baixo de $\frac{16}{24}$ pelo fator comum 2. Portanto, $\frac{8}{12}$ é a mesma coisa que $\frac{4}{6}$, e, por sua vez, $\frac{4}{6}$ é a mesma coisa que $\frac{2}{3}$. Contudo, $\frac{2}{3}$ não pode ser mais simplificado porque 2 e 3 não possuem fator comum. É impossível continuar simplificando uma fração para sempre.

Agora, lembre-se de que Euclides acredita que a $\sqrt{2}$ não pode ser escrita como uma fração. Contudo, como ele adota o método da prova por contradição, ele trabalha presumindo que a fração p/q existe e então explora as consequências de sua existência:

$$\sqrt{2} = p/q.$$

Se elevarmos ambos os lados ao quadrado, então

$$2 = p^2 / q^2.$$

Esta equação pode ser rearrumada facilmente para dar:

$$2q^2 = p^2.$$

Agora, do princípio (1) nós sabemos que p^2 deve ser um número par. Além disso, do que foi dito em (2), nós sabemos que p também deve ser par. Mas se p é par, então ele pode ser escrito como $2m$, onde m é outro número inteiro qualquer. Isso segue o que foi dito em (1). Coloque tudo de volta na equação e temos:

$$2q^2 = (2m)^2 = 4m^2.$$

Dividindo ambos os lados por 2, conseguimos

$$q^2 = 2m^2.$$

Mas, pelos mesmos argumentos que usamos antes, nós sabemos que q^2 deve ser par, e assim o próprio q deve ser par. Se for esse o caso, então q pode ser escrito como $2n$, onde n é algum outro número inteiro. Se voltarmos ao início, então

$$\sqrt{2} = p/q = 2m/2n.$$

O $2m/2n$ pode ser simplificado dividindo o numerador e o denominador por 2, e assim obtemos

$$\sqrt{2} = m/n.$$

Agora temos uma fração m/n, que é mais simples do que p/q.

Contudo, agora nos encontramos em uma posição em que podemos repetir exatamente o mesmo processo em m/n e no final poderemos produzir uma fração ainda mais simples, chamada g/h. Esta fração pode então ser colocada no mesmo processo de novo e a nova fração, digamos e/f, será ainda mais simples. Podemos repetir o processo infinitamente. Mas nós sabemos, pela declaração (3), que uma fração não pode ser simplificada para sempre. Deve sempre existir uma fração mais simples. Mas nossa fração hipotética original p/q não parece obedecer a esta regra. Portanto, podemos dizer que chegamos a uma contradição. Se a $\sqrt{2}$ puder ser escrita como uma fração, então as consequências seriam absurdas e podemos dizer, com certeza, que a $\sqrt{2}$ não pode ser escrita como uma fração. Portanto, a $\sqrt{2}$ é um número irracional.

APÊNDICE 3:
O ENIGMA DA IDADE DE DIOFANTE

Vamos chamar de L a duração da vida de Diofante. Da charada temos um registro completo da vida de Diofante, que é o seguinte:

1/6 de sua vida, $L/6$, ele passou como menino,
$L/12$ ele passou como rapaz,
$L/7$ foi o período antes dele se casar,
5 anos depois seu filho nasceu,
$L/2$ foi o tempo de vida de seu filho,
4 anos ele sofreu antes de morrer.

A duração da vida de Diofante é a soma do que foi dito acima:

$$L = \frac{L}{6} + \frac{L}{12} + \frac{L}{7} + 5 + \frac{L}{2} + 4$$

Podemos então simplificar esta equação como se segue:

$$L = \frac{25}{28}L + 9,$$

$$\frac{3}{28}L = 9,$$

$$L = \frac{28}{3} \times 9 = 84$$

Diofante morreu com 84 anos.

APÊNDICE 4:
O PROBLEMA DOS PESOS DE BACHET

Para pesar qualquer número inteiro de quilogramas de 1 a 40, a maioria das pessoas vai sugerir que são necessários seis pesos: 1, 2, 4, 8, 16, 32 kg. Deste modo, todos os pesos podem ser obtidos colocando as seguintes combinações em um dos pratos da balança:

$$1 \text{kg} = 1$$
$$2 \text{kg} = 2$$
$$3 \text{kg} = 2 + 1$$
$$4 \text{kg} = 4$$
$$5 \text{kg} = 4 + 1$$
$$\cdot$$
$$\cdot$$
$$\cdot$$
$$40 \text{kg} = 32 + 8.$$

Contudo, se colocasse pesos em ambos os pratos da balança, de modo que alguns pesos pudessem ficar junto do objeto sendo pesado, Bachet podia completar a tarefa usando apenas quatro pesos: 1, 3, 9, 27 kg. Um peso colocado no mesmo prato do objeto sendo pesado assume, efetivamente, um valor negativo. Assim os pesos podem ser obtidos como se segue:

$$1 \text{kg} = 1$$
$$2 \text{kg} = 3 - 1$$
$$3 \text{kg} = 3$$
$$4 \text{kg} = 3 + 1$$
$$5 \text{kg} = 9 - 3 - 1,$$
$$\cdot$$
$$\cdot$$
$$\cdot$$
$$40 \text{kg} = 27 + 9 + 3 + 1.$$

APÊNDICE 5:
A DEMONSTRAÇÃO DE EUCLIDES DE QUE EXISTE UM NÚMERO INFINITO DE TRIOS PITAGÓRICOS

Um trio pitagórico é um conjunto de três números inteiros, de modo que um número ao quadrado, somado com o outro número ao quadrado, seja igual ao terceiro número ao quadrado. Euclides pôde provar que existe um número infinito desses trios pitagóricos.

A prova de Euclides começa com a observação de que a diferença entre quadrados sucessivos é sempre um número ímpar:

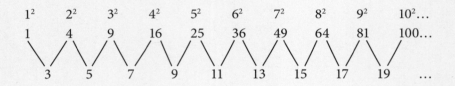

Em outras palavras, cada um dos infinitos números ímpares pode ser somado a um número ao quadrado para criar outro número ao quadrado. Uma fração desses números ímpares pode ser eles mesmos ao quadrado, mas a fração do infinito também é infinita.

Portanto, existe uma infinidade de ímpares ao quadrado que pode ser somada a um quadrado para criar outro número ao quadrado. Em outras palavras, deve existir um número infinito de trios pitagóricos.

APÊNDICE 6:
PERDENDO-SE NO ABSURDO

Eis uma demonstração clássica de como é fácil começar com uma declaração bem simples e depois de alguns passos aparentemente lógicos e diretos mostrar que 2 = 1.

Primeiro vamos começar com uma declaração inócua

$$a = b.$$

Então multiplicamos ambos os lados por a, obtendo

$$a^2 = ab.$$

Então somamos $a^2 - 2ab$ a ambos os lados:

$$a^2 + a^2 - 2ab = ab + a^2 - 2ab.$$

Isso pode ser simplificado para

$$2(a^2 - ab) = a^2 - ab$$

Finalmente, dividimos ambos os lados por $a^2 - ab$ e obtemos

$$2 = 1.$$

A declaração original parece ser, e é, totalmente inofensiva, mas em algum ponto da manipulação da equação ocorreu um erro sutil, mas desastroso, que leva à contradição na declaração final.

De fato, o erro fatal aparece no último passo no qual ambos os lados são divididos por $a^2 - ab$. Nós sabemos, da declaração original, que $a = b$ e, portanto, dividir por $a^2 - ab$ é o equivalente a dividir por zero.

E dividir qualquer coisa por zero é um passo arriscado, porque zero irá ao infinito um infinito número de vezes. E ao criar o infinito em ambos os lados, nós efetivamente destruímos ambas as metades da equação, permitindo que uma contradição entrasse em nosso argumento.

Este erro sutil é o tipo de coisa que pegou muitos dos concorrentes ao Prêmio Wolfskehl.

APÊNDICE 7:
CARTA SOBRE O PRÊMIO WOLFSKEHL

O Dr. F. Schlichting foi responsável pela avaliação dos candidatos ao Prêmio Wolfskehl na década de 1970. Esta carta foi escrita para Paulo Ribenboim e foi publicada em seu livro *13 Palestras sobre o Último Teorema de Fermat* dando uma perspectiva única do trabalho do comitê Wolfskehl:

Prezado Senhor

O número total de "soluções" apresentadas até agora ainda não foi contado. No primeiro ano (1907-1908), 621 soluções foram registradas nos arquivos da *Akademie* e hoje temos 3 metros de correspondência armazenados sobre o problema de Fermat. Nas últimas décadas, temos lidado com isso da seguinte maneira: o secretário da *Akademie* divide os manuscritos que chegam em duas categorias:

(1) Absurdo completo, que é enviado de volta imediatamente.

(2) Material que parece matemática.

A segunda parte é enviada ao departamento de matemática e lá o trabalho de leitura, descoberta de erros e resposta é delegado a um dos assistentes científicos (nas universidades alemãs estes são indivíduos graduados trabalhando para obter seu Ph.D.) — no momento eu sou a vítima. Existem 3 ou 4 cartas para responder todo mês e isso inclui um bocado de material engraçado e curioso, por exemplo, um sujeito mandou a primeira parte da demonstração e promete a segunda se pagarmos mil marcos adiantados. Outro me prometeu 1% do lucro que vai ter com a publicação e as entrevistas para o rádio e a TV depois que ficar famoso, desde que eu o apoie agora. Caso contrário ele ameaça enviar seu trabalho para um departamento de matemática da Rússia de modo a privar-nos da glória de tê-lo descoberto. De vez em quando alguém aparece em Göttingen e insiste numa discussão pessoal.

Quase todas as "soluções" são escritas num nível muito elementar (usando noções de matemática do ensino médio e talvez alguns trabalhos não digeridos da teoria dos números), mas isso pode ser bem complicado de entender. Socialmente os candidatos são pessoas com uma educação técnica, mas uma carreira fracassada, e tentam obter sucesso com a demonstração do problema de Fermat. Eu entreguei alguns manuscritos para médicos que diagnosticaram uma esquizofrenia aguda.

Uma das condições do testamento de Wolfskehl era de que a *Akademie* deveria publicar o anúncio do prêmio todos os anos nos principais periódicos sobre matemática. Mas depois dos primeiros anos, os periódicos passaram a se recusar a publicar o anúncio, porque eles ficam atulhados de cartas e manuscritos malucos.

Espero que esta informação seja do seu interesse.

Sinceramente,
F. Schlichting

APÊNDICE 8:
OS AXIOMAS DA ARITMÉTICA

Os seguintes axiomas são tudo o que se necessita como base da estrutura elaborada da aritmética:

1. Para quaisquer números m e n

$$m + n = n + m \text{ e } mn = nm.$$

2. Para quaisquer números m, n e k

$$(m + n) + k = m + (n + k) \text{ e } (mn)k = m(nk).$$

3. Para quaisquer números m, n e k

$$m(n + k) = mn + mk.$$

4. Existe um número 0 que possui a propriedade de que, para qualquer número n,

$$n + 0 = n.$$

5. Existe o número 1 que tem a propriedade de que, para qualquer número n,

$$n \times 1 = n.$$

6. Para cada número n existe outro número k, tal que

$$n + k = 0.$$

7. Para quaisquer números m, n e k

$$\text{se } k \neq 0 \text{ e } kn = km, \text{ então } m = n.$$

A partir desses axiomas outras regras podem ser demonstradas. Por exemplo, aplicando-se rigorosamente os axiomas e presumindo-se nada mais, nós podemos provar rigorosamente a regra aparentemente óbvia de que

$$\text{se } m + k = n + k, \text{ então } m = n.$$

Para começar podemos declarar que

$$m + k = n + k.$$

Então, pelo axioma 6, façamos l ser um número, tal que $k + l = 0$, assim

$$(m + k) + l = (n + k) + l.$$

Então, pelo axioma 2,

$$m + (k + l) = n + (k + l).$$

Tendo-se em mente que $k + l = 0$, nós sabemos que

$$m + 0 = n + 0.$$

E aplicando o axioma 4 nós podemos finalmente declarar o que nos propusemos demonstrar:

$$m = n.$$

APÊNDICE 9:
A TEORIA DOS JOGOS E O TRUELO

Vamos examinar as opções do Sr. Black. Primeiro, o Sr. Black pode atirar no Sr. Gray. Se ele acertar, então o próximo tiro será dado pelo Sr. White. O Sr. White só terá então um oponente, o Sr. Black, e como o Sr. White é um atirador exímio, o Sr. Black será um homem morto.

A melhor opção para o Sr. Black é atirar no Sr. White. Se ele acertar, o próximo tiro será dado pelo Sr. Gray. Mas o Sr. Gray só acerta seu alvo duas vezes em cada três, e assim o Sr. Black terá uma chance de sobreviver para atirar no Sr. Gray e vencer o truelo.

Parece que a segunda opção é a estratégia que o Sr. Black deve adotar. Contudo, existe uma terceira opção, ainda melhor. O Sr. Black deve atirar no ar. O Sr. Gray é o próximo a atirar e ele vai disparar contra o Sr. White, porque ele é o inimigo mais perigoso. Se o Sr. White sobreviver, ele vai atirar no Sr. Gray, porque Gray é seu inimigo mais poderoso. Ao atirar no ar, o Sr. Black está permitindo que o Sr. Gray elimine o Sr. White e vice-versa.

Esta é a melhor estratégia do Sr. Black. Finalmente, o Sr. Gray ou o Sr. White morrerá, e então o Sr. Black poderá apontar contra aquele que sobreviver. O Sr. Black manipulou a situação de modo que, em vez de ser o primeiro a atirar num truelo, ele passa a ser o primeiro a atirar num duelo.

APÊNDICE 10:
UM EXEMPLO DE PROVA POR INDUÇÃO

Os matemáticos acham útil ter fórmulas que lhes deem a soma dos números em uma lista. Neste caso o desafio é encontrar uma fórmula que nos dê a soma dos primeiros números naturais n.

Por exemplo, a soma do primeiro número é 1, a soma dos primeiros dois números é 3 (ou seja, 1 + 2), a soma dos primeiros três números é 6 (1 + 2 + 3) e a soma dos primeiros quatro números é 10 (1 + 2 + 3 + 4), e assim por diante.

A melhor fórmula que parece descrever este padrão é:

$$\text{Soma}(n) = \tfrac{1}{2} n(n + 1)$$

Em outras palavras, se queremos encontrar a soma dos primeiros n números, então basta colocar o número na fórmula acima e calcular a resposta.

A prova por indução pode mostrar que esta fórmula funciona para cada número até o infinito.

O primeiro passo é mostrar que a fórmula funciona para o primeiro caso, $n = 1$. Isso é algo razoavelmente direto, porque nós sabemos que a soma do primeiro número é 1, e se entrarmos com $n = 1$ na fórmula obtemos o resultado correto:

$$\text{Soma}(n) = \tfrac{1}{2} n(n + 1)$$
$$\text{Soma}(n) = \tfrac{1}{2} \times 1 \times (1 + 1)$$
$$\text{Soma}(n) = \tfrac{1}{2} \times 1 \times 2$$
$$\text{Soma}(n) = 1.$$

O primeiro dominó foi derrubado.

O próximo passo de uma demonstração por indução é mostrar que, se a fórmula é verdadeira para qualquer valor n, então ela também deve ser verdadeira para $n + 1$. Se

$\text{Soma}(n) = \frac{1}{2}n(n + 1)$

então:

$\text{Soma}(n + 1) = \text{Soma}(n) + (n + 1)$
$\text{Soma}(n + 1) = \frac{1}{2}n(n + 1) + (n + 1).$

Depois de rearrumarmos e reagruparmos os termos da direita, nós teremos

$\text{Soma}(n + 1) = \frac{1}{2}(n + 1)[(n + 1) + 1].$

É importante notar aqui que a forma desta nova equação é exatamente a mesma da equação original, exceto que cada *n* foi substituído por (*n* + 1).

Em outras palavras, se a fórmula é verdadeira para *n*, então ela também deve ser verdadeira para *n* + 1. Se um dominó cai, ele vai derrubar o seguinte. A prova por indução está completa.

Sugestões para leituras posteriores

Ao pesquisar para este livro, usei numerosos livros e artigos. Além das fontes principais para cada capítulo, listei outros materiais que podem ser de interesse tanto do leitor em geral quanto dos especialistas no assunto. Quando o título não indica a importância, eu descrevo seu conteúdo em uma ou duas frases.

1. "ACHO QUE VOU PARAR POR AQUI"

The Last Problem, E. T. Bell, 1990, Mathematical Association of America. Um relato popular das origens do Último Teorema de Fermat.
Pythagoras — A Short Account of His Life and Philosophy, Leslie Ralph, 1961, Krikos.
Pythagoras — A Life, Peter Gorman, 1979, Routledge e Kegan Paul.
A History of Greek Mathematics, Vols. 1 e 2, Sir Thomas Heath, 1981, Dover.
Mathematical Magic Show, Martin Gardner, 1977, Knopf. Uma coleção de enigmas e charadas matemáticas.
"River meandering as a self-organization process", Hans-Henrik Stolum, *Science* **271** (1996), 1.710-1.713.

2. O CRIADOR DE ENIGMAS

The Mathematical Career of Pierre de Fermat, Michael Mahoney, 1994, Princeton University Press. Uma investigação detalhada da vida e do trabalho de Pierre de Fermat.
Archimedes' Revenge, Paul Hoffman, 1988, Penguin. Histórias fascinantes que descrevem as alegrias e os perigos da matemática.

3. UMA DESGRAÇA MATEMÁTICA

Men of Mathematics, E. T. Bell, Simon and Schuster, 1937. Biografias dos maiores matemáticos da história, incluindo Euler, Fermat, Gauss, Cauchy e Kummer.
"The periodical cicada problem", Monte Lloyd e Henry S. Dybas, *Evolution* 20 (1966), 466-505.
Women in Mathematics, Lynn M. Osen, 1994, MIT Press. Um longo texto, não matemático, contendo as biografias de muitas das principais mulheres matemáticas da história, incluindo Sophie Germain.
Math Equals: Biographies of Women Mathematicians+Related Activities, Teri Perl, 1978, Addison-Wesley.
Women in Science, H. J. Mozans, 1913, D. Appleton and Co.
"Sophie Germain", Amy Dahan Dalmédico, *Scientifique American.* Dezembro 1991. Um artigo curto descrevendo a vida e o trabalho de Sophie Germain.
Fermat Last Theorem — A Genetic Introduction to Algebraic Number Theory, Harold M. Edwards, 1977, Springer. Uma discussão matemática sobre o Último Teorema de Fermat, incluindo detalhes de algumas das primeiras tentativas para demonstrá-lo.
Elementary Number Theory, de David Burton, 1980, Allyn & Bacon.
"Various communications", por A. Cauchy, *C. R. Acad. Sci. Paris* 24 (1847), 407-416, 469-483.
"Note au sujet de la démonstration du théoreme de Fermat", G. Lamé, *C. R. Acad. Sci. Paris* 24 (1847), 352.

"Extrait d'une lettre de M. Kummer à M. Liouville", E. E. Kummer, *J. Math Pures et Appl.* **12** (1847), 136. Reimpresso em *Collected Papers*, Vol. I, editado por A. Weil, 1975, Springer.

4. MERGULHO NA ABSTRAÇÃO

3.1416 and All That, P. J. Davis e W. G. Chinn. 1985, Birkhäuser. Uma série de histórias sobre matemáticos e matemática, incluindo um capítulo sobre Paul Wolfskehl.

The Penguin Dictionary of Curious and Interesting Numbers, David Wells, 1986, Penguin.

The Penguin Dictionary of Curious and Interesting Puzzles, David Wells, 1992, Penguin.

Sam Loyd and his Puzzles, Sam Loyd(II), 1928, Barse and Co.

Mathematical Puzzles of Sam Loyd, Sam Loyd, editado por Martin Gardner, 1959, Dover.

Riddles in Mathematics, Eugene P. Northropp, 1944, Van Nostrand.

13 Lectures on Fermat's Last Theorem, Paulo Ribenboim, 1980, Springer. Um relato sobre o Último Teorema de Fermat escrito antes do trabalho de Andrew Wiles e destinado aos estudantes de pós-graduação.

Mathematics: The Science of Patterns, Keith Devlin, 1994, Penguin. Uma visão popular e detalhada da matemática moderna, incluindo uma discussão sobre os axiomas da matemática.

The Concepts of Modern Mathematics, Ian Stewart, 1995, Penguin.

Principia Mathematica, Bertrand Russell e Alfred North Whitehead, 3 volumes, 1910, 1912, 1913, Cambridge University Press.

"Kurt Gödel", G. Kreisel, Memórias biográficas dos membros da Royal Society, 1980.

A Mathematician's Apology, G. H. Hardy, 1940, Cambridge University Press. Uma das grandes figuras da matemática do século XX dá seu relato pessoal sobre o que o motiva e aos outros matemáticos.

Alan Turing: The Enigma of Intelligence, Andrew Hodges, 1983, Unwin Paperbacks. Um relato da vida de Alan Turing, incluindo sua contribuição para a quebra do código Enigma.

5. PROVA POR CONTRADIÇÃO

"Yutaka Taniyama and his time", Goro Shimura, *Bulletin of the London Mathematical Society* **21** (1989), 186-196. Um relato bem pessoal da vida e do trabalho de Yutaka Taniyama.

"Links between stable ellipctic curves and certain diophantine equations", Gerhard Frey, *Ann. Univ. Sarav. Math. Ser.* **1** (1986), 1-40. O trabalho crucial sugerindo uma ligação entre a conjectura de Taniyama-Shimura e o Último Teorema de Fermat.

6. OS CÁLCULOS SECRETOS

"Genius and Biographers; the Fictionalization of Evariste Galois", T. Rothman, *Amer. Math. Monthly* **89** (1982), 84-106. Contém uma lista detalhada das fontes históricas por trás das biografias de Galois e discute a validade das várias interpretações.

"La vie d'Evariste Galois", Paul Depuy, *Annales Scientifiques de l'Ecole Normale Supérieure* **13** (1896), 197-266.

Mes Mémoires, Alexandre Dumas, 1967, Editions Gallimard.

Notes on Fermat's Last Theorem, Alfred van der Poorten, 1996, Wiley. Uma descrição técnica da demonstração de Wiles destinada a estudantes de matemática não graduados.

7. UM PEQUENO PROBLEMA

"Modular eliptic curves and Fermat's Last Theorem", Andrew Wiles, *Annals of Mathematics* **142** (1995), 443-551. Este artigo inclui a maior parte da demonstração de Wiles da conjectura de Taniyama-Shimura e do Último Teorema de Fermat.

"Ring-theoretics properties of certain Hecke algebras", Richard Taylor e Andrew Wiles, *Annals of Mathematics* **142** (1995), 553-572. Este artigo descreve a matemática que foi usada para consertar as falhas na demonstração de Wiles de 1993.

EPÍLOGO: A GRANDE MATEMÁTICA UNIFICADA

"An elementary introduction to the Langlands program", Stephen Gelbart, *Bulletin of the American Mathematical Society* **10** (1984), 177-219. Uma explicação técnica do programa Langlands destinada a pesquisadores da matemática.

Créditos das ilustrações

Desenhos das páginas 38, 43, 47, 49, 94, 95, 99, 101, 140, 173, 174, 184, 185, 287 de autoria de Jed Mugford.
p. 21: Andrew Wiles; p. 36: Charles Taylor; p. 53: Sob permissão do presidente e conselho da Royal Society; pp. 70, 81, 82: Cortesia da Biblioteca John Carter Brown, na Brown University; p. 87: Sob permissão do presidente e conselho da Royal Society; p. 112: Arquivos da Académie des Sciences; p. 122: Arquivos da Académie des Sciences; p. 124: Sob permissão do presidente e conselho da Royal Society; p. 127: *Die Mathematik und ihre Dozenten* (Akademie-Verlag, Berlin); p. 131: Dr. Klaus Barner, Universidade de Kassel; p. 138: *Sam Loyd and his Puzzles* (Barse and Co., Nova York); p. 146: Mathematisches Forschungsinstitut Oberwolfach; p. 149: Fonte: Royal Society Library, Londres; p. 158: Godfrey Argent; p. 170: Andrew Wiles; p. 172: Ken Ribet; p. 178: Goro Shimura; p. 180: Universidade de Princeton, Orren Jack Turner; p. 187: copyright 1997 Cordon Art, Baarn, Holanda; p. 190: Goro Shimura; p. 204: Catherine Karnow; p. 210: Universidade de Princeton, Denise Applewhite; pp. 218, 227: R. Bourgne e J. P. Azra, *Des écrits et des mémoires mathématiques d'Évariste Galois* (segunda edição, Gauthier Villars, 1976, reimpressa por Editions Jacques Gabay, Paris, 1997); p. 234: A. J. Hanson e S. Dixon, Wolfram Research Inc; p. 240: BBC; p. 250: Science Photo Library; p. 252: copyright 1993 do New York Times Co. Reproduzido sob permissão; p. 254: Ken Ribet; p. 268: Richard Taylor; p. 276: Universidade de Princeton. Todos os direitos reservados; p. 279: Andrew Wiles, Curvas Elípticas Modulares e o Último Teorema de Fermat, *Annals of Mathematics*, 141, 443 (1995). The Johns Hopkins University Press.

Índice

Os números de páginas em *itálico* se referem a ilustrações.

#
6, perfeição do, 32
"14-15", enigma, 138-41, 203
28, perfeição do, 32

A
Abel, Niels Henrik, 24-25
abril, e-mail de 1º de, 271
absurdos, matemáticos, 142, 295-96
Academia de Ciências, França, 121, 221
    prêmio para demonstração do Último Teorema de Fermat, 123-30
ACE (Automatic Computing Engine), 164
Adleman, Leonard, 109
Adler, Alfred, 24
Agnesi, Maria, 114-15, 123
Alexandria, 63-64, 69-72, 113
Algarotti, Francesco, 116
algoritmos, 93
Anglin, W. S., 89
aniversários, probabilidade de partilhar, 61-62
Annals of Mathematics, 277
Apologia de um matemático (Hardy), 24, 65, 155
Arago, François, 91
Arakelov, professor S., 234
Aristóteles, 73
Aritmética (Diofante), 70, 71-72, 74-75
    Clément-Samuel Fermat, edição, 80, *81-82*
    equações elípticas e, 173
    notas nas margens por Fermat, 75-76, 79-80, 97
    tradução latina, *70*, 74-76
    trios pitagóricos e, 77-78

Aritmética de Diofante contendo observações de P. de Fermat, 80, *81-82*
aritmética do relógio, 174-77
Arquimedes, 64, 116
axiomas, 40, 145, 147
    aritmética e, 299-300
    consistência dos, 150

B
babilônios, 28, 39, 72
Bachet de Méziriac, Claude Gaspar, 74-75
    problema dos pesos, 75, 293
    Problèmes plaisants et délectables, 75
    tradução latina da *Arithmetica*, *70*, 74-76
Barnum, P. T., 137-38
Bell, Eric Temple, 27, 48, 50-51, 57, 85, 118
Bernoulli, família, 91-92
Biblioteca de Alexandria, 64, 71-72
Bombelli, Rafaello, 100
Bonaparte, Napoleão, 120, 217
Bourg-la-Reine, 217, 222
Brahmagupta, 73
Bulletin of the London Mathematical Society, 192

C
cálculo, 62-63
Carroll, Lewis, 137
Cauchy, Augustin-Louis, *124*, 125-30, 134, 154, 165, 221-23
Chevalier, Auguste, 226, 229
Chudnovsky, irmãos, 67
Churchill, Sir Winston Leonard Spencer, 163
cidade de Deus, A (Santo Agostinho), 32

cigarras, ciclo de vida, 110-12
Cilon, 45-46
Círculo Limite IV (Escher), *187*, 187
Clarke, Arthur C., 42
Coates, John, 169, 171, *172*, 177, 195, 211, 213, 238-39, 244-45, 248, 262, 277-78
codificando e decodificando mensagens, 109-10, 157, 159-64
código, enigma, 159-64
código, quebra do, 109-10, 159-64
Cohen, Paul, 153
Colossus (computador), 164
compêndios de enigmas, 137
completeza, 98-100, 147
computadores:
    incapazes de demonstrara conjectura de Taniyama-Shimura, 215
    incapazes de demonstrar o Último Teorema de Fermat, 166
    primeiros, 164-68
Congresso Internacional de Matemática:
    Berkeley (1986), 205
    Paris (1900), 147
conjectura de Taniyama-Shimura, 191-99
    Último Teorema de Fermat e, 199-203, 205-07
    Wiles e, 199, 207, 209-17, 231, 233, 237-39, 241-44, 251, 278
conjectura de Weil *ver* conjectura de Taniyama-Shimura
conjectura do número primo superestimado, 168
conjecturas, 84
    unificadoras, 280
Constantinopla, 73-74
Conway, professor John H., 267
Coolidge, Julian, 57
cordas:
    partículas e, 41-42
    vibrando, 35-37, *36*
cosistas, 58
Creta, paradoxo, 151
criptografia, 109-10, 159-64
Crotona, Itália, 30, 45-46
Curiosa Mathematica (Dodgson), 137
curvas elípticas, 171

D
d'Alembert, Jean Le Rond, 103
d'Herbinville, Pescheux, 226, 228-29
Dalton, John, 41

Darmon, Henri, 269-71
declarações de indecidibilidade, 150-52
Descartes, René, 58-59, 76, 230
desigualdade de Miyaoka, 235-36
"Diabo e Simon Flagg, O", 55, 85
Diderot, Denis, 93-94
Diffie, Whitfield, 109
Digby, Sir Kenelm, 56, 77
Diofante de Alexandria, 69, 71
    enigma de sua idade, 69, 292
Diofantinos, problemas, 71
Dirichlet, Johann Peter Gustav Lejeune-, 119, 129, 176
Disquisitiones arithmeticae (Gauss), 118
Dodgson, reverendo Charles, 137
du Motel, Stéphanie-Félicie Poterine, 226, 229
Dudeney, Henry, 137
Dumas, Alexandre, 224-25

E
École Normale Supérieure, 223
École Polytechnique, 117, 223
economia, cálculo e, 64-65
Eddington, Sir Arthur, 133
efeito dominó, 216
egípcios, antigos, 28
Eichler, Martin, 183
Einstein, Albert, 37, 114
Elementos (Euclides), 64, 67-69, 126
eletricidade, magnetismo e, 190-91
Elkies, Noam, 167, 269-71
enigma da ponte Königsberg, 94-96, *94-95*
Epimenides, 151
equação de Pitágoras, 46-48
equação elíptica de Frey, 199-206
equações cúbicas, 221
equações de quinto grau, 221-22, 226, 228-29, 231-32
equações elípticas, 171, 173-77, 188-89
equações quadráticas, 220-21
equações quárticas, 221
Escher, Mauritz, 187
Escola de Cifras e Códigos do Governo, 159-63
    famílias de, 241, 243-4
    formas modulares e, 188-91, 194-99, 280
    Frey, equação elíptica de, 199-206
espaço hiperbólico, 187-88
Euclides:

números perfeitos e, 33
prova da fatoração única, 126
prova da infinidade de primos, 106
prova de que raiz de 2 é irracional, 67-68, 289-91
prova do número infinito de trios pitagóricos, 78, 294
reductio ad absurdum e, 65, 67
Euler, conjectura de, 167-68
Euler, Leonhard, 51, 76, *87*
   cegueira e morte, 103-04
   enigma da ponte de Königsberg, 94-96
   fases da Lua, algoritmo, 93, 104
   prova da existência de Deus, 94
   solução do teorema dos números primos, 83
   tentativa de demonstrar o Último Teorema de Fermat, 96-98, 102
   teologia, 91-92
Evens, Leonard, 261
Eves, Howard W., 209

F

Faltings, Gerd, 234-36, 274
fatoração, única, 126, 128-29
Fermat, Clément-Samuel, 80
Fermat, Pierre de, *53*
   Aritmética, 74-75, 77-80
   cálculo, 62-63
   carreira no serviço público, 55-56, 74
   doente com a praga, 56
   educação, 55
   equações elípticas e, 171, 173
   matemático amador, 57
   morte, 80
   observações e teoremas, 80, 83-85
   padre Mersenne e, 59-60
   relutância em revelar demonstrações, 59
   teoria da probabilidade, 60, 62-63
filosofia de Sir Isaac Newton explicada para as senhoras, A (Algarotti), 116
filósofo, palavra criada por Pitágoras, 30-31
física das partículas, 41-42
física quântica, 152
Flach, Matheus, 239, 241
formas modulares, 183, 186-89, *187*
   equações elípticas e, 188-91, 194-99, 280

Fourier, Jean Baptiste Joseph, 222-23
frações, 31, 67-68, 98-99
Frey, Gerhard, 199-200, 206
   equação elíptica de, 199-206
Furtwängler, professor P., 148

G

Galileu Galilei, 57
Galois, Évariste, 25, 217, *218*
   carreira revolucionária, 221-26
   duelo com d'Herbinville, 226, 228-29
   educação, 217, 219-20, 223-24
   equações de quinto grau, 221-25
   funeral, 228
   nascimento, 217
   notas finais, 226-29, *227*
   teoria dos grupos, 230-33
Gardner, Martin, 76, 143
Gauss, Carl Friedrich, 118-19-21, 123, 168
"geômetras aritméticos algébricos", 234
geometria, 28
geometria, diferencial, 234-36
Gerbert de Aurillac, 73
Germain, Sophie, 112, *112*, 115-19, 217
   carreira na física, 121, 123
   estratégia para o Último Teorema de Fermat, 118-19
   Évariste Galois e, 224
   relacionamento com Gauss, 120-21
Gibbon, Edward, 113
Globe, Le, 223
Gödel, Kurt, 143, 148-51, *149*
   declarações de indecidibilidade e, 150-52
Goldbach, Christian, 97-98
Gombaud, Antoine, 60
Gouvea, Fernando, 277
grupos fechados, 230-31
Guardian, 250

H

Hardy, G. H., 23-25, 65, 155-56, 168, 179
harmonia dos martelos, 35
Hecke, álgebras de, 274
Hein, Piet, 255
Heisenberg, Werner, 152
Hellman, Martin, 109
Hermite, Charles, 25
hieróglifos, 196-97
Hilbert, David, 107-08, 143, *146*, 148-49

23 problemas, 147, 153axiomas básicos e, 145-47
Último Teorema de Fermat e, 211-12
Hilbert, Hotel de, 107-08
Hipácia, 113-15
Hipaso, 68
hipótese do *continuum*, 153
História da matemática, A (Montucla), 116
Hotel de Hilbert, 107-08

I
Iamblicus, 34-35
Illusie, Luc, 256
indução, prova por, 215-16, 302-03
infinito, 73, 106-08, 166
Instituto Isaac Newton, Cambridge, 26, 244
intuição e probabilidade, 60
invariantes, 140-41, 203
Inventiones Mathematicae, 255
Irmandade Pitagórica, 30-31, 34, 45-48, 65
Iwasawa, teoria de, 238-39, 272-73

J
Journal de Mathématique pures et appliquées, 229

K
Kanada, Yasumasa, 67
Katz, Nick, *240, 242-43, 246, 256-59*
Königliche Gesellschaft der Wissenschaften, 135-36, 255
Kovalevsky, Sonya, 115
Kronecker, Leopold, 66
Kummer, Ernst Eduard, 125-26, *127*, 128-30

L
Lagrange, Joseph-Louis, 103, 117-18, 223
Lamé, Gabriel, 120, *122*, 123, 125-26, 128-30
Landau, Edmund, 114, 142-43
Langlands, programa, 197-98, 234, 280
Langlands, Robert, 197, 280
Le Blanc, Antoine-August, 117
   ver também Germain, Sophie
Legendre, Adrien-Marie, 119
lei comutativa da adição, 145
lei da tricotomia, 144-45
Leibniz, Gottfried, 100
Libri-Carrucci dalla Sommaja, conde Guglielmo, 116-17, 224

Liouville, Joseph, 125-26, 229
Lipman, Joseph, 260
lira, afinando cordas da, 34
Littlewood, John Edensor, 168
lógica matemática, 144-45
lógicos, 144-45, 152
Loyd, enigma de *ver* "14-15", enigma
Loyd, Sam, 137-41
Lua, prevendo as fases da, 93

M
magnetismo e eletricidade, 190-91
matemática:
   fundamentos para a ciência, 45
   relacionamento com a ciência, 36-37
   século XVII, 57-58
Matemática dos grandes amadores (Coolidge), 57
matemáticos:
   colaboração entre, 25-26
   compulsão da curiosidade e, 154-56
   dúvida dos, 90-91
   juventude, 24-25
   na Índia e na Arábia, 72-74
   natureza reservada, 58
   prova absoluta e, 144
   vida matemática, 24-26
Mathematische Annalen, 179
Mazur, Barry, 196-97, 205243, 245, 248, 255-56
Mersenne, padre Marin, 57-59
método, O (Heiberg), 64
método da descida infinita, 97-98, 102
método Kolyvagin-Flach, 238-39, 241-44, 257-59, 267, 269, 272-73
Milo, 30, 45-46
Mirimanoff, Dimitri, 165
Miyaoka, desigualdade de, 235-36
Miyaoka, Yoichi, 233-36
Monde, Le, 250
Montucla, Jean-Étienne, 116
Moore, professor Louis Trenchard, 63

N
nada, conceito do, 72
New York Times, 233, 250-51, *252*, 259, 277
Newton, Sir Isaac, 63, 91-93
Noether, Emmy, 114
nós, invariantes, 141

ÍNDICE

Nova York, pichação no metrô, 236-37
numerais indo-arábicos, 72-73
número de Skewes, 1168
números, linha dos, 99-101, 174
números, relações entre os, 31
números amigáveis, 76-77
números complexos, 101-02, 128
números deficientes, 32
números excessivos, 31
      levemente, 34
números imaginários, 98, 100-02, 128
números inteiros, 31
números irracionais, 65-68, 98-99
números naturais, 98-99
números negativos, 98-100
números perfeitos, 31-33
números primos, 83
      333.333.331 não é primo, 167
      aplicações práticas, 108-11
      infinidade de, 105-08
      primos de Germain, 119
      primos irregulares, 128-29, 165-66
      Último Teorema de Fermat e, 104-09
números racionais, 31
números sociáveis, 76

O
Oberwolfach, simpósio (1984), 199-203
Olbers, Heinrich, 118
ordem e caos, 37

P
Pactos com o Demônio, 85
Paganini, Nicolò, 76
paradoxo do mentiroso, 151
paralelismo, filosofia do, 234, 236
parâmetros de desordem, 138-41
parasitas, ciclo vital, 111-12
partículas fundamentais da matéria, 41-42
Pascal, Blaise, 57, 59-60, 62
Penrose, azulejos de, *185*, 186
Penrose, Roger, 185
People, 251, 266
pi (π), 37
Pinch, Richard, 262
Pitágoras:
      abominava os números irracionais, 65-66, 68
      Crotona e, 30, 45-46
      demonstração matemática e, 44-45
      estudo dos números, 28
      harmonia musical e, 34-36
      morte, 46
      números perfeitos e, 31-33
      soluções com números inteiros, 47-50
      Último Teorema de Fermat e, 50, 77-80
      versão "ao cubo", 48-50
      viagens, 28-29
Platão, 113
Poges, Arthur, 55, 85
polinomiais, 221
pontos (jogo de dados), 60
Prêmio Wolf, 280
Prêmio Wolfskehl, 135-37, 141-43, 280
princípio da incerteza, 152
princípios da harmonia musical, 34-36
probabilidade, 60-63
      contraintuitiva, 61
problema dos pesos, 75, 293
"problema dos três corpos", 93
Problèmes plaisants et délectables (Bachet), 75
programa Langlands, 197-98, 234, 280
prova absoluta, 40-45, 144
prova científica, 40-42
prova matemática, 39-40, 42-45
prova por contradição, 65, 67

Q
quadrado, simetrias do, 183-84
quadrado-cubo, sanduíches, 77
quadridimensionais, formas, 235
quadridimensional, espaço, 186-87
raiz quadrada, de dois, 67-68, 99, 289-91

R
raiz quadrada, de um, 100
Ramanujan, Srinivasa, 24
rearranjo de equações, 200
receitas matemáticas, 28-29, 220-21
reductio ad absurdum, 65, 67
Reidemeister, Kurt, 141
religião e probabilidade, 62
Ribenboim, Paulo, 143
Ribet, Ken, 203, *204*, 205-07, 213, 245, 248-49, *254*, 265, 278
      importância da conjectura de Tanyama-Shimura e, 205-07, 209
      Serviço de Informações Fermat, 259

rios, taxa, 37
Rivest, Ronald, 109
Rosetta, pedra de, 196-97
Rubin, professor Karl, 246-48, 274-75
Russell, Bertrand, 41, 60

S
Sam Loyd and his Puzzles: An Autobiographical Review, 137
Samos, Grécia, 29
Santo Agostinho de Hipona), 32
Sarnak, Peter, 262, 267
Schlichting, Dr. F. 143, 297-98
Selmer, grupo, 263
série *E*, 176-77, 188-91, 195, 201, 232
série *L*, 176
série *M*, 188-91, 195, 201, 232
Shamir, Adi, 109
Shimura, Goro, 179-83, *180*, 186, 189, *190*
    conjectura de Taniyama-Shimura, 193-99, 250-51
    relacionamento com Taniyama, *190*, 191-92
    ver também conjectura de Taniyama-Shimura
Show de mágica matemática, O (Gardner), 76
Silverman, Bob, 261
simetria, 183-88
simetria reflexiva, 184-85, *184*
simetria rotacional, 183-85, *184*
simetria translacional, 184-85, *184*, *185*
simpósio internacional, Tóquio (1955), 189, *190*
sinuosidade em rios, 37
Skewes, S., 168
Sócrates, 113
Somerville, Mary, 117
Suzuki, Misako, 192-93

T
"tabuleiro de xadrez mutilado", problema do, 42-44, *43*
Taniyama, Yutaka, *178*, 179, 181-83, 186, 189
    conjectura de Taniyama-Shimura, 189-91
    influência de, 194
    morte de, 191-93
Taniyama-Weil, conjectura de *ver* conjectura de Taniyama-Shimura

Taylor, Richard, 262, *268*, 269, 271-72, 274
Teano, 30, 113
Telis, 45-46
teorema de Pitágoras, 27-28, 38-39, 44-45, 48, 287-88
teorema fundamental da aritmética, 128
teoremas, 84
teoremas da indecidibilidade, 150-54
teoria de Iwasawa, 238-39, 272-73
teoria dos grupos, 230-31
teoria dos jogos, 156-57, 301
Teoria dos jogos e o comportamento econômico, A (von Neumann), 156
teorias científicas, 42
teorias da gravidade, 63
Thomson, J. J., 41
Titchmarsh, E. C., 156
Torre Eiffel, 123
"trio fermatiano", 79
trios pitagóricos, 47-48, 77-78, 294
truelos, 157, 301
Turing, Alan Mathison, 157-65, *158*

U
Último Teorema de Fermat:
    ceticismo quanto à existência da demonstração, 129-30
    computadores incapazes de demonstrar, 166
    conjectura de Taniyama-Shimura e, 199-203, 205-07
    demonstração de Fermat, 281
    demonstração de Wiles *ver* Wiles, Andrew
    "demonstração" de Miyaoka, 233-36
    desafio do, 84-86
    equação de Pitágoras e, 48-51, 77-78
    indecidibilidade e, 153-54, 156
    $n = 3$ (Euler), 97-98, 102, 105
    $n = 4$ (Fermat), 97-98, 102, 105
    $n = 5$ (Dirichlet e Legendre), 119
    $n = 7$ (Lamé), 120
    $n = $ primo irregular (Kummer e Mirimanoff), 165-66
    pelo computador, 166
    pelo método de Germain, 117-19
    por que foi chamado de "Último", 84-85
    publicação do, 79-80, *81-82*

simplicidade da declaração, 27,
84-85

V
verdades fundamentais, 144-45
von Neumann, John, 150, 156

W
Wagstaff, Samuel S., 166
Wallis, John, 56, 59, 77
Weil, André, 151, 195
Weyl, Hermann, 147
Wiener Kreis (Círculo Vienense), 148
Wiles, Andrew, *21, 170, 210, 254, 276*
    adolescência e o Último Teorema de Fermat, 26-27, 50, 89-90
    anuncia a prova do Último Teorema de Fermat, 24, 27, 51-52, 244-47, *250*
    celebridade matemática, 249-53, *252*, 266-67
    conjectura de Taniyama-Shimura e, 199, 207, 209-16, 237-39, 241-44, 251, 278, 280
    dias como estudante de pós-graduação, 169-71
    futuro e, 282
    prova com erro, 257-67, 269-71
    prova publicada, 277-81
    prova revisada, 271-75
    reação da mídia, 249-53
    recebe o Prêmio Wolfskehl, 282
    submete prova para verificação, 255-58
    trabalha com equações elípticas, 171, 173, 177
    usa grupos de Galois, 231, 237, 271-72
    vence o Prêmio Wolf, 280
Wiles, Nada, 214, 243-44, 259, 273-74
Wolfskehl, Paul, *131*, 133-35

Z
Zagier, Don, 233-34
zero, função do, 72-73

Este livro foi composto na tipografia Minion Pro,
em corpo 11/15, e impresso em papel off-white
na gráfica Bartira.